高等教育精品工程系列教材

工厂供电

叶　虹　吕梅蕾　主　编

姜春娣　陈利民　王燕锋　副主编

电子工业出版社

Publishing House of Electronics Industry

北京·BEIJING

内 容 简 介

本书结合应用型人才培养目标及培养要求，按照"以工程项目为依据，以项目任务作为能力训练载体"的基本思路进行编写，注重培养学生的工程应用能力和解决现场实际问题的能力。本书共 6 个项目，分别介绍了供配电系统认知、工厂供电系统基本计算知识、工厂供电一次系统、工厂供电设备的选择与校验、工厂供电系统继电保护、防雷与接地、工厂供电系统的设计、运行与维护等知识。为便于学生复习和自学，每个项目最后附有思考与练习。为配合教学和练习的需要，书末还附有常用设备的主要技术数据。

本书除可作为应用型本科教材外，还适合作为高职高专、成人高校电类专业（电气自动化技术、供用电技术、机电一体化技术等）"供配电技术"课程的教材，也可供中等职业学校、技工学校同类专业学生选用，还可作为工程技术人员和管理人员的参考用书。

图书在版编目（CIP）数据

工厂供电 / 叶虹，吕梅蕾主编. —北京：电子工业出版社，2022.5（2025.2 重印）
ISBN 978-7-121-43360-3

Ⅰ. ①工… Ⅱ. ①叶… ②吕… Ⅲ. ①工厂－供电－高等学校－教材 Ⅳ. ①TM727.3

中国版本图书馆 CIP 数据核字（2022）第 073350 号

责任编辑：郭乃明
印　　刷：固安县铭成印刷有限公司
装　　订：固安县铭成印刷有限公司
出版发行：电子工业出版社
　　　　　北京市海淀区万寿路 173 信箱　邮编　100036
开　　本：787×1092　1/16　印张：15.75　字数：400 千字
版　　次：2022 年 5 月第 1 版
印　　次：2025 年 2 月第 3 次印刷
定　　价：47.00 元

凡所购买电子工业出版社图书有缺损问题，请向购买书店调换。若书店售缺，请与本社发行部联系，联系及邮购电话：（010）88254888，88258888。

质量投诉请发邮件至 zlts@phei.com.cn，盗版侵权举报请发邮件至 dbqq@phei.com.cn。

本书咨询联系方式：（010）88254561，guonm@phei.com.cn。

前　言

本书共 6 个项目，可使学生掌握中小型工厂供配电系统设计、运行及维护所必需的基本理论知识、基本技能，为今后从事供配电技术工作奠定初步的基础。

本书立足应用型人才培养目标，遵循主动适应社会发展需要，突出应用性和针对性，加强实践能力培养的原则，根据供配电技术领域和岗位的需求，参照我国近年来新颁布的标准规范编写。本书采用项目任务驱动方式，注重培养学生的工程应用能力和解决现场实际问题的能力。本书具有以下特色：

（1）体现应用性、针对性。基础理论以应用为目的，以必需、够用为度，以掌握概念、强化应用为重点，突出应用性、针对性。本书内容深入浅出，结合实例、例题讲述，图文并茂。

（2）体现可剪裁性和可拼接性。根据工作过程组织项目任务内容，每个项目都以某一能力或技能的形成为主线。教学项目具有一定的可剪裁性和可拼接性，可根据不同的培养目标将内容剪裁、拼接成不同类型的知识体系。

（3）注重技术内容的先进性和专业术语的标准化。书中所述技术措施、标准规范要求、电气图形符号和文字符号、设计技术数据、设备选型资料均为目前最新。

本书由衢州学院的叶虹和吕梅蕾担任主编，负责制定编写大纲，并提出各项目编写思路；由衢州学院的姜春娣、巨化集团公司的陈利民、湖州师范学院的王燕锋担任副主编。叶虹编写项目 1、项目 4；吕梅蕾编写项目 5、附录 A；姜春娣编写项目 2；王燕锋编写项目 3；陈利民编写项目 6。全书由叶虹整理并定稿。

本书编写过程中，得到电子工业出版社、各参编单位领导的大力支持，在此表示衷心的感谢；参考了一些经典本科教材，在此向各参考书目的作者表示真诚的感谢。

本书编写历时两年多，并进行了多次修改，但由于编者水平有限，书中难免有疏漏之处，敬请使用本书的读者批评指正，不胜感激。

编　者

目　　录

项目 1

供配电系统认知

本项目概述工厂供电有关的基本知识和基本问题。首先简介工厂供电系统电源方向的电力系统的一些基本知识及各种典型的工厂供电系统；然后重点讲述电力系统的电能和电压质量问题及电力系统中性点的三种运行方式。

任务 1.1　供电系统概述

电能是现代人们生产和生活中的重要能源。电能既易于由其他形式的能量转换而来，又易于转换为其他形式的能量以供应用。电能的输送和分配既简单经济，又易于控制、调节和测量，有利于实现生产过程的自动化。因此，电能在工农业生产、交通运输、科学技术、国防建设等各行各业和人民生活方面得到广泛应用。

工厂供电，就是指工厂所需电能的供应和分配问题。由于电能的生产、输送、分配和使用的全过程，实际上是在同一瞬间完成的，因此在介绍工厂供电系统之前，有必要先了解工厂供电系统电源方向的电力系统的一些基本知识。

1.1.1　电力系统的基本概念

由发电厂、电力网和电能用户组成的一个发电、输电、变配电和用电的整体，称为电力系统，如图 1.1 所示。

1. 发电厂

发电厂又称发电站，它是将自然界蕴藏的多种形式的能源转换为电能的特殊工厂。发电厂的种类很多，一般根据所利用能源的不同分为火力发电厂、水力发电厂、原子能发电厂。此外，还有风力发电厂、地热发电厂、潮汐发电厂、太阳能发电厂等。

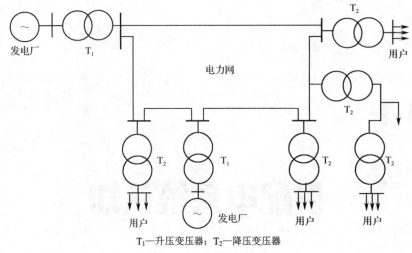

T_1—升压变压器；T_2—降压变压器

图 1.1　电力系统示意图

水力发电厂简称水电厂或水电站，它利用水流的势能来生产电能。当控制水流的闸门打开时，水流沿进水管进入水轮机蜗壳室，冲动水轮机，带动发电机发电。

其能量转换过程是：

按提高水位的方法分类，水电厂有坝后式水电厂、引水式水电厂、混合式水电厂三类。我国一些大型水电厂，如长江三峡水电厂都属于坝后式水电厂。

火力发电厂简称火电厂或火电站，它利用燃料的化学能来生产电能。我国的火电厂以燃煤为主，随着西气东输工程的竣工，将逐步扩大天然气燃料的比例。火力发电的原理：燃料在锅炉中充分燃烧，将锅炉中的水转换为高温高压蒸汽，蒸汽推动汽轮机转动，带动发电机旋转，发出电能。

其能量转换过程是：

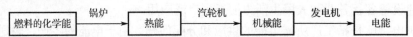

现代火电厂一般根据环保要求，考虑了"三废"（废水、废渣、废气）的综合利用，不仅发电，还供热（供应蒸汽和热水）。这种既供电又供热的火电厂，称为热电厂或热电站。热电厂一般靠近城市或工业区。国内大型的火电厂有华能玉环电厂、北仑电厂等。

核能发电厂又称核电站。它主要利用原子核的裂变能（核能）来生产电能。它的生产过程与火电厂基本相同，只是以核反应堆（俗称原子锅炉）代替了燃煤锅炉，以少量的核燃料取代了大量的煤炭等燃料。

其能量转换过程是：

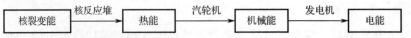

由于核能是极其巨大的能源，而且核电站建设具有重要的经济和科研价值，所以世界各国都很重视核电站建设，核电站发电量的比例正在逐年增长。我国在 20 世纪 80 年代就确定要适当发展核电，并已陆续兴建了秦山、大亚湾、岭澳等几座大型核电站。

2．电力网

电力系统中各级电压的电力线路及其联系的变电所，称为电力网或电网。电力网是电力系统的重要组成部分。电力网的作用是将电能从发电厂输送并分配到电能用户。

1）变配电所

变配电所又称为变配电站。变电所是接收电能、变换电压和分配电能的场所；而配电所只用来接收和分配电能。两者的区别在于，变电所装设电力变压器，较之配电所多了变压的任务。

按变电所的性质和任务不同，变电所可分为升压变电所和降压变电所；除与发电机相连的变电所为升压变电所外，其余均为降压变电所。按变电所的地位和作用不同，变电所又分为枢纽变电所、地区变电所和用户变电所。

2）电力线路

电力线路又称输电线。由于各种类型的发电厂多建于自然资源丰富的地方，一般距电能用户较远，所以需要各种不同电压等级的电力线路，将发电厂生产的电能源源不断地输送到各电能用户。电力线路的作用是输送电能，并把发电厂、变配电所和电能用户连接起来。

电力线路按其用途及电压等级分为输电线路和配电线路。电压在 35kV 及以上的电力线路为输电线路；电压在 10kV 及以下的电力线路称为配电线路。电力线路按其架设方法可分为架空线路和电缆线路；按其传输电流的种类又可分为交流线路和直流线路。

3．电能用户

电能用户又称电力负荷。在电力系统中，一切消费电能的用电设备或用电单位均称为电能用户。电能用户按行业可分为工业用户、农业用户、市政商业用户和居民用户。

1.1.2　工厂供电系统

工厂供电系统是指工厂所需的电力能源从进厂起到所有用电设备终端止的整个电路。工厂供电系统由工厂总降压变电所（或高压配电所）、高压配电线路、车间变电所、低压配电线路及用电设备组成。

一些中小型工厂的电源进线电压为 6kV～10kV，某些大中型工厂的电源进线电压可为 35kV 及以上，某些小型工厂则可直接采用低压进线。所谓"低压"，是指低于 1kV 的电压；而 1kV 以上的电压则称为"高压"[①]。

---

① 这里所谓的"低压""高压"是从设计制造的角度来划分的。如果从电气安全的角度，则按我国电力行业标准规定："低压"为设备对地电压低于 250V 者；"高压"为设备对地电压在 250V 以上者。

1．具有高压配电所的工厂供电系统

图 1.2 是一个比较典型的具有高压配电所的中型工厂供电系统图[①]。为使图形简明，系统图、布线图及后面将涉及的主电路图，一般只用一根线来表示三相线路，即绘成"单线图"的形式。必须说明，这里绘出的系统图未绘出其中的开关电器，但示意性地绘出了高低压母线上和低压联络线上装设的开关。

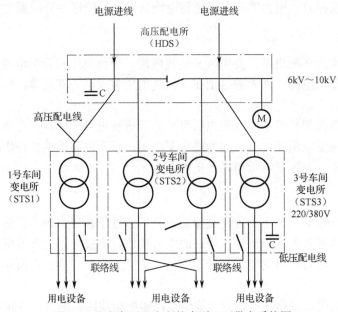

图 1.2　具有高压配电所的中型工厂供电系统图

从图 1.2 可以看出，该厂的高压配电所有两条 10kV（或 6kV）的电源进线，分别接在高压配电所的两段母线上。所谓"母线"，是指用来汇集和分配电能的导体，又称汇流排。这种利用一个开关分隔开的单母线接线形式，称为"单母线分段制"。当一条电源进线发生故障或进行检修而被切除时，可以闭合分段开关由另一条电源进线来对整个配电所的负荷供电。这种具有双电源的高压配电所常见的运行方式是：分段开关正常情况下是闭合的，整个配电所由一条电源进线供电，通常来自公共高压配电网络；而另一条电源进线则作为备用线，通常从邻近单位取得备用电源。

该高压配电所有四条高压配电线，给三个车间变电所供电。车间变电所装有电力变压器（又称主变压器），将 10kV（或 6kV）高压降为低压用电设备所需的 220/380V 电压[②]。这里的 2 号车间变电所，两台电力变压器分别由配电所的两段母线供电；而其低压侧也采用单母线分段制，从而使供电可靠性大大提高。各车间变电所的低压侧，又都通过低压联

---

① 按电气制图方面的国家标准的定义："系统图"是用符号或带注释的框，概略表示系统或分系统的基本组成、相互关系及其主要特征的一种简图。而"电路图"是用图形符号并按工作顺序，详细表示电路、设备或成套装置的全部基本组成和连接关系而不考虑其实际位置的一种简图。

② 按国家标准《标准电压》规定，电压"220/380V"中的 220V 为三相交流系统的相电压，380V 为线电压。

络线相互连接，以提高供电系统运行的可靠性和灵活性。此外，该配电所有一条高压配电线，直接给一组高压电动机供电；另有一条高压配电线，直接连接一组高压并联电容器。3号车间变电所的低压母线上也连接了一组低压并联电容器。这些并联电容器用来补偿系统的无功功率，以提高功率因数。

2. 具有总降压变电所的工厂供电系统

图 1.3 是一个比较典型的具有总降压变电所的大中型工厂供电系统图。总降压变电所有两条 35kV 及以上的电源进线，采用"桥形接线"。35kV 及以上的电压经该变电所电力变压器降为 6kV～10kV 的电压，然后通过高压配电线路将电能送到各车间变电所。车间变电所又经电力变压器将 6kV～10kV 的电压降为一般低压用电设备所需的 220/380V 电压。为了补偿系统的无功功率和提高功率因数，通常在 6kV～10kV 的高压母线上或 380V 的低压母线上接入并联电容器。

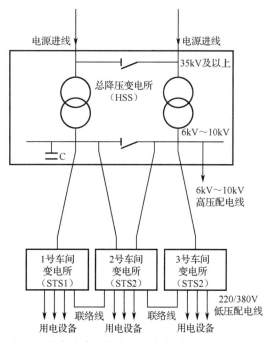

图 1.3　具有总降压变电所的大中型工厂供电系统图

3. 高压深入负荷中心的工厂供电系统

如果当地的电源电压为 35kV，而厂区环境条件和设备条件又允许采用 35kV 架空线路和较经济的电气设备时，则可考虑采用 35kV 作为高压配电电压，将 35kV 线路直接引入靠近负荷中心的车间变电所，电源电压经电力变压器直接降为低压用电设备所需的电压，如图 1.4 所示。这种高压深入负荷中心的直配方式，可以节省一级中间变压环节，从而简化了供电系统，节约了有色金属，降低了电能损耗和电压损耗，提高了供电质量。但是必须考虑厂区要有满足 35kV 架空线路的"安全走廊"，以确保供电安全。

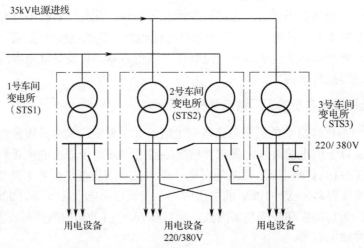

图 1.4   高压深入负荷中心的工厂供电系统图

4．只有一个变电所或配电所的工厂供电系统

对于小型工厂，由于所需电力容量一般不大于 1000kV·A，因此通常只设一个将 10kV（或 6kV）电压降为低压的降压变电所，其供电系统图如图 1.5 所示。这种变电所相当于上述的车间变电所。

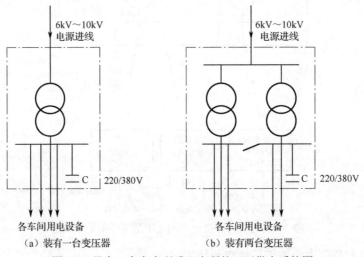

（a）装有一台变压器　　　　　　　（b）装有两台变压器

图 1.5   只有一个变电所或配电所的工厂供电系统图

如果工厂所需电力容量不大于 160kV·A，通常采用低压进线，直接由当地的 220/380V 公共电网供电，因此工厂只需设置一个低压配电所（通称"配电间"），通过低压配电间直接向各车间配电。

1.1.3   工厂供电的要求和课程任务

工厂供电工作要很好地为工业生产服务，切实保证工厂生产和生活用电的需要，并搞好电能的节约，必须达到下列基本要求：

- 安全。在电能的供应、分配和使用中，不应发生人身安全事故和设备安全事故。
- 可靠。应满足电能用户对供电可靠性即连续供电的要求。
- 优质。应满足电能用户对电压质量和频率质量等方面的要求。
- 经济。应使供电系统的投资少，运行费用低，并尽可能地节约电能和减少有色金属的消耗量。

此外，在供电工作中，应合理地处理局部与全局、当前与长远的关系，既要顾及局部和当前的利益，又要有全局观点，能顾全大局，适应发展。例如，计划供用电问题，就不能只考虑一个单位的局部利益，应有全局观点。

本课程的基本任务，主要是讲述中小型工厂内部的电能供应和分配问题，使学生初步掌握中小型工厂供电系统运行维护及简单设计所必需的基本理论和基本知识，为今后从事工厂供电技术工作奠定基础。本课程实践性较强，学习时应注重理论联系实际，切实提高实际应用能力。

任务 1.2　电力系统的额定电压

1.2.1　供电质量的主要指标

对供电系统的所有电气设备，都规定了一定的工作电压和频率。电气设备在其额定电压和额定频率条件下工作时，其综合的经济效果最佳。因此，电压和频率被认为是衡量电能质量的两个基本参数。

1. 频率

我国采用的工业频率（简称"工频"）为 50Hz，频率偏差一般规定为±0.5Hz。如果电力系统容量达 3000MW 及以上，则频率偏差规定为±0.2Hz。但是频率的调整主要依靠发电厂。对于工厂供电系统来说，提高电能质量主要是提高电压质量和供电可靠性。

2. 电压

电压质量，不仅指相对额定电压来说电压偏高或偏低即电压偏差的问题，而且包括电压波动以及电压波形是否畸变即是否含有高次谐波成分的问题。

1）电压偏差和调整

（1）电压偏差。

用电设备端子处的电压偏差 ΔU，是以设备端电压 U 和设备额定电压 U_N 的差值与设备额定电压 U_N 之比的百分值来表示的，即

$$\Delta U = \frac{U - U_N}{U_N} \times 100\% \qquad (1\text{-}1)$$

电压偏差是由系统运行方式改变及负荷缓慢变化引起的，其变动相当缓慢。

按国家标准《供配电系统设计规范》规定，正常运行情况下，用电设备端子处电压偏

差允许值（以 U_N 的百分数表示）宜符合下列要求：

① 电动机为±5%。

② 照明：在一般工作场所为±5%；对于远离变电所的小面积一般工作场所，难以满足上述要求时，可为+5%、−10%；应急照明、道路照明和警卫照明等为+5%、−10%。

③ 其他用电设备当无特殊规定时为±5%。

（2）电压调整。

为了减小电压偏差，保证用电设备在最佳状态下运行，工厂供电系统必须采取相应的电压调整措施。

① 合理选择变压器的电压分接头或采用有载调压型变压器，使之在负荷变动的情况下，有效地调节电压，保证用电设备端电压的稳定。

② 合理地减少供电系统的阻抗，以降低电压损耗，从而缩小电压偏差范围。

③ 尽量使系统的三相负荷均衡，以减小电压偏差。

④ 合理地改变供电系统的运行方式，以调整电压偏差。

⑤ 采用无功功率补偿装置，提高功率因数，降低电压损耗，从而缩小电压偏差范围。

2）电压波动和闪变及其抑制

电压波动是由负荷急剧变动引起的。负荷的急剧变动，使系统的电压损耗相应发生快速变化，从而使电气设备的端电压出现波动现象。例如，电焊机、电弧炉和轧钢机等冲击性负荷都会引起电网电压波动。电压波动值用电压波动过程中相继出现的电压有效值的最大值与最小值之差对额定电压的百分值来表示，其变化速度不低于每秒 0.2%。

电压波动可影响电动机的正常启动，可使同步电动机转子振动，使电子设备特别是计算机无法正常工作，可使照明灯发生明显的闪烁现象等。其中，电压波动对照明的影响最为明显。人眼对灯闪的主观感觉，称为"闪变"。电压闪变对人眼有刺激作用，甚至使人无法正常工作和学习。

因此，国家标准《电能质量 电压波动和闪变》规定了系统由冲击性负荷产生的电压波动允许值和闪变电压允许值。

降低或抑制冲击性负荷引起的电压波动和电压闪变，宜采取下列措施：

① 对大容量的冲击性负荷，采用专线或专用变压器供电。这是最简便有效的办法。

② 降低供电线路阻抗。

③ 选用短路容量较大或电压等级较高的电网供电。

④ 采用能"吸收"冲击性无功功率的静止补偿装置（SVC）等。

3）高次谐波及其抑制

高次谐波是指一个非正弦波按傅里叶级数分解后所含的频率为基波频率整数倍的所有谐波分量，而基波频率就是 50Hz。高次谐波简称"谐波"。

电力系统中的发电机发出的电压，一般可认为是 50Hz 的正弦波。但由于系统中有各种非线性元件存在，因而在系统中和用户处的线路中出现了高次谐波，使电压或电流波形产生一定程度的畸变。

系统中产生高次谐波的非线性元件很多，如荧光灯、高压汞灯、高压钠灯等气体放电灯及交流电动机、电焊机、变压器和感应电炉等，都要产生高次谐波电流。最为严重的是大型硅整流设备和大型电弧炉，它们产生的高次谐波电流最为突出，是造成电力系统中谐波干扰的最主要的谐波源。

当前，高次谐波的干扰已成为电力系统中影响电能质量的重要因素。

因此，国家标准《电能质量　公用电网谐波》规定了公用电网中谐波电压限值和谐波电流允许值。

抑制高次谐波，宜采取下列措施：

① 大容量的非线性负荷由短路容量较大的电网供电。

② 三相整流变压器采用 Yd 或 Dy 联结，可以消除 3 的整数倍的高次谐波，是抑制整流变压器产生高次谐波干扰的基本方法。

③ 增加整流变压器二次侧的相数，整流变压器二次侧的相数越多，整流脉冲数也越多，其次数较低的谐波分量被消去的也越多。

④ 装设分流滤波器。

⑤ 装设静止补偿装置（SVC），吸收高次谐波电流，以减小这些用电设备对系统产生的谐波干扰。

1.2.2　额定电压的国家标准

按国家标准《标准电压》规定，我国三相交流电网和电力设备的额定电压如表 1.1 所示。

表 1.1　我国三相交流电网和电力设备的额定电压

分类		电网和用电设备额定电压/kV	发电机额定电压/kV	电力变压器额定电压/kV	
				一次绕组	二次绕组
低压		0.38	0.4	0.38	0.40
		0.66	0.69	0.66	0.69
高压		3	3.15	3，3.15	3.15，3.3
		6	6.3	6，6.3	6.3，6.6
		10	10.5	10，10.5	10.5，11
		—	13.8，15.75，18，20，22，24，26	13.8，15.75，18，20，22，24，26	—
		35		35	38.5
		66		66	72.5
		110		110	121
		220		220	242
		330		330	363
		500		500	550

1. 电力线路的额定电压

电力线路的额定电压等级是国家根据国民经济发展的需要及电力工业的水平，经全面技术经济分析后确定的。它是确定各类电力设备额定电压的基本依据。

2．用电设备的额定电压

由于用电设备运行时要在线路中产生电压损耗，因而造成线路上各点的电压略有不同，如图 1.6 的虚线所示。但是成批生产的用电设备，其额定电压不可能按使用地点的实际电压来制造，而只能按线路首端与末端的平均电压即电网的额定电压 U_N 来制造。所以规定用电设备的额定电压与供电电网的额定电压相同。

3．发电机的额定电压

由于同一电压的线路一般允许的电压偏差是±5%，即整个线路允许有 10%的电压损耗，因此为了维持线路首端与末端的平均电压在额定值，线路首端电压应较电网额定电压高5%，如图 1.6 所示。而发电机是接在线路首端的，所以规定发电机额定电压高于所供电网额定电压 5%。

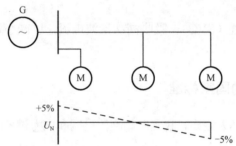

图 1.6　用电设备和发电机的额定电压

4．电力变压器的额定电压

1）电力变压器一次绕组的额定电压

如果变压器直接与发电机相连，如图 1.7 中的变压器 T1，则其一次绕组额定电压应与发电机额定电压相同，即高于电网额定电压 5%。

如果变压器不与发电机直接相连，而是连接在线路的其他部位，则应将变压器看作线路上的用电设备。因此变压器的一次绕组额定电压应与供电电网额定电压相同，如图 1.7 中的变压器 T2。

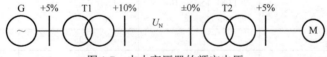

图 1.7　电力变压器的额定电压

2）电力变压器二次绕组的额定电压

变压器二次绕组的额定电压是指在变压器一次绕组上加额定电压时其二次绕组的开路电压（空载电压）。当变压器满载运行时，其绕组内有大约 5%的阻抗电压降，因此分两种情况讨论：

如果变压器二次侧的供电线路较长（如较大容量的高压电网），则变压器二次绕组额定电压不仅要考虑补偿绕组本身 5%的电压降，还要考虑变压器满载时输出的二次电压仍要高于二次侧电网额定电压 5%（因为变压器处在其二次侧线路的首端），所以这种情况的变压器二次绕组额定电压应高于二次侧电网额定电压 10%，如图 1.7 中变压器 T1。

如果变压器二次侧的供电线路不长（如低压电网，或直接供电给高低压用电设备的线路），则变压器二次绕组的额定电压，只需高于二次侧电网额定电压 5%，仅考虑补偿变压器满载时绕组本身 5%的电压降，如图 1.7 中变压器 T2。

例 1.1　已知图 1.8 所示系统中线路的额定电压，试求发电机和变压器的额定电压。

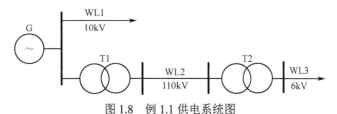

图 1.8　例 1.1 供电系统图

解： 发电机 G 的额定电压　$U_{N \cdot G} = 1.05 U_{N \cdot WL1} = 1.05 \times 10 = 10.5 \, (kV)$

变压器 T1 的额定电压　$U_{1N \cdot T1} = U_{N \cdot G} = 10.5 \, (kV)$

$U_{2N \cdot T1} = 1.1 U_{N \cdot WL2} = 1.1 \times 110 = 121 \, (kV)$

变压器 T2 的额定电压　$U_{1N \cdot T2} = U_{N \cdot WL2} = 110 \, (kV)$

$U_{2N \cdot T2} = 1.1 U_{N \cdot WL3} = 1.1 \times 6 = 6.6 \, (kV)$

1.2.3　工厂供配电电压的选择

1. 工厂高压配电电压的选择

工厂供电系统的高压配电电压的选择，主要取决于当地供电电源电压及工厂高压用电设备的电压、容量和数量等因素。

当工厂的供电电源电压为 35kV 以上时，工厂的高压配电电压一般应采用 10kV。当 6kV 的用电设备的总容量较大，选用 6kV 经济合理时，宜采用 6kV。如果 6kV 设备不多，则仍应选择 10kV 作为工厂的高压配电电压，而对 6kV 的设备，通过专用的 10/6.3kV 变压器单独供电。如果工厂有 3kV 的用电设备，也可采用 10/3.15kV 的变压器单独供电。3kV 作为高压配电电压的技术经济指标很差，不应用作高压配电电压。当工厂的供电电源电压为 35kV，能减少配变电级数、简化接线，且技术经济合理时，可采用 35kV 作为高压配电电压，即工厂采用图 1.4 所示的高压深入负荷中心的直配方式。

2. 工厂低压配电电压的选择

工厂低压配电电压的选择，主要取决于低压用电设备的电压，一般采用 220/380V，其中线电压 380V 接三相动力设备及 380V 的单相设备，而相电压 220V 接 220V 的照明灯具及其他 220V 的单相设备。但某些场合宜采用 660V 甚至更高的 1140V 作为低压配电电压。例如，矿井下，因负荷往往离变电所较远，所以为保证远端负荷的电压水平而采用 660V 或 1140V 电压。采用更高的电压配电，不仅可减少线路的电压损耗，提高负荷端的电压水平，而且能减少线路的电能损耗，降低线路的有色金属消耗量和初始投资，增大供电半径，提高供电能力，减少变电点，简化供配电系统。因此，提高低压配电电压有明显的经济效益，是节电的有效手段之一，这在世界各国已成为发展趋势，我国现在也注意到这一问题，已生产了不少适用于 660V 电压的配电电器，不过目前 660V 电压尚只限于采矿、石油和化工等少数部门。

任务 1.3　电力系统中性点运行方式

1.3.1　概述

我国电力系统中电源（含发电机和电力变压器）的中性点有三种运行方式：一种是中性点不接地；另一种是中性点经阻抗接地；还有一种是中性点直接接地。前两种称为小电流接地系统，后一种称为大电流接地系统。

我国 3kV～66kV 的电力系统，大多数采取中性点不接地的运行方式。只有当系统单相接地电流大于一定数值时（3kV～10kV，大于 30A 时；20kV 及以上，大于 10A 时），才采取中性点经消弧线圈（一种大感抗的铁芯线圈）接地的运行方式。110kV 以上的电力系统，则一般采取中性点直接接地的运行方式。

低压配电系统，按保护接地的形式，分为 TN 系统、TT 系统和 IT 系统。TN 系统和 TT 系统都是中性点直接接地系统，且都引出中性线（N 线），因此都称为三相四线制系统。

但 TN 系统中的设备外露可导电部分均采取与公共的保护线（PE 线）或保护中性线（PEN 线）相连接的保护方式，如图 1.9 所示；而 TT 系统中的设备外露可导电部分则采取经各自的 PE 线直接接地的保护方式，如图 1.10 所示。IT 系统的中性点不接地或经阻抗（约 1000Ω）接地，且通常不引出中性线，一般为三相三线制系统，其中设备的外露可导电部分与 TT 系统一样，也是经各自的 PE 线直接接地，如图 1.11 所示。

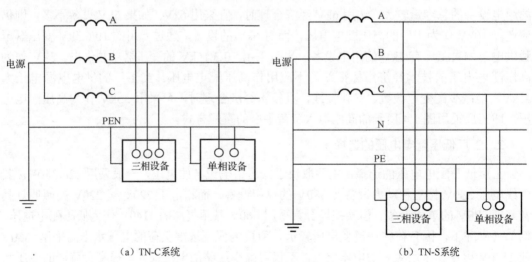

（a）TN-C 系统　　　　　　　　　　　　　　（b）TN-S 系统

图 1.9　低压配电的 TN 系统

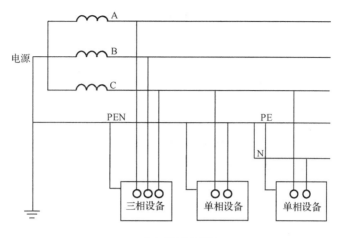

（c）TN-C-S系统

图1.9　低压配电的TN系统（续）

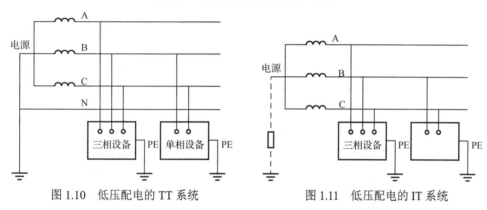

图1.10　低压配电的TT系统　　　图1.11　低压配电的IT系统

电力系统中电源中性点的不同运行方式，对电力系统的运行（特别是在发生单相接地故障时）有明显的影响，而且影响到电力系统二次侧的保护装置及监察测量系统的选择与运行，因此有必要予以研究。

1.3.2　中性点不接地的电力系统

图1.12是中性点不接地的电力系统在正常运行时的电路图和相量图。

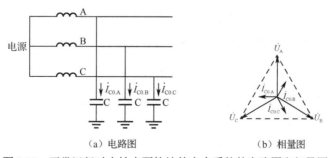

（a）电路图　　　　　　　　（b）相量图

图1.12　正常运行时中性点不接地的电力系统的电路图和相量图

由"电工基础"课程知，三相交流系统的相间及相与地间都存在着分布电容。但相间电容与这里讨论的问题无关，因此可不予考虑。这里只考虑相与地间的分布电容，而且用集中电容 C 来表示，如图 1.12（a）所示。

系统正常运行时，三个相的相电压 $\dot{U}_A$、$\dot{U}_B$、$\dot{U}_C$ 是对称的，三个相的对地电容电流 $\dot{I}_{C0}$ 也是平衡的。因此三个相的电容电流相量和为零，没有电流在地中流过。每相对地的电压，就是相电压。

当系统发生单相接地故障时，如 C 相接地，如图 1.13（a）所示。这时 C 相对地电压为零，而 A 相对地电压 $\dot{U}'_A = \dot{U}_A + (-\dot{U}_C) = \dot{U}_{AC}$，B 相对地电压 $\dot{U}'_B = \dot{U}_B + (-\dot{U}_C) = \dot{U}_{BC}$，如图 1.13（b）所示。由此可见，C 相接地时，完好的 A、B 两相对地电压都由原来的相电压升高到线电压，即升高为原对地电压的 $\sqrt{3}$ 倍。

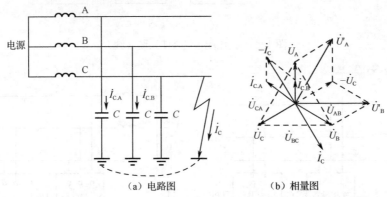

（a）电路图　　　　（b）相量图

图 1.13　单相接地时的中性点不接地的电力系统的电路图和相量图

C 相接地时，系统的接地电流（电容电流）$\dot{I}_C$ 应为 A、B 两相对地电容电流之和。由于一般习惯将从相线到地的电流方向规定为电流正方向，因此

$$\dot{I}_C = -(\dot{I}_{C\cdot A} + \dot{I}_{C\cdot B})$$

而由图 1.13（b）所示的相量图可知，$\dot{I}_C$ 在相位上正好较 C 相电压 $\dot{U}_C$ 超前 90°。

再分析 I_C 的量值。由于 $I_C = \sqrt{3} I_{C\cdot A}$，而 $I_{C\cdot A} = \dfrac{U'_A}{X_C} = \dfrac{\sqrt{3} U_A}{X_C} = \sqrt{3} I_{C0}$，因此

$$I_C = 3I_{C0} \tag{1-2}$$

这说明中性点不接地系统中单相接地电容电流为系统正常运行时每相对地电容电流的 3 倍。

由于线路对地的分布电容 C 不好计算，因此 I_{C0} 和 I_C 也不好根据 C 来确定。工程上一般采用经验公式来计算其单相接地电容电流。此经验公式为

$$I_C = \frac{U_N(l_{0h} + 35l_{cab})}{350} \tag{1-3}$$

式中，I_C 为系统的单相接地电容电流（单位为 A）；U_N 为系统的额定电压（单位为 kV）；l_{oh} 为同一电压 U_N 的具有电联系的架空线路总长度（单位为 km）；l_{cab} 为同一电压 U_N 的具有电联系的电缆线路总长度（单位为 km）。

必须指出：当中性点不接地的电力系统中发生一相接地时，由图 1.13（b）所示相量图可以看出，系统的三个线电压的相位和量值均未发生变化，因此系统中的所有设备仍可照

常运行。但是如果另一相又发生接地故障，则形成两相接地短路，将产生很大的短路电流，损坏线路及设备。因此，我国有关规程规定：中性点不接地的电力系统发生单相接地故障时，可允许暂时继续运行 2h。但必须同时通过系统中装设的单相接地保护或绝缘监察装置（参看项目 5）发出报警信号或指示，以提醒运行值班人员注意，采取措施，查找和消除接地故障；如果有备用线路，则可将负荷转移到备用线路上。在经过 2h 后，如果接地故障尚未消除，则应切除故障线路，以防故障扩大。

1.3.3　中性点经消弧线圈接地的电力系统

在上述中性点不接地的电力系统中，如果接地电容电流较大，将在接地点产生断续电弧，这就可能使线路发生电压谐振现象。由于线路既有电阻、电感，又有电容，因此发生一相弧光接地时，就形成一个 RLC 串联谐振电路，可使线路上出现危险的过电压（为线路相电压的 2.5～3 倍），有可能使线路上绝缘薄弱地点的绝缘击穿。为了消除单相接地时接地点出现的断续电弧，当单相接地电容电流大于一定值（如前面"概述"中所说）时，系统中性点必须采取经消弧线圈接地的运行方式。

图 1.14 为中性点经消弧线圈接地的电力系统在单相接地时的电路图和相量图。

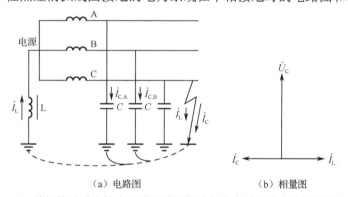

（a）电路图　　　　　　　　　　（b）相量图

图 1.14　单相接地时中性点经消弧线圈接地的电力系统的电路图和相量图

当系统发生单相接地故障时，通过接地点的电流为接地电容电流 $\dot{I}_C$ 与流过消弧线圈的电感电流 $\dot{I}_L$ 之和（消弧线圈可看作一个电感 L）。由于 $\dot{I}_C$ 比 $\dot{U}_C$ 超前 90°，而 $\dot{I}_L$ 比 $\dot{U}_C$ 滞后 90°，因此 $\dot{I}_L$ 与 $\dot{I}_C$ 在接地点相互补偿。当接地点电流补偿到小于最小生弧电流时，接地点就不会产生电弧，从而也不会出现上述的电压谐振现象了。

中性点经消弧线圈接地的电力系统与中性点不接地的电力系统一样，在发生单相接地故障时，三个线电压不变，因此可允许暂时继续运行 2h；但必须发出指示信号，以便采取措施，查找和消除故障，或将故障线路的负荷转移到备用线路上。而且这种电力系统，在一相接地时，另两相对地电压也要升高到线电压，即升高为原对地电压的 $\sqrt{3}$ 倍。

1.3.4　中性点直接接地的电力系统

图 1.15 为中性点直接接地的电力系统在单相接地时的情形。这种电力系统发生单相接地故障，会造成单相短路（用符号 $\text{k}^{(1)}$ 表示），其单相短路电流 $I_\text{k}^{(1)}$ 比线路的正常负荷电流要

大许多倍，通常会使线路上的断路器（开关）自动跳闸或者使熔断器熔断，将短路故障部分切除，恢复其他无故障部分的系统正常运行。

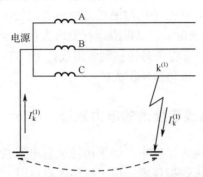

图 1.15　单相接地时中性点直接接地的电力系统

中性点直接接地的电力系统在发生一相接地故障时，其他两相对地电压不会升高，因此这种电力系统中的供用电设备的相间绝缘只需按相电压来考虑，而不必按线电压考虑。这对 110kV 以上的超高压系统，是很有经济技术价值的，因为高压电器特别是超高压电器的绝缘问题，是影响其设计和制造的关键问题。绝缘要求的降低，实际上就降低了高压电器的造价，同时改善了高压电器的性能，所以我国规定 110kV 以上的电力系统中性点均采取直接接地的运行方式。

至于低压配电系统，TN 系统和 TT 系统均采取中性点直接接地的运行方式，而且引出中性线（N 线）或保护中性线（PEN 线），这除了便于接单相负荷，还考虑到安全保护的要求，一旦发生单相接地故障，即形成单相短路，这时快速切除故障，有利于保障人身安全，防止触电。

思考与练习

1-1　什么是工厂供电？对工厂供电工作有哪些基本要求？

1-2　什么是电力系统和电力网？电力系统由哪几部分组成？

1-3　变电所和配电所的任务是什么？二者的区别在哪里？

1-4　工厂供电系统由哪几部分组成？

1-5　试查阅相关资料或从网上了解我国一些大型电站（如长江三峡水电站）的情况。

1-6　试查阅相关资料或从网上查阅，找出去年我国的发电机装机容量、年发电量和年用电量。

1-7　衡量电能质量的基本参数有哪些？

1-8　用电设备的额定电压、发电机的额定电压和变压器的额定电压是如何确定的？为什么？

1-9　什么是电压偏差？有哪些调压措施？

1-10　电力系统的中性点运行方式有几种？中性点不接地电力系统和中性点直接接地电力系统发生单相接地故障时各有什么特点？

1-11　TN-C 系统、TN-S 系统、TN-C-S 系统、TT 系统、IT 系统各有何主要区别？

1-12　试确定图 1.16 所示供电系统中线路 WL1、WL2 和电力变压器 T1 的额定电压。

图 1.16　题 1-12 的供电系统

1-13　试确定图 1.17 所示供电系统中发电机 G、线路 WL1、WL2 和电力变压器 T2、T3 的额定电压。

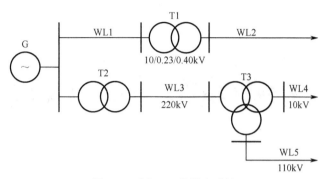

图 1.17　题 1-13 的供电系统

项目 2

工厂供电系统基本计算知识

本项目是工厂供电系统运行分析和设计计算的基础，首先讨论和计算供电系统正常状态下的运行负荷，这是正确选择供电系统中导线、电缆、开关电器、变压器等的基础，也是保障供电系统安全可靠运行必不可少的环节；然后讨论和计算了供电系统在短路故障状态下产生的电流及其效应问题。

任务 2.1 电力负荷和负荷曲线

2.1.1 电力负荷

在电力系统中，电力负荷通常指用电设备或用电单位（用户），也可以指用电设备或用电单位所消耗的功率或电流（用电量）。

1. 电力负荷的分类

电力负荷按用户的性质分为工业负荷、农业负荷、交通运输负荷和生活用电负荷等；按用途分为动力负荷和照明负荷。动力负荷多数为三相对称的电力负荷，照明负荷为单相负荷。电力负荷按用电设备的工作制分为连续（或长期）工作制、短时工作制和断续周期工作制（或反复短时工作制）三类。

这里主要介绍按用电设备的工作制分类。

1）连续工作制

这类设备长期连续运行，负荷比较稳定，如通风机、空气压缩机、各类泵、电炉、机床、电解电镀设备、照明设备等。

2）短时工作制

这类设备的工作时间较短，而停歇时间相对较长，如机床上的某些辅助电动机、水闸用电动机等。这类设备的数量很少，求计算负荷时一般不考虑短时工作制的用电设备。

3）断续周期工作制

这类设备周期性地工作—停歇—工作，如此反复运行，而工作周期不超过 10min，如电焊机和起重机械等。通常用负荷持续率（或暂载率）ε 来表示其工作特征。负荷持续率为一个工作周期内的工作时间与整个工作周期的百分比值。即

$$\varepsilon = \frac{t}{T} \times 100\% = \frac{t}{t + t_0} \times 100\% \tag{2-1}$$

式中，T 为工作周期；t 为工作时间；t_0 为停歇时间。

对断续周期工作制的设备来说，其额定容量是对应于一定的负荷持续率的。所以，在进行工厂电力负荷计算时，对不同工作制的用电设备的容量需按规定进行换算。

2．电力负荷的分级及对供电电源的要求

按国家标准《供配电系统设计规范》规定，工厂的电力负荷，根据其对供电可靠性的要求及中断供电所造成的损失或影响程度，分为以下三级。

1）一级负荷

一级负荷为中断供电将造成人身伤亡者，或者中断供电将在政治、经济上造成重大损失者，如重大设备损坏、大量产品报废、用重要原材料生产的产品大量报废、国民经济中重点企业的连续生产过程被打乱需要长时间才能恢复等。

在一级负荷中，当中断供电将发生中毒、爆炸和火灾等情况的负荷，以及特别重要的场所不允许中断供电的负荷，应视为特别重要的负荷。

一级负荷属于重要负荷，是绝对不允许断电的。因此，要求有两路独立电源供电。当其中一路电源发生故障时，另一路电源能继续供电。一级负荷中特别重要的负荷，除上述两路电源外，还必须增设应急电源。常用的应急电源有：独立于正常电源的发电机组、供电网络中独立于正常电源的专用馈电线路、蓄电池、干电池等。

2）二级负荷

二级负荷为中断供电将在政治、经济上造成较大损失者，如主要设备损坏、大量产品报废、连续生产过程被打乱需要长时间才能恢复、重点企业大量减产等。

二级负荷也属于重要的负荷，要求两回路供电，供电变压器通常也采用两台。当其中一回路或一台变压器发生故障时，二级负荷不致断电，或断电后能迅速恢复供电。

3）三级负荷

三级负荷为一般电力负荷，所有不属于一、二级负荷者均属三级负荷。

三级负荷对供电电源没有特殊要求，一般由单回电力线路供电。

2.1.2 负荷曲线

负荷曲线是表征电力负荷随时间变动情况的曲线，可以直观地反映用户用电的特点和规律。按负荷的功率性质不同，负荷曲线分为有功负荷曲线和无功负荷曲线；按时间单位的不同，分为日负荷曲线和年负荷曲线；按负荷对象不同，分为工厂的、车间的或某类设备的负荷曲线；按绘制方式不同，分为依点连成的负荷曲线和阶梯型负荷曲线，如图 2.1 所示。

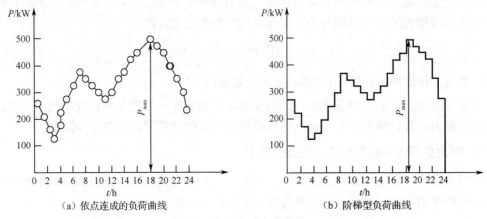

（a）依点连成的负荷曲线　　　　　　　（b）阶梯型负荷曲线

图 2.1　日有功负荷曲线

1. 负荷曲线的绘制

负荷曲线通常绘制在直角坐标系中，纵坐标表示负荷大小（有功功率的单位为 kW 或无功功率的单位为 kvar），横坐标表示对应的时间（一般以 h 为单位）。

负荷曲线中应用较多的为年负荷曲线，它通常是根据典型的冬日和夏日负荷曲线来绘制的。如图 2.2（a）所示，这种曲线的负荷从大到小依次排列，反映了全年负荷变动与对应的负荷持续时间（全年按 8760h 计）的关系。这种曲线称为年负荷持续时间曲线。图 2.2（b）所示的曲线是按全年每日的最大半小时平均负荷来绘制的，它反映了全年中不同时段的电能消耗水平，称为年每日最大负荷曲线。

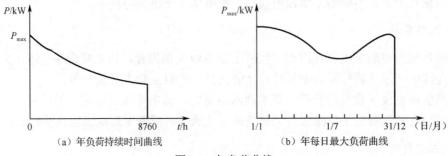

（a）年负荷持续时间曲线　　　　　　（b）年每日最大负荷曲线

图 2.2　年负荷曲线

从各种负荷曲线上，可以直观地了解电力负荷变动的规律，并可从中获得一些对设计和运行有用的资料。对工厂来说，可以合理地、有计划地安排车间班次或大容量设备的用电时间，从而降低负荷高峰，填补负荷低谷。这样可使负荷曲线比较平坦，从而提高了工厂的供电能力。

2．与负荷曲线有关的物理量

1）年最大负荷 P_{max}

年最大负荷 P_{max} 是指全年中负荷最大的工作班内消耗电能最大的半小时平均功率。因此年最大负荷也称半小时最大负荷，记为 P_{30}。

2）年最大负荷利用小时 T_{max}

负荷以年最大负荷 P_{max} 持续运行一段时间后，消耗的电能恰好等于该电力负荷全年实际消耗的电能 W_a，这段时间就是年最大负荷利用小时 T_{max}，如图 2.3 所示。

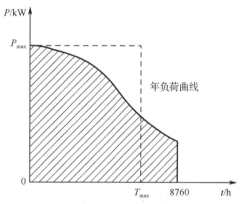

图 2.3　年最大负荷和年最大负荷利用小时

则年最大负荷利用小时为

$$T_{max} = \frac{W_a}{P_{max}} \tag{2-2}$$

T_{max} 是反映工厂负荷是否均匀的一个重要参数。该值越大，则负荷越平稳。T_{max} 与工厂的生产班制有较大关系，例如，一班制工厂，T_{max} 为 1800～3000h；两班制工厂，T_{max} 为 3500～4800h；三班制工厂，T_{max} 为 5000～7000h。

3）平均负荷 P_v

平均负荷是指电力负荷在一定时间内平均消耗的功率。如果在 t 这段时间内消耗的电能为 W_t，则 t 时间内的平均负荷为

$$P_v = \frac{W_t}{t} \tag{2-3}$$

年平均负荷是指电力负荷在一年内消耗功率的平均值。如果用 W_a 表示全年实际消耗的电能，则年平均负荷为

$$P_{av} = \frac{W_a}{8760} \tag{2-4}$$

图 2.4 用以说明年平均负荷，阴影部分表示全年实际消耗的电能 W_a。

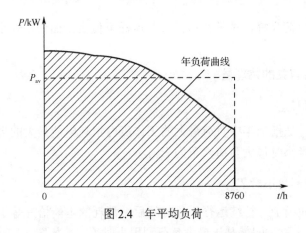

图 2.4　年平均负荷

4）负荷系数 K_L

负荷系数是指平均负荷与最大负荷的比值，即

$$K_L = P_v/P_{max} \qquad (2-5)$$

负荷系数又称负荷率或负荷填充系数，用来表征负荷曲线不平坦的程度。此值越大，则曲线越平坦，负荷波动越小，反之亦然。所以对工厂来说，应尽量提高负荷系数，从而充分发挥供电设备的供电能力，提高供电效率。有时用 α 表示有功负荷系数，用 β 表示无功负荷系数。对一般工厂，$\alpha = 0.7 \sim 0.75$，$\beta = 0.76 \sim 0.82$。

任务 2.2　用电设备的设备容量

2.2.1　设备容量的定义

用电设备的铭牌上都有一个额定功率，但由于各用电设备的额定工作条件不同，如有的是连续工作制，有的是短时工作制，有的是断续周期工作制，因此不能简单地将铭牌上规定的额定功率直接相加作为用户的电力负荷，必须先将其换算为同一工作制下的额定功率，然后才能相加。经过换算至统一规定的工作制下的额定功率称为设备容量，用 P_e 表示。

2.2.2　设备容量的确定

1．连续工作制和短时工作制用电设备

对一般连续工作制和短时工作制的用电设备组，设备容量就是所有用电设备铭牌上的额定容量之和。

2．断续周期工作制用电设备

断续周期工作制的用电设备组，设备容量就是将所有设备在不同暂载率下的铭牌上的额定容量统一换算到规定的暂载率下的容量之和。常用设备的换算方法如下：

1）电焊机

要求统一换算到 $\varepsilon = 100\%$ 时的功率，即

$$P_e = P_N\sqrt{\frac{\varepsilon_N}{\varepsilon_{100\%}}} = S_N\cos\varphi_N\sqrt{\varepsilon_N} \tag{2-6}$$

式中，P_N、S_N 为电焊机铭牌上的额定容量；ε_N 为与铭牌上的额定容量对应的负荷持续率（计算中用小数）；$\varepsilon_{100\%}$ 为其值是 100% 的负荷持续率（计算中用 1）；$\cos\varphi_N$ 为铭牌规定的功率因数。

2）吊车电动机

要求统一换算到 $\varepsilon = 25\%$ 时的额定功率，即

$$P_e = P_N\sqrt{\frac{\varepsilon_N}{\varepsilon_{25\%}}} = 2P_N\sqrt{\varepsilon_N} \tag{2-7}$$

式中，P_N 为吊车电动机铭牌上的额定有功功率；$\varepsilon_{25\%}$ 为其值是 25% 的负荷持续率（用 0.25 计算）。

3. 电炉变压器组

设备容量是指在额定功率下的有功功率，即

$$P_e = S_N\cos\varphi_N \tag{2-8}$$

式中，S_N 为电炉变压器的额定容量；$\cos\varphi_N$ 为电炉变压器的额定功率因数。

4. 照明设备

（1）不用镇流器的照明设备（如白炽灯、碘钨灯）的设备容量就是其额定功率，即

$$P_e = P_N \tag{2-9}$$

（2）用镇流器的照明设备（如荧光灯、高压水银灯、金属卤化物灯），其设备容量除额定功率外，还要包括镇流器中的功率损失，即

荧光灯：$\qquad\qquad\qquad P_e = 1.2P_N$

高压水银灯、金属卤化物灯：$\qquad P_e = 1.1P_N \tag{2-10}$

（3）照明设备的设备容量还可以按建筑物的单位面积容量法估算，即

$$P_e = \rho A/1000 \tag{2-11}$$

式中，ρ 为建筑物单位面积的照明容量，单位为 W/m^2；A 为建筑物的面积，单位为 m^2。

例 2.1 某机修车间的 380V 线路上，接有金属切削机床共 20 台（其中，10.5kW 的 4 台，7.5kW 的 8 台，5kW 的 8 台），电焊机 2 台（每台容量 $20kV\cdot A$，$\varepsilon_N = 65\%$，$\cos\varphi = 0.5$），吊车 1 台（11kW，$\varepsilon_N = 25\%$），试计算此车间的设备容量。

解：先求各组的设备容量，再求车间的设备容量。

（1）金属切削机床的设备容量。金属切削机床属于连续工作制设备，所以 20 台金属切削机床的总容量为

$$P_{e1} = (10.5\times4 + 7.5\times8 + 5\times8)kW = 142kW$$

（2）电焊机的设备容量。电焊机属于断续周期工作制设备，它的设备容量应统一换算到 $\varepsilon = 100\%$ 下，所以 2 台电焊机的设备容量为

$$P_{e2} = 2S_N \cos\varphi_N \sqrt{\varepsilon_N} = 2 \times 20 \times 0.5 \times \sqrt{0.65}\text{kW} \approx 16.1\text{kW}$$

（3）吊车的设备容量。吊车属于断续周期工作制设备，它的设备容量应统一换算到 $\varepsilon = 25\%$ 下，所以 1 台吊车的容量为

$$P_{e3} = 2P_N\sqrt{\varepsilon_N} = 2 \times 11 \times \sqrt{0.25}\text{kW} = 11\text{kW}$$

（4）车间的设备总容量为

$$P_e = (142 + 16.1 + 11)\text{kW} = 169.1\text{kW}$$

任务 2.3 用电设备组计算负荷的确定

2.3.1 概述

计算负荷，是通过统计计算求出的、用来按发热条件选择供电系统中的各元件的负荷值。按计算负荷选择的电气设备和导线电缆，如果以计算负荷持续运行，则其温度不致超出允许值，因而不会影响其使用寿命。

由于导体通过电流，温升达到稳定的时间为（3～4）τ，τ 为发热时间常数。而截面积在 16mm² 及以上的导体的 τ 约为 10min，故载流导体约经 30min 后可达到稳定温升值。因此计算负荷通常取半小时最大负荷。本书用半小时最大负荷 P_{30} 来表示有功计算负荷，用 Q_{30}、S_{30} 和 I_{30} 分别表示无功计算负荷、视在计算负荷和计算电流。

计算负荷是供电设计计算的基本依据。计算负荷的确定是否合理，将直接影响电气设备和导线电缆的选择是否经济合理。计算负荷确定得过大，将增加供电设备的容量，造成投资和有色金属的浪费；计算负荷确定得过小，设计出的供电系统的线路和电气设备承受不了实际的负荷电流，使电能损耗增大，使用寿命降低，甚至影响到系统正常可靠的运行。因此正确确定计算负荷具有重要的意义。但是由于负荷情况复杂，影响计算负荷的因素很多，虽然各类负荷的变化有一定规律可循，但准确确定计算负荷十分困难。实际上，负荷也不可能是一成不变的，它与设备的性能、生产的组织及能源供应的状况等多种因素有关，因此负荷计算也只能力求接近实际。

我国目前普遍采用的确定计算负荷的方法，主要是简便实用的需要系数法和二项式系数法。

2.3.2 需要系数法

1. 单组用电设备的计算负荷确定

$$P_{30} = K_d P_e \tag{2-12}$$

$$Q_{30} = P_{30} \tan\varphi \tag{2-13}$$

$$S_{30} = P_{30} / \cos\varphi = \sqrt{P_{30}^2 + Q_{30}^2} \tag{2-14}$$

$$I_{30} = S_{30}/(\sqrt{3}U_N) \tag{2-15}$$

（1）P_e 按 2.2 节的介绍确定。

（2）K_d 的含义。

用电设备的设备容量是指输出容量，它与输入容量之间有一个平均效率 η_e；用电设备不一定满负荷运行，因此引入负荷系数 K_L；供电线路有功率损耗，所以引入一个线路平均效率 η_{WL}；用电设备组的所有设备不一定同时运行，故引入一个同时系数 K_Σ。故需要系数表达为

$$K_d = \frac{K_\Sigma K_L}{\eta_e \eta_{WL}} \qquad (2\text{-}16)$$

实际上，需要系数还与操作人员的技能及生产等多种因素有关。附表 1（见附录 A）中列出了各种用电设备的需要系数值，供计算时参考。

必须注意：附表 1 所列需要系数值是按车间范围内设备台数较多的情况来确定的，所以需要系数值一般比较低。因此，需要系数法较适用于确定车间计算负荷。如果采用需要系数法来计算分支干线上的用电设备组的计算负荷，则附表 1 中的需要系数值往往偏小，宜适当选大。只有 1～2 台设备时，可认为 K_d =1，则 $P_{30} = P_e$。对于电动机，由于它本身功率损耗较大，因此当只有一台电动机时，其 $P_{30} = P_N / \eta$，这里 P_N 为电动机额定容量，η 为电动机效率。在 K_d 适当取大时，$\cos\varphi$ 也宜适当取大。

还需指出：需要系数值与用电设备类别和工作状态的关系极大，因此在计算时首先要正确判明用电设备的类别和工作状态，否则将造成错误。例如，机修车间的金属切削机床电动机，应属于小批生产的冷加工机床电动机，因为金属切削就是冷加工，而机修不可能是大批生产。又如压塑机、拉丝机和锻锤等，应属于热加工机床。再如起重机、电葫芦、卷扬机等，实际上属于吊车类。

例 2.2　某机械加工车间有一冷加工机床组，有电压为 380V 的电动机 30 台，其中 10kW 的 3 台，4kW 的 5 台，3kW 的 14 台，1.5kW 的 8 台，用需要系数法求计算负荷。

解：由于该组设备均为连续工作制设备，故其设备总容量为

$$P_e = \sum P_N = (10 \times 3 + 4 \times 5 + 3 \times 14 + 1.5 \times 8)\text{kW} = 104\text{kW}$$

查附表 1 "大批生产的金属冷加工机床电动机"，得 $K_d = 0.18 \sim 0.25$，取 $K_d = 0.2$，$\cos\varphi = 0.5$，$\tan\varphi = 1.73$，则

有功计算负荷　　　$P_{30} = K_d P_e = 0.2 \times 104\text{kW} = 20.8\text{kW}$

无功计算负荷　　　$Q_{30} = P_{30} \tan\varphi = 20.8 \times 1.73\text{kvar} \approx 35.98\text{kvar}$

视在计算负荷　　　$S_{30} = \sqrt{P_{30}^2 + Q_{30}^2} = \sqrt{20.8^2 + 35.98^2}\text{kV·A} = 41.56\text{kV·A}$

计算负荷电流　　　$I_{30} = \dfrac{S_{30}}{\sqrt{3}U_N} = \dfrac{41.56}{\sqrt{3} \times 0.38}\text{A} \approx 63.15\text{A}$

例 2.3　某装配车间 380V 线路，供电给三台吊车，其中一台 7.5kW（$\varepsilon = 60\%$），两台 3kW（$\varepsilon = 15\%$），试求其计算负荷。

解：根据设备容量计算要求，吊车电动机容量要统一换算到 $\varepsilon = 25\%$，故换算后的容量为

$$P_e = 2P_N \sqrt{\varepsilon} = (2 \times 7.5 \times \sqrt{0.6} + 2 \times 2 \times 3 \times \sqrt{0.15})\text{kW} \approx 16.3\text{kW}$$

查附表 1 得 $K_d = 0.1 \sim 0.15$，取 $K_d = 0.15$，$\cos\varphi = 0.5$，$\tan\varphi = 1.73$，则

有功计算负荷　　　$P_{30} = K_d P_e = 0.15 \times 16.3\text{kW} \approx 2.45\text{kW}$

无功计算负荷 $Q_{30} = P_{30} \tan\varphi = 2.45 \times 1.73\text{kvar} \approx 4.2\text{kvar}$

视在计算负荷 $S_{30} = \sqrt{P_{30}^2 + Q_{30}^2} = \sqrt{2.45^2 + 4.2^2}\,\text{kV·A} = 4.9\text{kV·A}$

计算负荷电流 $I_{30} = \dfrac{S_{30}}{\sqrt{3}U_N} = \dfrac{4.9}{\sqrt{3} \times 0.38}\text{A} \approx 7.44\text{A}$

2. 多组用电设备的计算负荷确定

在计算多组用电设备的计算负荷时，应先分别求出各组用电设备的计算负荷，并且要考虑各组用电设备的最大负荷不一定同时出现的因素，计入一个同时系数 K_Σ，该系数的取值见表2.1。

总的有功计算负荷为

$$P_{30} = K_{\Sigma p} \sum P_{30 \cdot i} \tag{2-17}$$

总的无功计算负荷为

$$Q_{30} = K_{\Sigma q} \sum Q_{30 \cdot i} \tag{2-18}$$

总的视在计算负荷为

$$S_{30} = \sqrt{P_{30}^2 + Q_{30}^2} \tag{2-19}$$

总的计算电流为

$$I_{30} = S_{30}/(\sqrt{3}U_N) \tag{2-20}$$

式中，i 为用电设备的组数；$K_{\Sigma p}$ 为有功同时系数；$K_{\Sigma p}$ 为无功同时系数，如表2.1所示。

表2.1 同时系数

应用范围		$K_{\Sigma p}$	$K_{\Sigma q}$
车间干线		0.85～0.95	0.90～0.97
低压母线	由用电设备组计算负荷直接相加	0.80～0.90	0.85～0.95
	由车间干线计算负荷直接相加	0.90～0.95	0.93～0.97

注意：（1）由于各组的功率因数不一致，因此总的计算负荷和计算电流一般不能用各组的视在计算负荷或计算电流之和来计算。

（2）在计算多组设备总的计算负荷时，为了简化和统一，各组的设备台数不论多少，各组的计算负荷均按附表1所列计算，不必考虑设备台数少而适当增大 K_d 和 $\cos\varphi$ 值的问题。

例2.4 某机修车间380V的线路上，接有冷加工机床电动机35台，共100kW，其中较大容量的电动机11kW的3台，7.5kW的4台，4kW的6台，其他为较小容量的电动机；通风机2台，共5kW；电阻炉1台2kW，试确定该车间总的计算负荷。

解：先求各组的计算负荷

（1）机床组。查附表1，$K_d = 0.2$，$\cos\varphi = 0.5$，$\tan\varphi = 1.73$，则

$$P_{30 \cdot 1} = 0.2 \times 100\text{kW} = 20\text{kW}$$

$$Q_{30 \cdot 1} = 20 \times 1.73\text{kvar} = 34.6\text{kvar}$$

（2）通风机组。查附表1，取 $K_d = 0.8$，$\cos\varphi = 0.8$，$\tan\varphi = 0.75$，则

$$P_{30 \cdot 2} = 0.8 \times 5\text{kW} = 4\text{kW}$$

$$Q_{30 \cdot 2} = 4 \times 0.75 \text{kvar} = 3 \text{kvar}$$

（3）电阻炉。查附表 1，取 $K_d = 0.7$，$\cos\varphi = 1$，$\tan\varphi = 0$，则

$$P_{30 \cdot 3} = 0.7 \times 2 \text{kW} = 1.4 \text{kW}$$

$$Q_{30 \cdot 3} = 0$$

因此，总的计算负荷为（$K_{\Sigma p} = 0.95$，$K_{\Sigma q} = 0.97$）

$$P_{30} = 0.95 \times (20 + 4 + 1.4) \text{kW} = 24.13 \text{kW}$$

$$Q_{30} = 0.97 \times (34.6 + 3 + 0) \text{kvar} \approx 36.47 \text{kvar}$$

$$S_{30} = \sqrt{(24.13)^2 + (36.47)^2} \, \text{kV} \cdot \text{A} = 43.7 \text{kV} \cdot \text{A}$$

$$I_{30} = \frac{S_{30}}{\sqrt{3} U_N} = \frac{43.7}{\sqrt{3} \times 0.38} \text{A} \approx 66.4 \text{A}$$

　　用需要系数法来确定计算负荷，简单方便，计算结果比较符合实际，而且长期以来已积累了各种设备的需要系数，是世界各国均普遍采用的基本方法。但是，把需要系数看作与一组设备中设备的多少及容量是否相差悬殊等都无关的固定值，则显得考虑不全面。实际上，只有当设备台数较多、总容量足够大、没有特大型用电设备时，附表 1 中的需要系数值才较符合实际。所以，需要系数法普遍应用于求全厂和大型车间变电所的计算负荷。而在确定设备台数较少，且容量差别悬殊的分支干线或支线的计算负荷时，常采用另一种方法——二项式系数法。

2.3.3　二项式系数法

　　用二项式系数法进行负荷计算时，既要考虑用电设备组的平均负荷，又要考虑几台最大用电设备引起的附加负荷。

1．单组用电设备的计算负荷

$$P_{30} = bP_e + cP_x \tag{2-21}$$

式中，b、c 为二项式系数；bP_e 为用电设备组的平均功率，其中 P_e 是用电设备组的设备总容量；cP_x 为用电设备组中 x 台容量最大的设备投入运行时增加的附加负荷，其中 P_x 是 x 台最大容量的设备总容量。

　　二项式系数 b、c 及最大容量的设备台数 x 和 $\cos\varphi$、$\tan\varphi$ 等值，见附表 1。

　　其余的计算负荷 Q_{30}、S_{30} 和 I_{30} 的计算公式与前述的需要系数法相同。

　　注意：按二项式系数法确定计算负荷时，如果设备总台数少于附表 1 中规定的最大容量设备台数的 2 倍时，则其最大容量设备台数 x 也应相应减少。建议取 $x = n/2$，并按四舍五入法取整。例如，某机床电动机组有 7 台电动机，而附表 1 中规定 $x = 5$，但这里 $n = 7 < 2x = 10$，建议取 $x = 7/2 \approx 4$ 来计算，即取其中 4 台最大容量电动机容量来计算 P_x。

　　只有 1~2 台设备时，则可认为 $P_{30} = P_e$。对于单台电动机，则 $P_{30} = P_N/\eta$，这里 P_N 为电动机额定容量，η 为电动机效率。在设备台数较少时，$\cos\varphi$ 也宜适当取大。

　　例 2.5　试用二项式系数法确定例 2.2 中的计算负荷。

　　解：由附表 1 查得 $b = 0.14$，$c = 0.5$，$x = 5$，$\cos\varphi = 0.5$，$\tan\varphi = 1.73$。

　　其设备总容量为　　　　　　　　　　　$P_e = 104 \text{kW}$

x 台最大容量的设备容量为

$$P_x = P_5 = (10 \times 3 + 4 \times 2)\text{kW} = 38\text{kW}$$

其计算负荷为

$$P_{30} = (0.14 \times 104 + 0.5 \times 38)\text{kW} = 33.56\text{kW}$$

$$Q_{30} = 33.56 \times 1.73\text{kvar} \approx 58.1\text{kvar}$$

$$S_{30} = \sqrt{P_{30}^2 + Q_{30}^2} = \sqrt{(33.56)^2 + (58.1)^2}\,\text{kV} \cdot \text{A} \approx 67.1\text{kV} \cdot \text{A}$$

$$I_{30} = \frac{67.1}{\sqrt{3} \times 0.38}\text{A} = 102.0\text{A}$$

比较两例计算结果可以看出，按二项式系数法计算的结果比按需要系数法计算的结果稍大，特别是在设备台数较少的情况下。供电设计经验说明，选择低压分支干线或支线时，按需要系数法计算的结果往往偏小，以采用二项式系数法计算为宜。

2. 多组用电设备的计算负荷

采用二项式系数法确定多组用电设备的计算负荷时，同样要考虑各组用电设备的最大负荷不同时出现的因素。具体计算方法是，在各组用电设备中取其中一组最大的附加负荷，再加上各组平均负荷，即

$$P_{30} = \sum (bP_e)_i + (cP_x)_{\max} \tag{2-22}$$

$$Q_{30} = \sum (bP_e \tan\varphi)_i + (cP_x)_{\max} \tan\varphi_{\max} \tag{2-23}$$

式中，$\sum (bP_e)_i$ 为各组有功平均负荷之和；$\sum (bP_e \tan\varphi)_i$ 为各组无功平均负荷之和；$(cP_x)_{\max}$ 为各组中最大的一个有功附加负荷；$\tan\varphi_{\max}$ 为 $(cP_x)_{\max}$ 的那一组设备的正切值。

S_{30} 和 I_{30} 的计算公式与前述需要系数法相同。

例 2.6 试用二项式系数法确定例 2.4 所述某机修车间 380V 的线路上各组用电设备的计算负荷及总的计算负荷。

解： 先求各组的计算负荷

（1）机床组。查附表 1，得 $b = 0.14$，$c = 0.4$，$x = 5$，$\cos = 0.5$，$\tan\varphi = 1.73$，则

$$(bP_e)_1 = 0.14 \times 100\text{kW} = 14\text{kW}$$

$$(cP_x)_1 = 0.4 \times (11 \times 3 + 7.5 \times 2)\text{kW} = 19.2\text{kW}$$

（2）通风机组。查附表 1，$b = 0.65$，$c = 0.25$，$x = 5$，$\cos\varphi = 0.8$，$\tan\varphi = 0.75$，则

$$(bP_e)_2 = 0.65 \times 5\text{kW} = 3.25\text{kW}$$

$$(cP_x)_2 = 0.25 \times 5\text{kW} = 1.25\text{kW}$$

（3）电阻炉。查附表 1，$b = 0.7$，$c = 0$，$x = 1$，$\cos\varphi = 1$，$\tan\varphi = 0$，则

$$(bP_e)_3 = 0.7 \times 2\text{kW} = 1.4\text{kW}$$

$$(cP_x)_3 = 0$$

比较以上三组的附加负荷 cP_x 可知，机床组 $(cP_x)_1$ 最大，因此，总的计算负荷为

$$P_{30} = \sum (bP_e)_i + (cP_x)_{\max} = (14 + 3.25 + 1.4)\text{kW} + 19.2\text{kW} = 37.85\text{kW}$$

$$Q_{30} = \sum (bP_e \tan\varphi)_i + (cP_x)_{\max} \tan\varphi_{\max}$$

$$= (14 \times 1.73 + 3.25 \times 0.75 + 1.4 \times 0)\text{kvar} + 19.2 \times 1.73\text{kvar}$$

$$\approx 59.9\,(\text{kvar})$$

$$S_{30} = \sqrt{(37.85)^2 + (59.9)^2}\,kV \cdot A \approx 70.9 kV \cdot A$$

$$I_{30} = \frac{S_{30}}{\sqrt{3} \times 0.38} = \frac{70.9}{\sqrt{3} \times 0.38}\,A \approx 108A$$

从例 2.4 和例 2.6 的计算结果可看出，按二项式系数法计算的结果比按需要系数法计算的结果偏大，这也更为合理。

2.3.4　单相计算负荷的确定

在工厂中，除广泛使用三相用电设备外，还使用少量的单相用电设备，如电炉、照明灯具和小型电动工具等。单相设备接于三相线路中时，应尽可能地均衡分配，使三相负荷尽可能平衡。

为了使计算简化，在实际工程中如果三相线路中单相设备的总容量不超过三相设备总容量的 15%，则无论单相设备如何分配，可将单相设备与三相设备综合按三相负荷平衡计算。当单相设备的总容量超过三相设备总容量的 15%时，应先将这部分单相设备容量换算为等效的三相设备容量，再进行负荷计算。

1．单相设备接于相电压时

等效三相设备容量 P_e 按最大负荷相所接的单相设备容量 $P_{e \cdot m\varphi}$ 的 3 倍计算，即

$$P_e = 3P_{e \cdot m\varphi} \tag{2-24}$$

2．单相设备接于线电压时

容量为 $P_{e \cdot \varphi}$ 的单相设备接于线电压时，其等效三相设备容量 P_e 为

$$P_e = \sqrt{3}P_{e \cdot \varphi} \tag{2-25}$$

等效三相负荷可按上述的需要系数法计算。

3．单相设备分别接于线电压和相电压时

先将接在线电压上的单相设备容量换算为接于相电压上的单相设备容量，然后分相计算各相的设备容量和计算负荷，总的等效三相有功计算负荷就是最大有功计算负荷相的有功计算负荷的 3 倍，总的等效三相无功计算负荷就是对应最大有功负荷相的无功计算负荷的 3 倍，最后按式（2-14）、式（2-15）计算出 S_{30} 和 I_{30}。

任务 2.4　全厂计算负荷的确定

2.4.1　概述

全厂计算负荷是选择工厂电源进线及一、二次设备的基本依据，也是计算工厂功率因数和工厂用电量的基本依据。确定全厂计算负荷的方法有很多，一般有需要系数法、按年

产量或年产值估算法、逐级计算法等。

2.4.2　按需要系数法确定全厂计算负荷

将全厂用电设备的总容量 P_e（不含备用设备的容量）乘以全厂需要系数 K_d，即得到全厂有功计算负荷，即

$$P_{30} = K_d P_e \tag{2-26}$$

附表 1 列出了部分工厂的需要系数值，供参考。

全厂的无功计算负荷、视在计算负荷和计算电流分别按式（2-13）～式（2-15）计算。

2.4.3　按年产量或年产值估算全厂计算负荷

1. 按年产量估算

将工厂的年产量 A 乘以单位产品耗电量 a，就得到工厂全年的耗电量

$$W_a = Aa \tag{2-27}$$

各类工厂的单位产品耗电量 a，可查有关设计手册。

在求出工厂的年耗电量 W_a 后，即可求出全厂的有功计算负荷

$$P_{30} = \frac{W_a}{T_{\max}} \tag{2-28}$$

式中，$T_{\max}$ 为全厂的年最大负荷利用小时。其他 Q_{30}、S_{30}、I_{30} 的计算，与上述需要系数法相同。

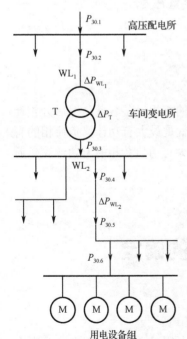

图 2.5　逐级计算法示意图

2. 按年产值估算

将工厂的年产值 B 乘以单位产值耗电量 b，就得到工厂全年的耗电量

$$W_a = Bb \tag{2-29}$$

各类工厂的单位产品耗电量 b，可查有关设计手册。在求出工厂的年耗电量 W_a 后，即可按前述公式计算 P_{30}、Q_{30}、S_{30}、I_{30}。

2.4.4　按逐级计算法确定全厂计算负荷

确定全厂的计算负荷时，可以采用从用电设备组开始，逐级向电源方向推算的方法。如图 2.5 所示，在确定全厂计算负荷时，应从用电末端开始逐步向上推算至电源进线端。

例如，$P_{30.5}$ 应为其所在出线上的计算负荷 $P_{30.6}$ 之和，再乘以同时系数 K_Σ。

$P_{30.4}$ 要考虑线路的损耗，因此 $P_{30.4} = P_{30.5} + \Delta P_{WL_2}$

$P_{30.3}$ 由 $P_{30.4}$ 等几条干线上计算负荷之和乘以一个同时系

数 K_Σ 而得到。

$P_{30.2}$ 还要考虑变压器的损耗，因此 $P_{30.2} = P_{30.3} + \Delta P_{WL_1} + \Delta P_T$

$P_{30.1}$ 由 $P_{30.2}$ 等几条高压配电线路上计算负荷之和乘以一个同时系数 K_Σ 而得到。

对中小型工厂来说，厂内高、低压配电线路一般不长，其功率损耗可忽略不计。

对 S9 等系列的低损耗配电变压器来说，可采用下列简化公式：

有功功率损耗：$\Delta P_T \approx 0.01 S_{30}$

无功功率损耗：$\Delta Q_T \approx 0.05 S_{30}$

式中，S_{30} 为变压器二次侧的视在计算负荷。

2.4.5 工厂的功率因数、无功补偿及补偿后的工厂计算负荷

1. 工厂的功率因数

功率因数是供用电系统的一项重要的技术经济指标，它既反映了供用电系统中无功功率消耗量在系统总容量中所占的比例，又反映了供用电系统的供电能力。根据测量方法和用途的不同，工厂的功率因数常有以下几种。

1）瞬时功率因数

瞬时功率因数可由功率因数表直接测量，也可由功率表、电流表和电压表的读数按下式求出（间接测量）：

$$\cos\varphi = P/(\sqrt{3}UI) \tag{2-30}$$

式中，P 为由功率表测出的三相功率（kW）；I 为由电流表测出的电流（A）；U 为由电压表测出的线电压（kV）。

根据瞬时功率因数可了解和分析工厂或设备在生产过程中无功功率变化的情况，以便采取适当的补偿措施。

2）平均功率因数

平均功率因数又称加权平均功率因数，按下式计算：

$$\cos\varphi = W_p/\sqrt{W_p^2 + W_q^2} = 1/\sqrt{1 + (W_q/W_p)^2} \tag{2-31}$$

式中，W_p 为某一时间内消耗的有功电能，由有功电能表读出；W_q 为某一时间内消耗的无功电能，由无功电能表读出。

我国电业部门每月向工业用户收取电费，就规定电费要按月平均功率因数的高低来调整。一般 $\cos\varphi > 0.85$ 时，适当少收电费；$\cos\varphi < 0.85$ 时，适当多收电费。

3）最大负荷时的功率因数

最大负荷时的功率因数指在年最大负荷（计算负荷）时的功率因数，按下式计算：

$$\cos\varphi = P_{30}/S_{30} \tag{2-32}$$

我国有关规程规定：高压供电的工厂，最大负荷时的功率因数不得低于 0.9，其他工厂不得低于 0.85。如果达不到上述要求，则必须进行无功补偿。

2. 提高功率因数的方法

功率因数不满足要求时，应首先提高自然功率因数，然后进行人工补偿。

1）提高自然功率因数

提高自然功率因数的方法，即采用降低各用电设备所需的无功功率以改善功率因数的措施，主要有：

（1）合理选择电动机的规格、型号。

（2）防止电动机空载运行。

（3）保证电动机的检修质量。

（4）合理选择变压器的容量。

（5）使交流接触器节电运行。

2）人工补偿功率因数

用户的功率因数仅靠提高自然功率因数一般是不能满足要求的，因此，必须进行人工补偿。

（1）并联电容器人工补偿。

并联电容器人工补偿即采用并联电力电容器的方法来补偿无功功率，从而提高功率因数。因为它具有下列优点，所以是目前用户、企业广泛采用的一种补偿装置。

① 有功损耗小，为 0.25%～0.5%，而同步调相机为 1.5%～3%；

② 无旋转部分，运行维护方便；

③ 可按系统需要增加或减少安装容量和改变安装地点；

④ 个别电容器损坏不影响整个装置运行。

当然，该补偿方法也存在缺点，如只能有级调节，而不能随无功变化进行平滑的自动调节，当通风不良及运行温度过高时易发生漏油、爆炸等。

（2）同步电动机补偿。

在满足生产工艺的要求下，选用同步电动机，通过改变励磁电流来调节和改善供配电系统的功率因数。过去，由于同步电动机的励磁装置是同轴的直流电机，其价格高，维修麻烦，所以同步电动机应用不广泛。现在随着半导体变流技术的发展，励磁装置已比较成熟，因此采用同步电动机补偿是一种比较经济实用的方法。

（3）动态无功功率补偿。

在现代工业生产中，有一些容量很大的冲击性负荷（如炼钢炉、黄磷电炉、轧钢机等），它们使电网电压剧烈波动，功率因数恶化。一般并联电容器的自动切换装置响应太慢，无法满足要求。因此，必须采用大容量、高速的动态无功功率补偿装置，如晶闸管开关快速切换电容器、晶闸管励磁的快速响应式同步补偿机等。

目前已投入工业运行的静止动态无功功率补偿装置有：可控饱和电抗器式静补装置、自饱和电抗器式静补装置、晶闸管控制电抗器式静补装置、晶闸管开关电容器式静补装置等。

3．并联电容器的接线、装设与控制

1）并联电容器的接线

并联补偿的电力电容器大多采用△形接线，对于低压（0.5kV 以下）并联电容器，因为大多做成三相的，故其内部已接成△形。

对于单相电容器，若电容器的额定电压与三相网络的额定电压相同，应将其接成△形；若电容器的额定电压低于三相网络的额定电压，应将其接成 Y 形。电容器采用△形接线时，任一电容器断线，三相线路仍得到无功补偿；而采用 Y 形接线时，一相电容器断线，则断线相将失去无功补偿。

但是，当电容器采用△形接线时，若任一电容器击穿短路，将造成三相线路的两相短路，短路电流很大，有可能引起电容器爆炸，这对高压电容器来说特别危险。电容器采用 Y 形接线时，若其中的一相电容器发生击穿短路，其短路电流仅为正常工作电流的 3 倍，运行相对比较安全。所以国家标准《20kV 及以下变电所设计规范》规定：高压电容器组宜接成中性点不接地 Y 形，容量较小时（450kvar 及以下）宜接成△形；低压电容器组应接成△形。

2）并联电容器的装设地点

按并联电力电容器在工厂供配电系统中的装设位置，并联电容器的补偿方式有 3 种，即高压集中补偿、低压集中补偿和单独就地补偿（个别补偿），如图 2.6 所示。

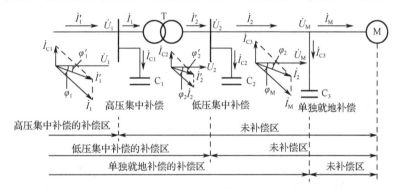

图 2.6　并联电容器在工厂供配电系统中的装设位置和补偿效果

（1）高压集中补偿。

高压集中补偿是指将高压电容器组集中装设在总降压变电所的 6kV～10kV 母线上。

该补偿方式只能补偿总降压变电所的 6kV～10kV 母线之前的供配电系统中由无功功率产生的影响，而对无功功率在企业内部的供配电系统中引起的损耗无法补偿，因此补偿范围最小，经济效果较后两种补偿方式差；但由于装设集中，运行条件较好，维护管理方便，投资较少；且总降压变电所 6kV～10kV 母线停电机会少，因此电容器利用率高。这种方式在一些大中型企业中应用相当普遍。

图 2.7 所示为接在变配电所 6kV～10kV 母线上的高压集中补偿的并联电容器的接线。该接线图中电容器采用的是△形接线，并选用成套的高压电容器柜。FU 是为防止电容器击穿引起相间短路而设置的高压熔断器。电压互感器 TV 作为电容器的放电装置使用。

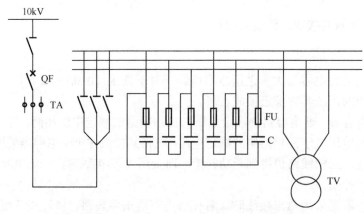

图 2.7　高压集中补偿的并联电容器的接线

由于电容器从电网上切除时会有残余电压，其值高达电网电压的峰值，很危险，所以必须装设放电装置。为确保可靠放电，电容器组的放电回路中不得装设熔断器或开关。

（2）低压集中补偿。

低压集中补偿是指将低压电容器集中装设在车间变电所的低压母线上。

该补偿方式只能补偿车间变电所低压母线前变压器和高压配电线路及电力系统的无功功率，对变电所低压母线后的设备则不起补偿作用。但其补偿范围比高压集中补偿要大，而且该补偿方式能使变压器的视在功率减小，从而变压器的容量可选得较小，因此比较经济。这种低压电容器补偿屏一般可安装在低压配电室内，运行维护方便。该补偿方式在用户中应用相当普遍。

图 2.8 所示为低压集中补偿的电容器组的接线。电容器也采用△形接线，和高压集中补偿不同的是，放电装置为放电电阻或 220V、15～25W 的白炽灯的灯丝电阻。如果用白炽灯放电，白炽灯还可指示电容器组是否正常运行。

（3）单独就地补偿。

单独就地补偿（个别补偿或分散补偿）是指在个别功率因数较低的设备旁边装设补偿电容器组。

该补偿方式能补偿安装部位以前的所有设备，因此补偿范围最大，效果最好；但投资较大，而且如果被补偿的设备停止运行，电容器组也被切除，电容器的利用率较低。同时存在电容器易受到机械振动及其他环境条件影响等缺点。所以这种补偿方式适用于长期稳定运行，要求无功功率较大，或距电源较远，不便于实现其他补偿的场合。

图 2.9 所示为直接接在异步电动机旁的单独就地补偿的低压电容器组的接线。其放电装置通常为用电设备本身的绕组电阻。

在供电设计中，实际上采用的是这些补偿方式的综合，从而经济合理地提高功率因数。

3）并联电容器的控制方式

并联电容器的控制是指控制并联电容器的投切。并联电容器的控制方式有固定控制方式和自动控制方式两种。

固定控制方式是指并联电容器不随负荷的变化而投入或切除。自动控制方式是指并联电容器的投切随着负荷的变化而变化，且按某个参量进行分组投切控制，包括：

（1）按功率因数进行控制；

（2）按负荷电流进行控制；

（3）按受电端的无功功率进行控制。

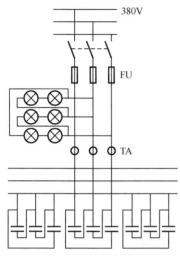 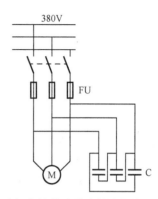

图 2.8　低压集中补偿的电容器组的接线　图 2.9　异步电动机旁的单独就地补偿的低压电容器组的接线

4）并联电容器的保护

并联电容器的主要故障形式是短路故障，它可造成相间短路。对于低压电容器和容量不超过 400kvar 的高压电容器，可装设熔断器来进行电容器的相间保护；对于容量较大的高压电容器，则需要采用高压断路器控制，装设瞬时或短延时的过电流继电器来进行相间保护。

4．无功补偿

工厂中由于有大量的异步电动机、电焊机、电弧炉及气体放电灯等感性负荷，还有感性的电力变压器，故功率因数较低。如果在充分发挥设备潜力、改善设备运行性能的情况下，工厂功率因数还达不到要求，则需考虑增设无功补偿装置。

无功补偿原理图如图 2.10 所示。假设有功功率 P_{30} 不变，加装无功补偿装置后，功率因数由 $\cos\varphi_1$ 提高到 $\cos\varphi_2$，无功功率由 Q_{30} 减小到 Q'_{30}，视在功率由 S_{30} 减小到 S'_{30}，则无功补偿的容量 Q_c 为：

$$Q_c = Q_{30} - Q'_{30} = P_{30}(\tan\varphi_1 - \tan\varphi_2) = P_{30}\Delta q_c \qquad （2\text{-}33）$$

式中，$\Delta q_c = (\tan\varphi_1 - \tan\varphi_2)$ 为无功补偿率（或比补偿容量），它表示要使 1kW 的有功功率由 $\cos\varphi_1$ 提高到 $\cos\varphi_2$ 所需要的无功补偿容量值。附表 2（见附录 A）给出了无功补偿率，可利用补偿前后的功率因数直接查出。附表 3（见附录 A）给出了部分并联电容器的主要技术数据。

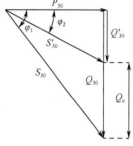

图 2.10　无功补偿原理图

确定了总补偿容量后，就可根据所选并联电容器的单个容量 q_c 来确定所需的补偿电容器的个数

$$n = \frac{Q_c}{q_c} \qquad （2\text{-}34）$$

由上式计算出的电容器个数 n，对于单相电容器，应取 3 的倍数，以便三相均衡分配。

5. 无功补偿后工厂计算负荷的确定

当无功补偿设备装设位置确定后，根据无功补偿原理，无功补偿设备实际上是对装设点以前的无功功率进行补偿。因此，在确定无功补偿设备装设点以前的计算负荷时，应扣除无功补偿容量，即补偿后的总的无功计算负荷为

$$Q'_{30} = Q_{30} - Q_c \tag{2-35}$$

补偿后的总的视在计算负荷为

$$S'_{30} = \sqrt{P_{30}^2 + (Q_{30} - Q_c)^2} \tag{2-36}$$

总计算电流为

$$I'_{30} = \frac{S'_{30}}{\sqrt{3}U_N} \tag{2-37}$$

例 2.7　某厂拟建一降压变电所，装设一台 10/0.4kV 的主变压器。已知变电所低压侧有功计算负荷为 650kW，无功计算负荷为 800kvar。为了使工厂变电所高压侧的功率因数不低于 0.9，打算在低压侧装设并联电容器进行补偿，则需要补偿多少无功容量？补偿后工厂变电所高压侧的计算负荷为多少？在变压器容量选择上有何变化？

解：（1）补偿前变压器容量和功率因数。

变压器低压侧视在计算负荷为

$$S_{30(2)} = \sqrt{650^2 + 800^2}\,\text{kV·A} = 1031\,\text{kV·A}$$

因此未考虑无功补偿时，主变压器容量可选为 1250kV·A。

低压侧的功率因数为

$$\cos\varphi_2 = P_{30(2)}/S_{30(2)} = 650/1031 \approx 0.63$$

变压器的功率损耗为

$$\Delta P_T \approx 0.015 S_{30(2)} = 0.015 \times 1031 \approx 15.5\,(\text{kW})$$

$$\Delta Q_T \approx 0.06 S_{30(2)} = 0.06 \times 1031 = 61.86\,(\text{kvar})$$

高压侧的计算负荷为

$$P_{30(1)} = 650\text{kW} + 15.5\text{kW} = 665.5\text{kW}$$

$$Q_{30(1)} = 800\text{kvar} + 61.86\text{kvar} = 861.86\text{kvar}$$

$$S_{30(1)} = \sqrt{665.5^2 + 861.86^2}\,\text{kV·A} = 1088.9\,\text{kV·A}$$

高压侧的功率因数为

$$\cos\varphi_1 = P_{30(1)}/S_{30(1)} = 665.5/1088.9 \approx 0.61$$

（2）无功补偿容量。

按题意，如果在变压器低压侧装设电容器进行补偿，而要求高压侧功率因数不低于 0.9，则低压侧功率因数一般不得低于 0.92。这是因为一般变压器的无功功率损耗大于有功功率损耗，这里取 $\cos\varphi'_2 = 0.92$，现低压侧功率因数 $\cos\varphi_2 = 0.63$，因此要使变电所低压侧功率因数由 0.63 提高到 0.92，需在低压侧补偿的无功容量为

$$Q_c = 650 \times [\tan(\arccos 0.63) - \tan(\arccos 0.92)] = 525\,(\text{kvar})$$

取 $Q_{\mathrm{c}}=530\mathrm{kvar}$。

（3）补偿后重新选择变压器容量。

补偿后低压侧的视在计算负荷为

$$S'_{30(2)}=\sqrt{650^2+(800-530)^2}\,\mathrm{kV\cdot A}=704\mathrm{kV\cdot A}$$

因此无功补偿后的主变压器容量可选为 $800\mathrm{kV\cdot A}$。

（4）补偿后高压侧的计算负荷和功率因数。

补偿后变压器的功率损耗为

$$\Delta P_{\mathrm{T}}\approx0.015S'_{30(2)}=0.015\times704\approx10.6（\mathrm{kW}）$$

$$\Delta Q_{\mathrm{T}}\approx0.06S_{30(2)}=0.06\times704\approx42.2（\mathrm{kvar}）$$

补偿后变电所高压侧的计算负荷为

$$P'_{30(1)}=650\mathrm{kW}+10.6\mathrm{kW}=660.6\mathrm{kW}$$

$$Q'_{30(1)}=(800-530)\mathrm{kvar}+42.2\mathrm{kvar}\approx312\mathrm{kvar}$$

$$S'_{30(1)}=\sqrt{660.6^2+312^2}\,\mathrm{kV\cdot A}=731\mathrm{kV\cdot A}$$

补偿后工厂变电所高压侧的功率因数为

$$\cos'\varphi_1=P'_{30(1)}\big/S'_{30(1)}=660.6/731\approx0.904>0.9$$

满足相关规定的要求。

（5）无功补偿前后的比较。

无功补偿后，主变压器的容量由 $1250\mathrm{kV\cdot A}$ 减少到 $800\mathrm{kV\cdot A}$，减少了 $450\mathrm{kV\cdot A}$，不仅减少了投资，而且减少了电费的支出，提高了功率因数。因为我国供电企业对工业用户实行的是"两部电费制"：一部分称为基本电费，按所安装的主变压器容量来计费，规定每月按容量（$\mathrm{kV\cdot A}$）大小交纳电费；另一部分称为电能电费，按每月实际耗用的电能（$\mathrm{kW\cdot h}$）来计算电费，并且要根据月平均功率因数的高低乘上一个调整系数。

2.4.6　全厂计算负荷确定实例

现在以某涤纶厂为例说明全厂计算负荷确定的步骤。负荷情况及计算负荷的确定如表 2.2 所示。

表 2.2　全厂计算负荷

车间	设备容量/kW	需要系数 K_{d}	$\tan\varphi$	最大负荷时 $\cos\varphi$	计算负荷			
					P_{30}/kW	Q_{30}/kvar	S_{30}/kV·A	I_{30}/A
冷冻	448.6	0.49	0.8	0.78	219.8	175.8	281.5	427.7
固聚	532.1	0.68	0.54	0.88	361.8	195.4	411.2	624.8
空压	308.0	0.41	0.43	0.92	126.3	54.3	137.5	208.9
纺丝	411.4	0.45	0.65	0.84	185.1	120.3	220.8	335.5
长丝	885.9	0.65	0.94	0.73	575.8	541.3	790.3	1200.8
三废	489.6	0.4	0.48	0.9	195.8	94.0	217.2	330.0

车间	设备容量/kW	需要系数 K_d	$\tan\varphi$	最大负荷时 $\cos\varphi$	计算负荷			
					P_{30}/kW	Q_{30}/kvar	S_{30}/kV·A	I_{30}/A
照明	110.9	0.36	0.54	0.88	39.9	21.5	45.4	68.8
合计	3186.5				1704.5	1202.6	2103.9	
合计（$K_{\Sigma p}=0.9$、$K_{\Sigma q}=0.95$）					1534.05	114205	1912.8	
合计全厂补偿低压电容器总容量						−537		
全厂补偿后合计（低压侧）				0.93	1534.05	605.5	1649	
变压器损耗					24.74	98.94		
合计（高压侧）				0.91	1588.8	704.4	1710	98.7

冷冻车间：

$$P_{30(1)} = K_d P_e = 0.49 \times 448.6\text{kW} \approx 219.8\text{kW}$$

$$Q_{30(1)} = P_{30}\tan\varphi = 219.8\text{kW} \times 0.8 \approx 175.8\text{kvar}$$

$$S_{30(1)} = \sqrt{P_{30}^2 + Q_{30}^2}\,\text{kV}\cdot\text{A} \approx 281.5\text{kV}\cdot\text{A}$$

$$I_{30(1)} = S_{30}/(\sqrt{3}U_N) = \frac{281.5}{\sqrt{3}\times 0.38}\text{A} \approx 427.7\text{A}$$

其余车间计算过程相同，此处从略。

考虑到全厂负荷的同时系数 $K_{\Sigma p}=0.9$、$K_{\Sigma q}=0.95$，工厂变电所变压器低压侧的计算负荷为

$$P_{30(2)} = K_\Sigma \sum P_{30.i} = 0.9 \times 1704.5\text{kW} = 1534.05\text{kW}$$

$$Q_{30(2)} = K_\Sigma \sum Q_{30.i} = 0.95 \times 1202.6\text{kvar} \approx 1142.5\text{kvar}$$

$$S_{30(2)} = \sqrt{P_{30(2)}^2 + Q_{30(2)}^2}\,\text{kV}\cdot\text{A} \approx 1912.8\text{kV}\cdot\text{A}$$

$$\cos\varphi_{(2)} = \frac{P_{30(2)}}{S_{30(2)}} = \frac{1534.05}{1912.8} \approx 0.802$$

欲将功率因数从 0.802 提高到 0.93，低压侧所需的补偿容量为

$$Q_c = P_{30(2)}[\tan(\arccos 0.802) - \tan(\arccos 0.93)]$$

$$= 1534.05\text{kW} \times (0.745 - 0.395) \approx 537\text{kvar}$$

补偿后的计算负荷为

$$P'_{30(2)} = 1534.05\text{kW}$$

$$Q'_{30(2)} = Q_{30(2)} - Q_c = 1142.5\text{kvar} - 537\text{kvar} = 605.5\text{kvar}$$

$$S'_{30(2)} = \sqrt{P'^2_{30(2)} + Q'^2_{30(2)}}\,\text{kV}\cdot\text{A} = 1649\text{kV}\cdot\text{A}$$

变压器的损耗为

$$\Delta P_T \approx 0.015 S'_{30(2)} = 0.015 \times 1649 \approx 24.74\text{kW}$$

$$\Delta Q_T \approx 0.06 S'_{30(2)} = 0.06 \times 1649 = 98.94\text{kvar}$$

全厂高压侧计算负荷为

$$S'_{30(1)} = \sqrt{(P'_{30(2)} + \Delta P_T)^2 + (Q'_{30(2)} + \Delta Q_T)^2}$$

$$= \sqrt{1558.8^2 + 704.4^2}\,\text{kV} \cdot \text{A} = 1710\,\text{kV} \cdot \text{A}$$

$$I'_{30(1)} = S'_{30(1)}/(\sqrt{3}U_{1N}) = \frac{1710}{\sqrt{3} \times 10}\,\text{A} \approx 98.7\text{A}$$

补偿后工厂功率因数为

$$\cos\varphi'_{(1)} = \frac{P'_{30(1)}}{S'_{30(1)}} = \frac{1558.8}{1710} \approx 0.91$$

任务 2.5　尖峰电流及计算

尖峰电流是指持续时间为 1～2s 的短时最大负荷电流。它主要用来选择和校验熔断器和低压断路器，计算电压波动，整定继电保护装置及检验电动机自启动条件等。

2.5.1　单台用电设备尖峰电流的计算

单台用电设备的尖峰电流就是其启动电流，因此尖峰电流为

$$I_{pk} = I_{st} = K_{st}I_N \tag{2-38}$$

式中，I_N 为用电设备的额定电流；I_{st} 为用电设备的启动电流；K_{st} 为用电设备的启动电流倍数，笼型异步电动机为 5～7，绕线型异步电动机为 2～3，直流电动机为 1.7，电焊变压器为 3 或稍大。

2.5.2　多台用电设备尖峰电流的计算

多台用电设备线路上的尖峰电流按下式计算：

$$I_{pk} = K_\Sigma \sum_{i=1}^{n-1} I_{N\cdot i} + I_{st\cdot max} \tag{2-39}$$

或

$$I_{pk} = I_{30} + (I_{st} - I_N)_{max} \tag{2-40}$$

式中，$I_{st\cdot max}$ 为用电设备中启动电流与额定电流之差为最大的那台设备的启动电流；$(I_{st} - I_N)_{max}$ 为用电设备中启动电流与额定电流之差为最大的那台设备的启动电流与额定电流之差；K_Σ 为除去 $I_{st\cdot max}$ 那台设备的其他 $n-1$ 台设备的同时系数，按台数多少选取，一般为 0.7～1；$\sum_{i=1}^{n-1} I_{N\cdot i}$ 为将启动电流与额定电流之差为最大的那台设备除外的 $n-1$ 台设备的额定电流之和；I_{30} 为全部投入运行时线路的计算电流。

例 2.8　某 380V 配电线路，供电给如表 2.3 所示 5 台电动机，该线路的计算电流为 50A，试计算该线路的尖峰电流。

表2.3 例2.8的负荷资料

参　数	电 动 机				
	M1	M2	M3	M4	M5
额定电流 I_{N}/A	8	18	25	10	15
启动电流 I_{st}/A	40	65	46	58	36

解一：利用式（2-39）进行计算。

由表2.3知，M4的 $I_{st} - I_{N} = 58 - 10 = 48（A）$ 为最大，取 $K_{\Sigma} = 0.7$，该线路的尖峰电流为

$$I_{pk} = K_{\Sigma} \sum_{i=1}^{n-1} I_{N \cdot i} + I_{st \cdot max} = 0.7 \times (8 + 18 + 25 + 15) + 58 = 104.2（A）$$

解二：利用式（2-40）进行计算。

由表2.3知，M4的 $I_{st} - I_{N} = 58 - 10 = 48（A）$ 为最大，该线路的尖峰电流为

$$I_{pk} = I_{30} + (I_{st} - I_{N})_{max} = 50 + 48 = 98（A）$$

任务2.6　短路的概述

短路是指不同电位的导体之间的电气短接，这是电力系统中常见的一种故障，也是电力系统中非常严重的一种故障。为了确保电力系统安全运行，有必要研究短路及有关问题。

2.6.1　短路的原因

造成短路的原因通常有以下几个方面。

1）电气绝缘损坏

这可能是由于设备或线路长期运行，其绝缘自然老化而损坏；也可能是设备或线路本身质量差，绝缘强度不够而被正常电压击穿，即过负荷或过电压（内部过电压或雷电）击穿；还可能是设计、安装和运行不当而导致短路。电气绝缘损坏是造成短路的主要原因。

2）误操作及误接

带负荷误拉高压隔离开关，很可能会造成三相弧光短路；将低电压设备接在较高电压的电路中也可能造成设备绝缘击穿而短路。

3）飞禽及蛇、鼠等小动物跨接裸导体

鸟类及蛇、鼠等小动物跨接在裸露的不同电位的导体之间，或者咬坏设备和导线电缆的绝缘部分，都可能导致短路。

4）其他原因

例如，地质灾害、恶劣天气使输电线断线、倒杆，或人为盗窃、破坏等原因导致短路。

2.6.2   短路的类型

在三相供电系统中，可能发生的短路的类型如下：

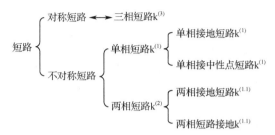

短路的类型具体如图 2.11 所示。

在电力系统中，发生单相短路的可能性最大，发生三相短路的可能性最小。但一般三相短路的短路电流最大，造成的危害也最严重，因此，三相短路电流的计算至关重要。为了使电力系统中的电气设备在最严重的短路状态下也能可靠地工作，在用于选择、校验电气设备的短路电流计算中，通常以三相短路电流计算为主。

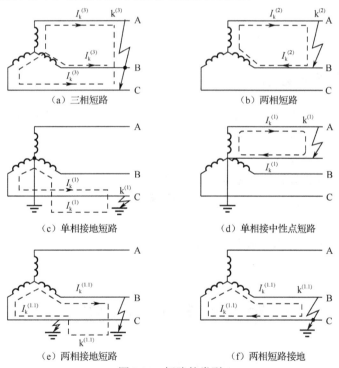

图 2.11   短路的类型

2.6.3   短路的危害

电力系统发生短路，导致网络总阻抗减小，短路电流可能超过正常工作电流的十几倍甚至几十倍，高达几万安到几十万安。而且，系统网络电压会降低，从而对电力系统产生极大的危害，主要表现在以下几个方面：

1）损坏线路或设备

短路电流会产生很大的机械力（称为"电动效应"）和很高的温度（称为"热效应"），从而造成线路或电气设备的损坏。

2）电压骤降

短路后，线路电流增大，会造成供电线路上的压降增大。当电压降到额定值的80%时，电磁开关可能断开；当降到额定值的30%～40%时，持续1s以上，电动机可能停转。

3）造成停电事故

短路时，系统的保护装置动作，使短路电路的开关跳闸或熔断器熔断，从而造成停电事故。越靠近电源，短路引起的停电范围越大，造成的损失也越严重。

4）产生电磁干扰

不对称的短路，特别是单相短路中，电流将产生较强的不平衡交变磁场，对附近的通信线路、电子设备等产生电磁干扰，使之无法正常运行，甚至发生误动作。

5）影响电力系统运行的稳定性，造成系统瘫痪

严重的短路可使并列运行的发电机失去同步，造成电力系统的解列。

2.6.4　计算短路电流的目的

为了限制短路的危害和缩小故障影响的范围，在供电系统的设计和运行中，必须进行短路电流计算，以解决下列技术问题：

（1）选择电气设备和载流导体，校验其热稳定度和动稳定度。

（2）整定继电保护装置，使之能正确地切除短路故障。

（3）确定限流措施，当短路电流过大造成设备选择困难或不够经济时，可采取限制短路电流的措施。

（4）确定合理的主接线方案和主要运行方式等。

任务 2.7　无限大容量电力系统三相短路分析

2.7.1　无限大容量电力系统的概念

无限大容量电力系统是一个相对概念，通常是指电力系统的容量相对于用户供电系统容量大得多（一般认为系统容量大于用户电网容量50倍时），或者电力系统的总阻抗不超过短路回路总阻抗的5%～10%。其特点是，当用户供电系统发生短路时，电力系统变电所馈电母线上的电压基本不变。

对一般工厂供电系统来说，由于工厂供电系统的容量远比电力系统总容量小，而阻抗

又较电力系统大得多，因此工厂供电系统内发生短路时，电力系统变电所馈电母线上的电压几乎维持不变，也就是说可将电力系统视为无限大容量的电源。

2.7.2   无限大容量电力系统发生三相短路时的物理过程

图 2.12（a）是一个无限大容量电力系统发生三相短路时的电路图。由于三相对称，可以用图 2.12（b）所示的单相等效电路来分析，图中 R_{WL}、R_L 和 X_{WL}、X_L 为短路前的总电阻和总电抗。

图 2.12（b）所示电路，在 $k^{(3)}$ 点发生短路后被分成两个独立回路，其中一个回路仍与电源相连接，另一个回路则变为无源回路。此无源回路中的电流由原来的数值不断衰减，直到磁场中所存储的能量全部变为其中电阻所消耗的热能为止，这个过程很短暂。与电源相连的回路，由于负荷阻抗和部分线路阻抗被短接，所以电路中的电流突然增大。但是，由于电路中存在着电感，根据楞次定律，电流又不能突变，因而出现一个过渡过程，即短路暂态过程，最后达到一个新稳定状态。

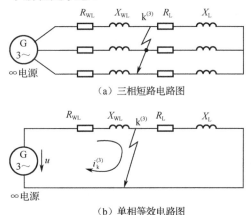

（a）三相短路电路图

（b）单相等效电路图

图 2.12   无限大容量电力系统发生三相短路的电路图

图 2.13 表示无限大容量电力系统发生三相短路前后电压、电流的变化曲线。

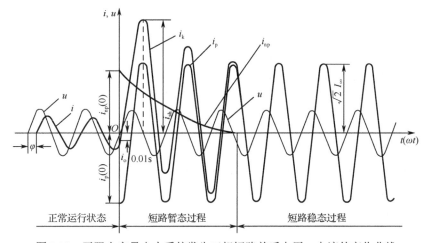

图 2.13   无限大容量电力系统发生三相短路前后电压、电流的变化曲线

（1）正常运行状态。系统在正常运行状态时，电压、电流按正弦规律变化，因电路一般是电感性负载，电流在相位上滞后电压一定角度。

（2）短路暂态过程。短路暂态过程中包含两个分量：周期分量和非周期分量。周期分量属于强制电流，它的大小取决于电源电压和短路回路的阻抗，其幅值在暂态过程中保持不变。非周期分量属于自由电流，是为了使电感回路中的磁链和电流不突变而产生的一个感生电流，它的值在短路瞬间最大，接着便以一定的时间常数按指数规律衰减，直到衰减完毕。

（3）短路稳态过程。一般经过一个周期约 0.2s 后非周期分量衰减完毕，短路进入稳态过程。

2.7.3　三相短路有关的物理量

1. 短路电流周期分量

假设短路发生在电压瞬时值为零时，此时负荷电流为 i_0，由于短路时，电路阻抗减小很多，电路中将要出现一个短路电流周期分量 i_p，又由于短路电抗一般远大于电阻，所以，i_p 滞后电压大约 $90°$，因此短路瞬间 i_p 增大到幅值，即

$$i_{p(0)} = -I_{k\cdot m} = -\sqrt{2}I'' \qquad (2\text{-}41)$$

式中，I'' 是短路次暂态电流的有效值，它是短路后第一个周期的短路电流周期分量 i_p 的有效值。

由于母线电压不变，其短路电流周期分量的幅值和有效值在短路全过程中保持不变。

2. 短路电流非周期分量

由于电路中存在着电感，在短路发生时，电感要产生一个与 $i_{p(0)}$ 方向相反的感生电流，以维持短路初瞬间电路中的电流和磁链不突变。这个反向电流就是短路电流非周期分量 i_{np}，它的初始绝对值为

$$i_{np(0)} \approx I_{k\cdot m} = \sqrt{2}I'' \qquad (2\text{-}42)$$

非周期分量 i_{np} 是按指数规律衰减的，其表达式为

$$i_{np} = i_{np(0)}e^{-\frac{t}{\tau}} \approx \sqrt{2}I''e^{-\frac{t}{\tau}} \qquad (2\text{-}43)$$

式中，τ 为非周期分量的衰减时间常数。

$$\tau = L_\Sigma / R_\Sigma = X_\Sigma / 314R_\Sigma \qquad (2\text{-}44)$$

这里的 R_Σ、L_Σ 和 X_Σ 分别为短路电路的总电阻、总电感和总电抗。

3. 短路全电流

任一瞬间的短路全电流为周期分量与非周期分量之和，即

$$i_k = i_p + i_{np} \qquad (2\text{-}45)$$

某一瞬间 t 的短路全电流有效值，是以时间 t 为中点的一个周期内的周期分量有效值 $I_{p(t)}$ 与 t 瞬间非周期分量 $i_{np(t)}$ 的方均根值，计算式为

$$I_{k(t)} = \sqrt{I_{p(t)}^2 + i_{np(t)}^2} \qquad (2\text{-}46)$$

4．短路冲击电流

短路电流瞬时值达到最大值时的瞬时电流称为短路冲击电流，用 i_{sh} 表示。短路冲击电流有效值是指短路全电流最大有效值，是短路后第一个周期的短路电流的有效值，用 I_{sh} 表示。

在高压电路中发生三相短路时，可取

$$i_{sh} = 2.25I'' \qquad (2\text{-}47)$$

$$I_{sh} = 1.51I'' \qquad (2\text{-}48)$$

在 1000kV·A 及以下的电力变压器及低压电路中发生三相短路时，可取

$$i_{sh} = 1.84I'' \qquad (2\text{-}49)$$

$$I_{sh} = 1.09I'' \qquad (2\text{-}50)$$

5．短路稳态电流

短路电流非周期分量一般经过 0.2s 衰减完毕，短路电流达到稳定状态。这时的短路电流称为稳态电流，用 I_∞ 表示。在无限大容量电力系统中，短路电流周期分量有效值 I_k 在短路全过程中是恒定的。因此

$$I'' = I_\infty = I_k \qquad (2\text{-}51)$$

6．三相短路容量

三相短路容量是用来校验断路器的断流容量和判断母线短路容量是否超过规定值的重要参数，也是选择限流电抗器的依据。其定义式为

$$S_k^{(3)} = \sqrt{3}U_c I_k^{(3)} \qquad (2\text{-}52)$$

式中，$S_k^{(3)}$ 为三相短路容量（MV·A）；U_c 为短路点所在线路的平均额定电压或短路计算电压（kV）；$I_k^{(3)}$ 为三相短路电流（kA）。

任务 2.8　短路电流的计算

2.8.1　概述

一般常用的短路电流的计算方法有欧姆法和标幺制法。欧姆法是最基本的短路电流计算方法，适用于两个及两个以下电压等级的供电系统；标幺制法适用于多个电压等级的供电系统。

短路电流计算中有关物理量一般采用以下单位：电流"kA"（千安），电压"kV"（千伏），短路容量"MV·A"（兆伏安），设备容量"kW"（千瓦）或"kV·A"（千伏安），阻抗"Ω"（欧姆）等。

2.8.2 三相短路电流的计算

1. 欧姆法

欧姆法，又称有名单位制法，它是由于短路计算中的阻抗都采用有名单位"欧姆"而得名的。

1）短路计算公式

无限大容量电力系统发生三相短路时，三相短路电流周期分量有效值为

$$I_k^{(3)} = \frac{U_c}{\sqrt{3}\,|Z_\Sigma|} = \frac{U_c}{\sqrt{3}\sqrt{R_\Sigma^2 + X_\Sigma^2}} \tag{2-53}$$

式中，U_c 为短路计算点的计算电压，比线路额定电压高 5%，按我国的电压标准，U_c 可取 0.4kV、0.69kV、3.15kV、6.3kV、10.5kV、37kV 等；Z_Σ、R_Σ、X_Σ 分别为短路电路的总阻抗、总电阻和总电抗。

对于高压供电系统，相对于回路中各元件的电抗来说，电阻很小，可忽略不计。在低压电路的短路计算中，只有当短路电路的电阻 $R_\Sigma > X_\Sigma/3$ 时，才需要考虑电阻的影响。

若不计电阻，三相短路电流周期分量有效值为

$$I_k^{(3)} = \frac{U_c}{\sqrt{3}X_\Sigma} \tag{2-54}$$

三相短路容量为

$$S_k^{(3)} = \sqrt{3}U_c I_k^{(3)} \tag{2-55}$$

2）电力系统各元件阻抗的计算

（1）电力系统的阻抗。

电力系统的电阻相对于电抗来说很小，可忽略不计。其电抗可由变电站高压馈电线出口断路器的断流容量 S_{oc} 来估算。这一断流容量可看作系统的极限断流容量 S_k，因此，电力系统的电抗为

$$X_s = \frac{U_c^2}{S_{oc}} \tag{2-56}$$

式中，U_c 为高压馈电线的短路计算电压，为了便于计算短路电路总阻抗，免去阻抗换算的麻烦，U_c 可直接采用短路点的短路计算电压；S_{oc} 为系统出口断路器的断流容量，可参见附表 4（见附录 A）。

（2）电力变压器的阻抗。

电力变压器的电阻 R_T，可由变压器的短路损耗 ΔP_k 近似求出：

$$R_T \approx \Delta P_k \left(\frac{U_c}{S_N}\right)^2 \tag{2-57}$$

式中，U_c 为短路点的短路计算电压；S_N 为变压器的额定容量；ΔP_k 为变压器的短路损耗。常用的变压器技术参数参见附表 5（见附录 A）。

电力变压器的电抗 X_T，可由变压器的短路电压 $U_k\%$ 近似求出：

$$X_{\mathrm{T}} \approx \frac{U_{\mathrm{k}}\% U_{\mathrm{c}}^2}{100 S_{\mathrm{N}}} \tag{2-58}$$

式中，$U_{\mathrm{k}}\%$ 为变压器的短路电压（或阻抗电压）百分数；S_{N} 为变压器额定容量。常用的变压器技术参数参见附表 5。

（3）电力线路的阻抗。

线路的电阻 R_{WL}，可由线路长度 l 和已知截面的导线或电缆的单位长度电阻 R_0 求得

$$R_{\mathrm{WL}} = R_0 l \tag{2-59}$$

线路的电抗 X_{WL}，可由线路长度 l 和已知截面的导线或电缆的单位长度电抗 X_0 求得

$$X_{\mathrm{WL}} = X_0 l \tag{2-60}$$

R_0、X_0 可查有关手册和产品样本（参见附表 6）。

如果线路的结构数据不详、无法查找，可按表 2.4 取电抗平均值。因为同一电压的同类线路的电抗值变动幅度不大。

表 2.4　电力线路每相的单位长度电抗平均值　　　　　　　　　　单位：Ω/km

线 路 结 构	线 路 电 压		
	220/380V	6～10kV	35kV 及以上
架空线路	0.32	0.35	0.40
电缆线路	0.066	0.08	0.12

注意：在短路电路中若有变压器存在，在计算短路电路的阻抗时，应将不同电压下的各元件阻抗统一换算到短路点的短路计算电压下，才能画出等效电路图，阻抗换算的前提是元件的功率损耗不变。阻抗换算公式为

$$R' = R\left(\frac{U_{\mathrm{c}}'}{U_{\mathrm{c}}}\right)^2 \tag{2-61}$$

$$X' = X\left(\frac{U_{\mathrm{c}}'}{U_{\mathrm{c}}}\right)^2 \tag{2-62}$$

式中，R、X、U_{c} 分别为换算前元件的电阻、电抗和元件所在处的短路计算电压；R'、X'、U_{c}' 分别为换算后元件的电阻、电抗和元件所在处的短路计算电压。

短路电流计算中所考虑的几个元件的阻抗，只有电力线路的阻抗需要换算。而电力系统和电力变压器的阻抗，由于它们的计算公式中均含有 U_{c}^2，因此计算阻抗时，公式中 U_{c} 直接代以短路点的计算电压，就相当于阻抗已经换算到短路点一侧了。

3）欧姆法短路电流计算的步骤

（1）画出计算电路图，并标明各元件的额定参数（采用电抗的形式），确定短路计算点，对各元件进行编号（采用分数符号：元件编号/阻抗）。

（2）画出相应的等效电路图。

（3）计算电路中各主要元件的阻抗。

（4）化简等效电路，求系统总阻抗。

（5）计算短路电流及短路容量。

（6）将计算结果列成表格。

短路电流计算的关键点：短路计算点的选择是否合理。这是因为短路电流计算的目的主要是选择和校验电器和导体。为了使选择的电器和导体安全可靠，作为选择和校验用的短路计算点应为使电器和导体可能通过最大短路电流的地点。一般来讲，用来选择和校验高压侧设备的短路电流计算，应选高压母线为短路计算点；用来选择和校验低压侧设备的短路电流计算，应选低压母线为短路计算点。

例 2.9 某供电系统如图 2.14 所示，已知电力系统出口断路器为 SN10-10Ⅱ型，变压器联结组别为 Yyn0 型，试求工厂变电所高压 10kV 母线上 k1 点短路和低压 380V 母线上 k2 点短路的短路电流和短路容量。

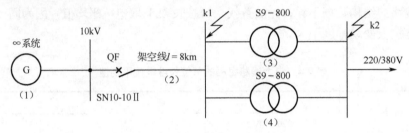

图 2.14　某供电系统

解：（1）求 k1 点短路时的短路电流和短路容量（$U_{c1} = 10.5\text{kV}$）。

① 计算短路电路中各元件的电抗和总电抗。

由附表 4 查得 SN10-10Ⅱ型断路器的断流容量 $S_{oc} = 500\text{MV·A}$，因此，电力系统的电抗：

$$X_1 = \frac{U_{c1}^2}{S_{oc}} = \frac{(10.5)^2}{500} \approx 0.22\,（\Omega）$$

由表 2.4 查得 $X_0 = 0.35\Omega/\text{km}$，因此架空线路的电抗：

$$X_2 = X_0 l = 0.35 \times 8 = 2.8\,（\Omega）$$

k1 点短路的等效电路如图 2.15（a）所示，计算其总电抗：

$$X_{\Sigma k1} = X_1 + X_2 = 0.22 + 2.8 = 3.02\,（\Omega）$$

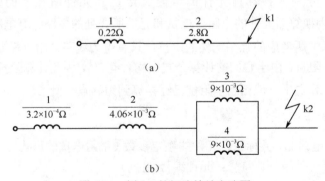

图 2.15　例 2.9 的短路等效电路图

② 计算三相短路电流和短路容量。

三相短路电流周期分量有效值为

$$I_{k1}^{(3)} = \frac{U_{c1}}{\sqrt{3}X_{\Sigma 1}} = \frac{10.5}{\sqrt{3} \times 3.02} \approx 2\,(\mathrm{kA})$$

三相短路次暂态电流和稳态电流为

$$I''^{(3)} = I_\infty^{(3)} = I_{k1}^{(3)} = 2\mathrm{kA}$$

三相短路冲击电流及第一个周期短路全电流有效值为

$$i_{sh}^{(3)} = 2.55I''^{(3)} = 2.55 \times 2 = 5.1\,(\mathrm{kA})$$

$$I_{sh}^{(3)} = 1.51I''^{(3)} = 1.51 \times 2 = 3.02\,(\mathrm{kA})$$

三相短路容量为

$$S_{k1}^{(3)} = \sqrt{3}U_{c1}I_{k1}^{(3)} = \sqrt{3} \times 10.5 \times 2 \approx 36.4\,(\mathrm{MV \cdot A})$$

（2）求 k2 点短路时的短路电流和短路容量（$U_{c2} = 0.4\mathrm{kV}$）。

① 计算短路电路中各元件的电抗和总电抗。

电力系统的电抗：
$$X_1' = \frac{U_{c2}^2}{S_{oc}} = \frac{(0.4)^2}{500} = 3.2 \times 10^{-4}\,(\Omega)$$

架空线路的电抗：
$$X_2' = X_0 l\left(\frac{U_{c2}}{U_{c1}}\right)^2 = 0.35 \times 8 \times \left(\frac{0.4}{10.5}\right)^2 \approx 4.06 \times 10^{-3}\,(\Omega)$$

电力变压器的电抗：
$$X_3 = X_4 \approx \frac{U_k\%U_c^2}{100S_N} = \frac{4.5 \times (0.4 \times 10^3)^2}{100 \times 800 \times 10^3} = 9 \times 10^{-3}\,(\Omega)$$

k2 点短路的等效电路如图 2.15（b）所示，计算其总电抗：

$$X_{\Sigma k2} = X_1' + X_2' + X_3'//X_4'$$

$$= 3.2 \times 10^{-4} + 4.06 \times 10^{-3} + \frac{9 \times 10^{-3}}{2}$$

$$= 8.88 \times 10^{-3}\,(\Omega)$$

② 计算三相短路电流和短路容量。

三相短路电流周期分量有效值为

$$I_{k2}^{(3)} = \frac{U_{c2}}{\sqrt{3}X_{\Sigma 2}} = \frac{0.4}{\sqrt{3} \times 8.88 \times 10^{-3}} \approx 26\,(\mathrm{kA})$$

三相短路次暂态电流和稳态电流为

$$I''^{(3)} = I_\infty^{(3)} = I_{k2}^{(3)} = 26\mathrm{kA}$$

三相短路冲击电流及第一个周期短路全电流有效值为

$$i_{sh}^{(3)} = 1.84I''^{(3)} = 1.84 \times 26 = 47.84\,(\mathrm{kA})$$

$$I_{sh}^{(3)} = 1.09I''^{(3)} = 1.09 \times 26 = 28.34\,(\mathrm{kA})$$

三相短路容量为

$$S_{k2}^{(3)} = \sqrt{3}U_{c2}I_{k2}^{(3)} = \sqrt{3} \times 0.4 \times 26 \approx 18.01\,(\mathrm{MV \cdot A})$$

在实际工程中，通常列出短路计算表，如表 2.5 所示。

表 2.5 例 2.9 短路计算表

短路计算点	三相短路电流/kA					三相短路容量/（MV·A）
	$I_k^{(3)}$	$I''^{(3)}$	$I_\infty^{(3)}$	$i_{sh}^{(3)}$	$I_{sh}^{(3)}$	$S_k^{(3)}$
k1	2	2	2	5.1	3.02	36.4
k2	26	26	26	47.84	28.34	18.01

2. 标幺制法

标幺制法又称相对单位制法，因其短路计算中的有关物理量采用标幺值而得名。

1）标幺值

任一物理量的标幺值，是它的实际值与所选定的基准值的比值。它是一个相对量，没有单位。通常标幺值用 A_d^* 表示，基准值用 A_d 表示，实际值用 A 表示，因此有

$$A_d^* = \frac{A}{A_d} \tag{2-63}$$

按标幺制法进行短路计算时，一般先选定基准容量 S_d 和基准电压 U_d。

在工程计算中，为计算方便，基准容量一般取 $S_d = 100\text{MV·A}$。

基准电压，通常取元件所在处的短路计算电压，即 $U_d = U_c$。

选定了基准容量 S_d 和基准电压 U_d 后，基准电流 I_d 按下式计算：

$$I_d = \frac{S_d}{\sqrt{3}U_d} = \frac{S_d}{\sqrt{3}U_c} \tag{2-64}$$

基准电抗 X_d 按下式计算：

$$X_d = \frac{U_d}{\sqrt{3}I_d} = \frac{U_c^2}{S_d} \tag{2-65}$$

2）电力系统中各主要元件电抗标幺值的计算

（1）电力系统的电抗标幺值为

$$X_s^* = \frac{X_s}{X_d} = \frac{U_c^2}{S_{oc}} \bigg/ \frac{U_c^2}{S_d} = \frac{S_d}{S_{oc}} \tag{2-66}$$

式中，X_s 为电力系统的电抗值；S_{oc} 为电力系统的容量。

（2）电力变压器的电抗标幺值为

$$X_T^* = \frac{X_T}{X_d} = \frac{U_k\%U_c^2}{100S_N} \bigg/ \frac{U_c^2}{S_d} = \frac{U_k\%S_d}{100S_N} \tag{2-67}$$

（3）电力线路的电抗标幺值为

$$X_{WL}^* = \frac{X_{WL}}{X_d} = X_0 l \bigg/ \frac{U_c^2}{S_d} = X_0 l \frac{S_d}{U_c^2} \tag{2-68}$$

3）标幺制法短路计算公式

无限大容量电力系统三相短路电流周期分量有效值的标幺值为

$$I_k^{(3)*} = \frac{I_k^{(3)}}{I_d} = \frac{U_c}{\sqrt{3}X_\Sigma} \Big/ \frac{S_d}{\sqrt{3}U_c} = \frac{U_c^2}{S_d X_\Sigma} = \frac{1}{X_\Sigma^*} \tag{2-69}$$

由此可得三相短路电流周期分量有效值及三相短路容量的计算公式：

$$I_k^{(3)} = I_k^{(3)*} \cdot I_d = \frac{I_d}{X_\Sigma^*} \tag{2-70}$$

$$S_k^{(3)} = \sqrt{3}U_c I_k^{(3)} = \sqrt{3}U_c \frac{I_d}{X_\Sigma^*} = \frac{S_d}{X_\Sigma^*} \tag{2-71}$$

求出 $I_k^{(3)}$ 以后，即可用欧姆法的公式分别求出 $I''^{(3)}$、$I_\infty^{(3)}$、$I_{sh}^{(3)}$ 和 $i_{sh}^{(3)}$ 等。

4）标幺制法计算步骤

（1）画出计算电路图，确定短路计算点。

（2）确定标幺值基准，一般取 $S_d = 100\text{MV}\cdot\text{A}$，$U_d = U_c$，并求出所有短路计算点电压下的 I_d。

（3）绘出短路电路等效电路图，计算各元件的电抗标幺值 X^*，并标在图上（采用分数符号：元件编号/电抗标幺值）。

（4）根据不同的短路计算点分别求出各自的总电抗标幺值 X_Σ^*，再计算各短路电流及短路容量。

（5）将计算结果列成表格。

例 2.10　试用标幺制法求例 2.9 中供电系统中 k1 和 k2 点的短路电流及短路容量。

解：（1）选取基准值。

取 $S_d = 100\text{MV}\cdot\text{A}$，$U_{c1} = 10.5\text{kV}$，$U_{c2} = 0.4\text{kV}$，则基准电流为

$$I_{d1} = \frac{S_d}{\sqrt{3}U_{c1}} = \frac{100}{\sqrt{3}\times10.5} \approx 5.5\,(\text{kA})$$

$$I_{d2} = \frac{S_d}{\sqrt{3}U_{c2}} = \frac{100}{\sqrt{3}\times0.4} \approx 144\,(\text{kA})$$

（2）计算各元件的电抗标幺值。

电力系统的电抗标幺值为

$$X_s^* = X_1^* = \frac{S_d}{S_{oc}} = \frac{100}{500} = 0.2$$

电力线路的电抗标幺值为

$$X_{WL}^* = X_2^* = X_0 l \frac{S_d}{U_{c1}^2} = 0.35\times8\times\frac{100}{(10.5)^2} \approx 2.54$$

电力变压器的电抗标幺值为

$$X_T^* = X_3^* = X_4^* = \frac{U_k\%S_d}{100S_N} = \frac{4.5\times100\times1000}{100\times800} \approx 5.6$$

（3）画出等效电路图，如图 2.16 所示。

（4）计算 k1 点的总电抗标幺值及短路电流和短路容量。

总电抗标幺值为

$$X_{\Sigma k1}^* = X_1^* + X_2^* = 0.2 + 2.54 = 2.74$$

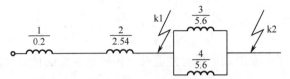

图 2.16 例 2.10 的短路等效电路图

三相短路电流周期分量有效值为

$$I_{k1}^{(3)} = \frac{I_{d1}}{X_{\Sigma k1}^*} = \frac{5.5}{2.74} \approx 2 \,(kA)$$

其他各三相短路电流为

$$I''^{(3)} = I_{\infty}^{(3)} = I_{k1}^{(3)} = 2kA$$

$$i_{sh}^{(3)} = 2.55I''^{(3)} = 2.55 \times 2 = 5.1 \,(kA)$$

$$I_{sh}^{(3)} = 1.51I''^{(3)} = 1.51 \times 2 = 3.02 \,(kA)$$

三相短路容量为

$$S_{k1}^{(3)} = \frac{S_d}{X_{\Sigma k1}^*} = \frac{100}{2.74} \approx 36.5 \,(MV \cdot A)$$

（5）计算 k2 点的总电抗标幺值及短路电流和短路容量。

总电抗标幺值为

$$X_{\Sigma k2}^* = X_1^* + X_2^* + X_2^* /\!/ X_2^* = 0.2 + 2.54 + \frac{5.6}{2} = 5.54$$

三相短路电流周期分量有效值为

$$I_{k2}^{(3)} = \frac{I_{d2}}{X_{\Sigma k2}^*} = \frac{144}{5.54} \approx 26 \,(kA)$$

其他各三相短路电流为

$$I''^{(3)} = I_{\infty}^{(3)} = I_{k2}^{(3)} = 26kA$$

$$i_{sh}^{(3)} = 1.84I''^{(3)} = 1.84 \times 26 = 47.84 \,(kA)$$

$$I_{sh}^{(3)} = 1.09I''^{(3)} = 1.09 \times 26 = 28.34 \,(kA)$$

三相短路容量为

$$S_{k2}^{(3)} = \frac{S_d}{X_{\Sigma k2}^*} = \frac{100}{5.54} \approx 18.05 \,(MV \cdot A)$$

（6）将计算结果列出，如表 2.6 所示。

表 2.6　例 2.10 短路计算表

短路计算点	三相短路电流/kA					三相短路容量/（MV·A）
	$I_k^{(3)}$	$I''^{(3)}$	$I_{\infty}^{(3)}$	$i_{sh}^{(3)}$	$I_{sh}^{(3)}$	$S_k^{(3)}$
k1	2	2	2	5.1	3.02	36.5
k2	26	26	26	47.84	28.34	18.05

2.8.3　两相短路电流的计算

两相短路电流主要用于相间短路保护的灵敏度校验。

无限大容量电力系统发生两相短路时，其短路电流可由下式求得

$$I_k^{(2)} = \frac{U_c}{2|Z_\Sigma|} \tag{2-72}$$

如果只计电抗，则短路电流为

$$I_k^{(2)} = \frac{U_c}{2Z_\Sigma} = \frac{U_c}{2X_\Sigma} \tag{2-73}$$

将式（2-73）与三相短路电流的计算式（2-54）对照，得两相短路电流的计算式：

$$I_k^{(2)} = \frac{\sqrt{3}}{2}I_k^{(3)} = 0.866I_k^{(3)} \tag{2-74}$$

式（2-74）说明，无限大容量电力系统中，同一地点的两相短路电流为三相短路电流的 0.866 倍。其他两相短路电流 $I''^{(2)}$、$I_\infty^{(2)}$、$i_{sh}^{(2)}$、$I_{sh}^{(2)}$ 均可按三相短路电流计算公式计算。

2.8.4　单相短路电流的计算

单相短路电流主要用于单相短路保护的整定及单相短路热稳定度的校验。

在中性点接地系统或三相四线制系统中发生单相短路时，根据对称分量法可得其单相短路电流为

$$\dot{I}_k^{(1)} = \frac{3\dot{U}_\varphi}{Z_{1\Sigma} + Z_{2\Sigma} + Z_{0\Sigma}} \tag{2-75}$$

式中，$\dot{U}_\varphi$ 为电源的相电压；$Z_{1\Sigma}$、$Z_{2\Sigma}$、$Z_{0\Sigma}$ 分别为单相短路回路的正序、负序和零序阻抗。

在工程设计中，经常用来计算低压配电系统单相短路电流的公式为

$$I_k^{(1)} = \frac{U_\varphi}{|Z_{\varphi-0}|} \tag{2-76}$$

$$I_k^{(1)} = \frac{U_\varphi}{|Z_{\varphi-PE}|} \tag{2-77}$$

$$I_k^{(1)} = \frac{U_\varphi}{|Z_{\varphi-PEN}|} \tag{2-78}$$

式中，U_φ 为电源的相电压；$Z_{\varphi-0}$ 为相线与 N 线短路回路的阻抗；$Z_{\varphi-PE}$ 为相线与 PE 线短路回路的阻抗；$Z_{\varphi-PEN}$ 为相线与 PEN 线短路回路的阻抗。

2.8.5　大容量电动机短路电流的计算

当短路点附近接有大容量电动机时，应把电动机作为附加电源考虑，电动机会向短路点反馈短路电流。短路时，电动机受到迅速制动，反馈电流衰减得非常快，因此反馈电流

仅影响短路冲击电流，仅当单台电动机或电动机组容量大于 100kW 时才考虑其影响。当大容量交流电动机与短路点之间相隔变压器，以及在计算不对称短路时，可不考虑电动机反馈电流的影响。

由电动机提供的短路冲击电流可按下式计算

$$i_{sh \cdot M} = C K_{sh \cdot M} I_{N \cdot M} \tag{2-79}$$

式中，C 为电动机反馈冲击倍数（异步电动机取 6.5，同步电动机取 7.8，同步补偿机取 10.6，综合性负荷取 3.2）；$K_{sh \cdot M}$ 为电动机短路电流冲击系数（对 3kV～10kV 的电动机可取 1.4～1.7，对 380V 的电动机可取 1）；$I_{N \cdot M}$ 为电动机额定电流。

计入电动机反馈冲击的影响后，短路点总短路冲击电流为

$$i_{sh\Sigma} = i_{sh}^{(3)} + i_{sh \cdot M} \tag{2-80}$$

任务 2.9 短路电流的效应

通过短路计算可知，供电系统发生短路时短路电流是相当大的。如此大的短路电流通过电器和导体时，一方面会产生很高的温度，即热效应；另一方面会产生很大的电动力，即电动效应。这两类短路电流效应对电器和导体的安全运行威胁很大，必须充分注意。

2.9.1 短路电流的热效应

1. 短路时导体的发热过程与发热计算

电力系统正常运行时，额定电流在导体中发热产生的热量一方面被导体吸收并使导体温度升高，另一方面通过各种方式传入周围介质中。当导体产生的热量等于散发的热量时导体达到热平衡状态。当电力线路发生短路时，由于短路电流大，发热量大，时间短，热量来不及传入周围介质中，这时可以认为全部热量都用来升高导体的温度。

根据允许导体发热的条件，导体在正常负荷和短路时的最高允许温度见附表 7（见附录 A）。如果导体在短路时的发热温度不超过允许温度，则认为其短路热稳定度满足要求。

一般采用短路稳态电流来等效计算实际短路电流所产生的热量。由于通过导体的实际短路电流并不是短路稳态电流，因此需要假定一个时间，在此时间内，假定导体通过短路稳态电流时所产生的热量，恰好等于实际短路电流在实际短路时间内所产生的热量。这一假想时间称为短路发热的假想时间，用 t_{ima} 表示。t_{ima} 可由下式近似得到：

$$t_{ima} = t_k + 0.05 \tag{2-81}$$

当 $t_k > 1s$ 时，可以认为 $t_{ima} = t_k$。

短路时间 t_k 为短路保护装置实际最长的动作时间 t_{op} 与断路器的断路时间 t_{oc} 之和，即 $t_k = t_{op} + t_{oc}$。

对于一般高压油断路器，可取 $t_{oc} = 0.2s$；对于高速断路器，则取 $t_{oc} = 0.1～0.15s$。

实际短路电流通过导体时，在短路时间内产生的热量为

$$Q_k = I_\infty^2 R t_{ima} \tag{2-82}$$

2．短路热稳定度的校验

（1）对于一般电器

$$I_t^2 t \geq I_\infty^{(3)2} t_{ima} \tag{2-83}$$

式中，I_t 为电器的热稳定试验电流（有效值）；t 为电器的热稳定试验时间，I_t、t 可从产品样本资料中查得。常用高压断路器的 I_t、t 可查附表4。

（2）对于母线及绝缘导线和电缆等导体

$$A \geq A_{min} = I_\infty^{(3)} \frac{\sqrt{t_{ima}}}{C} \tag{2-84}$$

式中，C 为导体短路热稳定系数，可查附表7；A_{min} 为导体的最小热稳定截面积（mm^2）。

例 2.11　已知某车间变电所 380V 侧采用 LMY-100×10 的硬铝母线，其三相短路稳态电流为 34.57kA，母线的短路保护实际动作时间为 0.6s，低压断路器的断路时间为 0.1s。试校验此母线的热稳定度。

解：查附表7，得 C=87。

因为　$t_{ima} = t_k + 0.05 = t_{op} + t_{oc} + 0.05 = 0.6 + 0.1 + 0.05 = 0.75（s）$

所以有 $A_{min} = I_\infty^{(3)} \frac{\sqrt{t_{ima}}}{C} = \frac{34.57 \times 10^3}{87} \times \sqrt{0.75} \approx 344（mm^2）$

由于母线的实际截面积 A=100×10=1000（mm^2）>A_{min}，因此该母线满足短路热稳定度的要求。

2.9.2　短路电流的电动效应

供电系统短路时，短路电流特别是短路冲击电流将使相邻导体之间产生很大的电动力，有可能使电器和载流导体遭受严重破坏。为此，要使电路元件能承受短路时最大电动力的作用，电路元件必须具有足够的电动稳定度。

1．短路时最大电动力

由"电路原理"课程可知，空气中的两平行导体分别通以电流 i_1、i_2（单位为 A）时，两导体间的电磁作用力即电动力（单位为 N）为

$$F = \mu_0 i_1 i_2 \frac{l}{2\pi a} = 2 i_1 i_2 \frac{l}{a} \times 10^{-7}$$

式中，l 为导体的两相邻支撑点间的距离，即档距；a 为两导体的轴线间距离；μ_0 为真空和空气的磁导率，$\mu_0 = 4\pi \times 10^{-7} N/A^2$。

如果三相线路中发生两相短路，则两相短路冲击电流 $i_{sh}^{(2)}$ 通过导体时产生的电动力最大，其值为

$$F^{(2)} = 2 i_{sh}^{(2)2} \cdot \frac{l}{a} \times 10^{-7} N$$

在短路电流中，三相短路冲击电流 $i_{sh}^{(3)}$ 为最大。其在导体中间相产生的电动力最大，其

电动力 $F^{(3)}$（单位为 N）可用下式计算：

$$F^{(3)} = \sqrt{3} i_{sh}^{(3)2} \cdot \frac{l}{a} \times 10^{-7} \qquad (2\text{-}85)$$

校验电器和载流导体动稳定度时通常采用 $i_{sh}^{(3)}$ 和 $F^{(3)}$。

2．短路动稳定度的校验

电器和导体的动稳定度的校验，需根据校验对象的不同而采用不同的校验条件。

（1）对于一般电器

$$i_{max} \geqslant i_{sh}^{(3)}$$

或

$$I_{max} \geqslant I_{sh}^{(3)} \qquad (2\text{-}86)$$

式中，i_{max}、I_{max} 分别为电器的极限通过电流（又称动稳定电流）的峰值和有效值，可从有关手册或产品样本资料中查得。附表 4 中有部分高压断路器的主要技术数据，供参考。

（2）对于绝缘子，要求绝缘子的最大允许抗弯载荷大于或等于最大计算载荷，即

$$F_{al} \geqslant F_{c}^{(3)} \qquad (2\text{-}87)$$

式中，F_{al} 为绝缘子的最大允许抗弯载荷；$F_{c}^{(3)}$ 为短路时作用于绝缘子上的计算载荷。如图 2.17 所示，母线在绝缘子上平放，则 $F_{c}^{(3)} = F^{(3)}$；母线在绝缘子上竖放，则 $F_{c}^{(3)} = 1.4F^{(3)}$。

（3）对于母线等硬导体，

$$\sigma_{al} \geqslant \sigma_{c} \qquad (2\text{-}88)$$

式中，σ_{al} 为母线材料的最大允许力（单位为 Pa），硬铜母线（TMY）为 140MPa，硬铝母线（LMY）为 70MPa。σ_{c} 为母线通过 $i_{sh}^{(3)}$ 时所受的最大计算应力，即 $\sigma_{c} = M/W$，其中 M 为母线通过三相短路冲击电流时所受到的弯曲力矩（单位为 N·m），母线的档数 $\leqslant 2$ 时，$M = F^{(3)}l/8$；档数 > 2 时，$M = F^{(3)}l/10$。l 为母线的档距（单位为 m）；W 为母线截面系数（单位为 m^3），计算式为 $W = b^2 h/6$，其中 b 为母线截面的水平宽度，h 为母线截面的垂直高度。

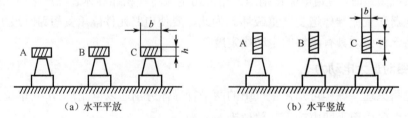

（a）水平平放　　　　　　　　　　（b）水平竖放

图 2.17　母线的放置方式

电缆的机械强度很好，无须校验其短路动稳定度。

例 2.12　已知某车间变电所 380V 侧母线采用 LMY-100×10 的硬铝母线，水平平放，相邻两母线间的轴线距离为 $a=0.16m$，档距为 $l=0.9m$，档数大于 2，它上面接有一台 250kW 的同步电动机，$\cos\varphi = 0.7$，效率 $\eta = 0.75$，母线的三相短路冲击电流为 63.6kA。试校验此母线的动稳定度。

解：（1）计算母线短路时所承受的最大电动力。

同步电动机的额定电流为

$$I_{N \cdot M} = \frac{250}{\sqrt{3} \times 380 \times 0.7 \times 0.75} \approx 0.723（kA）$$

由于 $I_{\text{N·M}} > 0.01 I_{\text{k}}^{(3)}$，故需计入异步电动机反馈电流的影响。查附表 7 得 $C=7.8$，$K_{\text{sh·M}}=1$，则电动机的反馈冲击电流

$$i_{\text{sh·M}} = CK_{\text{sh·M}}I_{\text{N·M}} = 7.8 \times 1 \times 0.723 \approx 5.6 \, (\text{kA})$$

母线三相短路时所承受的最大电动力为

$$F^{(3)} = \sqrt{3} \times (i_{\text{sh}}^{(3)} + i_{\text{sh·M}})^2 \times \frac{l}{a} \times 10^{-7}$$

$$= \sqrt{3} \times (63.6 \times 10^3 + 5.6 \times 10^3)^2 \times \frac{0.9}{0.16} \times 10^{-7}$$

$$= 4665 \, (\text{N})$$

（2）校验母线短路时的动稳定度。

母线在 $F^{(3)}$ 作用下的弯曲力矩为

$$M = \frac{F^{(3)}l}{10} = \frac{4665 \times 0.9}{10} \approx 420 \, (\text{N·m})$$

母线的截面系数为

$$W = \frac{b^2 h}{6} = \frac{(0.1)^2 \times 0.01}{6} \approx 1.667 \times 10^{-5} \, (\text{m}^3)$$

计算应力为

$$\sigma_{\text{c}} = \frac{M}{W} = \frac{420}{1.667 \times 10^{-5}} \approx 25.2 \, (\text{MPa})$$

而硬铝母线（LMY）的允许应力为 $\sigma_{\text{al}} = 70\text{MPa} > \sigma_{\text{c}}$，所以该母线满足动稳定度的要求。

思考与练习

2-1　什么是电力负荷？电力负荷可分为哪几类？

2-2　电力负荷按重要程度分哪几级？各级负荷对供电电源有什么要求？

2-3　什么是负荷曲线？年最大负荷利用小时和负荷系数的物理意义是什么？

2-4　什么是用电设备的设备容量？设备容量与该台设备的额定容量有什么关系？分别就不同情况进行说明。

2-5　需要系数法和二项式系数法各有什么特点？各自适用的范围如何？

2-6　并联电容器进行无功补偿时，无功补偿的依据是什么？提高功率因数的方法有哪些？

2-7　什么是尖峰电流？计算尖峰电流的目的是什么？

2-8　某车间有 380V 交流电焊机 2 台，其额定容量 $S_{\text{N}}=22\text{kV·A}$，$\varepsilon_{\text{N}}=60\%$，$\cos\varphi = 0.5$，吊车 1 台，设备铭牌上给出其额定功率 $P_{\text{N}}=9\text{kW}$，$\varepsilon_{\text{N}}=15\%$，求此车间的设备容量。

2-9　一机修车间有冷加工机床 20 台，设备总容量为 150kW。点焊机 5 台，共 15.5kW（$\varepsilon_{\text{N}}=65\%$）；通风机 4 台，共 4.8kW。车间采用 220/380V 线路供电，试确定车间的计算负荷。

2-10　某机修车间 380V 线路上，接有金属切削机床电动机 20 台，共 50kW（其中较大容量电动机有：7.5kW 的 1 台，4kW 的 3 台，2.2kW 的 7 台），通风机 2 台，共 3kW，电阻炉 1 台，2kW。试分别用需要系数法和二项式系数法来确定机修车间 380V 线路的计算负荷。

2-11 某厂拟扩建降压变电所，增设一台 10/0.4kV 变压器。已知低压侧有功计算负荷为 700kW、无功计算负荷为 850kvar，要使高压侧功率因数不低于 0.9，则在低压处应补偿多少无功功率？若采用 BW0.4-12-1 补偿电容器，需多少只？

2-12 某 380V 配电线路，接有 5 台电动机（见表 2.7）。试计算该线路的计算电流和尖峰电流。（提示：计算电流在此可近似地按下式计算：$I_{30} = K_\Sigma \sum I_N$，式中 K_Σ 建议取 0.9）

表 2.7 负荷资料

参 数	电 动 机				
	M1	M2	M3	M4	M5
额定电流 I_N/A	10.2	32.4	30	6.1	20
启动电流 I_{st}/A	66.3	227	165	34	140

2-13 什么是短路？短路故障产生的原因有哪些？短路对电力系统有哪些危害？

2-14 短路有哪些类型？哪种类型的短路发生的可能性最大？哪种类型短路的危害最严重？

2-15 短路电流计算的目的是什么？

2-16 何谓无限大容量电力系统？无限大容量电力系统的特点是什么？

2-17 短路电流计算的欧姆法和标幺制法各有哪些特点？

2-18 什么是短路电流的热效应？校验一般电器和导体的动稳定度应采用哪一种短路电流？

2-19 什么是短路电流的电动效应？校验一般电器和导体的热稳定度应采用哪一种短路电流？

2-20 某一区域变电站通过一条长 4km 的 10kV 电缆线路供电给某企业，该企业的变电所装有两台并列运行的 Yyn0 联结的 S9-1000 型变压器。区域变电站出口断路器为 SN10-10Ⅱ型。试分别用欧姆法和标幺制法求该企业变电所 10kV 母线和 380V 母线的短路电流 $I_k^{(3)}$、$I_\infty^{(3)}$、$I_{sh}^{(3)}$、$I''^{(3)}$、$i_{sh}^{(3)}$ 及短路容量 $S_k^{(3)}$，并列出短路计算表。

2-21 设某企业变电所 380V 母线上的三相短路电流为 $I_k^{(3)}$ =36.5kA，三相短路冲击电流为 $i_{sh}^{(3)}$=67.2kA。三相母线采用 LMY-80×10 型线，水平平放，两相邻母线的轴线距离为 200mm，档距为 900mm，档数大于 2。该母线上接有一同步电动机（500kW，$\cos\varphi = 1$，$\eta = 0.94$），试校验该母线的动稳定度。

2-22 设题 2-21 中 380V 母线的保护装置动作时间为 0.5s，低压断路器的断路时间为 0.05s，试校验该母线的热稳定度。

项目 3

工厂供电一次系统

本项目主要讲述工厂供电一次系统的知识，这些知识是从事工厂变配电所维护和设计工作必备的基础知识。首先重点介绍了高低压电气设备、工厂供电线路的接线方式、结构；然后着重阐述主接线方案和主接线图的基本要求，分析了一些典型主接线；最后介绍变配电所的所址选择、布置、结构等。

任务 3.1　高低压电气设备

3.1.1　高低压熔断器

熔断器是当流过其熔体的电流超过一定数值时，熔体自身产生的热量自动地将熔体熔断而断开电路的一种保护设备。其功能主要是对电路及其设备进行短路保护，但有的熔断器也具有过负荷保护的功能。

按限流作用分，熔断器可分为限流式和非限流式两种；按电压分，可分为高压熔断器和低压熔断器两种。工厂供电系统中常用的高压熔断器有户内型（RN 系列）和户外型（RW 系列）两种。常用的低压熔断器有 RT0 系列、RL 系列、RM 系列及 NT 系列等。

熔断器的表示形式：文字符号为 FU，图形符号为—▭—。

1. 高压熔断器

高压熔断器型号的含义如下所示：

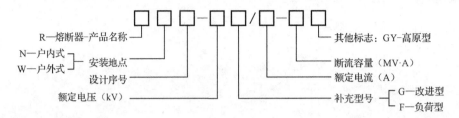

过负荷保护

其他标志：GY-高原型
断流容量（MV·A）
额定电流（A）
补充型号 ┌ G—改进型
        └ F—负荷型

R—熔断器-产品名称
N—户内式 ┐
W—户外式 ┘ 安装地点
设计序号
额定电压（kV）

1）RN 系列高压熔断器

RN 系列高压熔断器主要用于 3kV～35kV 电力系统的短路保护和过负荷保护，其中 RN1 型主要用于电力变压器和电力线路的短路和过载保护，熔体要通过主电路的短路电流，因此额定电流可达 100A。RN2 型主要用于电压互感器一次侧的短路保护，因为电压互感器一次电流很小，所以 RN2 型熔断器的熔体电流一般为 0.5A。

RN1、RN2 型高压熔断器的结构基本相同，都是瓷质熔管内填充石英砂的密闭管式熔断器。其外形如图 3.1 所示，内部结构如图 3.2 所示。

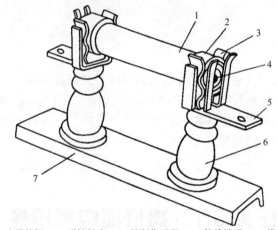

1—瓷熔管；2—金属管帽；3—弹性触座；4—熔断指示器；5—接线端子；6—瓷绝缘子；7—底座

图 3.1　RN1、RN2 型高压熔断器的外形

过负荷时，低熔点的锡球受热熔化，铜锡分子相互渗透形成熔点较低的铜锡合金（冶金效应），使铜熔丝能在较低的温度下熔断，提高保护灵敏度。当短路发生时，由于采用了铜丝并联，且熔管内填充了石英砂，利用粗弧分细灭弧法和狭沟灭弧法来加速电弧熄灭。因此，熔断器的灭弧能力很强，能在短路后不到半个周期即短路电流未达到冲击电流值时就将电弧熄灭。这种熔断器称为限流式熔断器。

在工作熔体熔断后，指示熔体也相继熔断，红色的熔断指示器弹出，给出熔断的指示信号。

2）RW 系列户外高压跌开式熔断器

跌开式熔断器又称跌落式熔断器，广泛用于环境正常的室外场所，其既可用作 6kV～10kV 线路和设备的短路保护装置，又可在一定条件下，直接用高压绝缘钩棒（俗称令克棒）来操作熔管的分合，起高压隔离开关的作用。一般的 RW4-10（G）型跌开式熔断器等，只能无负荷操作，或通断小容量的空载变压器和线路等。而 RW10-10（F）型负荷型跌开式熔断器因为在其静触头上加装了简单的灭弧室而能带负荷操作。

跌开式熔断器表示形式：文字符号一般为 FD，图形符号为 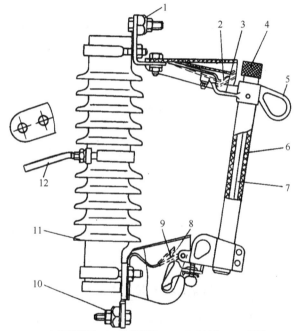 。

RW4-10（G）型跌开式熔断器的结构如图 3.3 所示。正常工作时，熔管上端的动触头借助管内熔丝张力拉紧，利用绝缘钩棒将此动触头推入上静触头内锁紧，同时将下动触头与下静触头也相互压紧，接通电路。当线路上发生短路时，短路电流使熔丝熔断而形成电弧，熔管（消弧管）内壁由于电弧燃烧而分解出大量的气体，使管内压力剧增，并沿管道向下纵吹电弧，使电弧迅速熄灭。同时，由于熔丝熔断使上动触头失去了张力，锁紧机构释放熔管，在触头弹力及熔管自重作用下断开，形成明显可见的断开间隙。

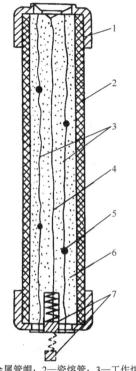

1—金属管帽；2—瓷熔管；3—工作熔体；
4—指示熔体；5—锡球；6—石英砂填料；
7—熔断指示器

图 3.2　RN1、RN2 型高压熔断器
　　　　的内部结构

1—上接线端子；2—上静触头；3—上动触头；4—管帽；
5—操作环；6—熔管；7—铜熔丝；8—下动触头；9—下静触头；
10—下接线端子；11—绝缘瓷瓶；12—固定安装板

图 3.3　RW4-10（G）型跌开式熔断器的结构

这种熔断器采用逐级排气结构，熔体上端封闭，可防雨水。当分断小的短路电流时，由于上端封闭而形成单端排气，使管内保持足够大的气压，这样有利于熄灭小的短路电流所产生的电弧。而分断大的短路电流时，管内气压较大，使上端封闭薄膜冲开形成两端排气，这样有助于防止分断大的短路电流时熔管爆裂。

跌开式熔断器依靠电弧燃烧产生气体来熄灭电弧，灭弧性能不高，灭弧速度不快，不能在短路电流达到冲击值之前熄灭电弧，称为非限流式熔断器。

2．低压熔断器

低压熔断器主要用于低压系统中设备及线路的短路保护，有的也能实现过负荷保护。

低压熔断器类型比较多，大致可分为表 3.1 所示的几种类型。

低压熔断器型号的含义如下：

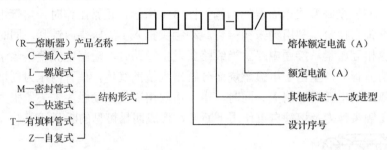

表 3.1　低压熔断器的分类及用途

主　要　类　型	主　要　型　号	用　　途
无填料密封管式	RM10、RM7 系列 （无限流特性）	用于低压电网和配电设备中，作为短路保护和过载保护装置使用
有填料密封管式	RT 系列如 RT0、RT11、RT14 （有限流特性）	用于要求较高的导线和电缆及电气设备的过载和短路保护
	RL 系列如 RL6、RL7、RLS2 （有限流特性）	用于 500V 以下导线和电缆及电动机控制线路 RLS2 为快速式熔断器
	RS0、RS3 系列快速熔断器 （有较强的限流特性）	RS0 用于 750V、480A 以下线路晶闸管元件及成套配电装置的短路保护 RS3 用于 1000V、700A 以下线路晶闸管元件及成套配电装置的短路保护
自复式	RZ1 型	只能限制短路和过载电流，不能真正分断电路，一般与断路器配合使用

1）RT0 型低压有填料密封管式熔断器

这种熔断器主要由瓷熔管、栅状铜熔体、触头（图 3.4 中未画出）和底座等部分组成，如图 3.4 所示。RT0 型熔断器属限流式熔断器，其保护性能好、断流能力大，广泛应用于低压配电装置中，但其熔体不可拆卸，因此熔体熔断后整个熔断器报废，不够经济。

附表 8（见附录 A）列出 RT0 型低压熔断器的主要技术数据，供参考。

下面简单介绍供电系统中常用的低压熔断器 RT0、RL1 及 RZ1 等系列熔断器的结构和原理。

2）RL1 型螺旋管式熔断器

RL1 型螺旋管式熔断器的结构如图 3.5 所示。它由瓷帽、熔管、底座组成。上接线端与下接线端通过螺钉固定在底座上；熔管由瓷质外套管、熔体和石英砂填料密封构成，一端有熔断指示器（多为红色）；瓷帽上有玻璃窗口，放入熔管，旋入底座后即将熔管串接在电路中。由于熔断器的各个部分均可拆卸，更换熔管十分方便。这种熔断器广泛用于低压供电系统，特别是中小型电动机的过载与短路保护装置中。

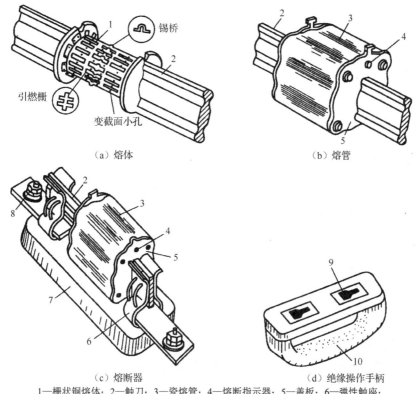

（a）熔体　　　　　　　　　　　（b）熔管

（c）熔断器　　　　　　　　（d）绝缘操作手柄

1—栅状铜熔体；2—触刀；3—瓷熔管；4—熔断指示器；5—盖板；6—弹性触座；

7—瓷质底座；8—接线端子；9—扣眼；10—绝缘拉手手柄

图3.4　RT0型低压有填料密封管式熔断器的结构

3）NT系列熔断器

NT系列熔断器（国内为RT16系列熔断器）是引进德国AEG公司制造技术生产的一种高分断能力熔断器，现广泛应用于低压开关柜中，适用于660V及以下电力网络及配电装置的过载保护。

该系列熔断器由熔管、熔体和底座组成，其外形结构与RT0有些相似，熔管为高强度陶瓷管，内装优质石英砂，熔体采用优质材料制成。其主要特点是体积小，质量轻，功耗小，分断能力高。

4）RZ1型自复式熔断器

一般熔断器在熔体熔断后，必须更换熔体甚至整个熔管才能恢复供电，使用上不够经济。我国设计生产的RZ1型自复式熔断器弥补了这一缺点，它既能切断短路电流，又能在故障消除后自动恢复供电，无须更换熔体，其结构如图3.6所示。

RZ1型自复式熔断器采用钠制作熔体，常温下，钠的阻值很小，正常负荷电流可以顺利通过，但短路时，钠受热迅速气化，阻值变得很大，起到限制短路电流的作用。在这一过程中，装在熔断器一端的活塞将被挤压而迅速后退，降低了因钠气化而产生的压力，保护熔管不致破裂。限电流结束后，钠蒸气冷却，恢复为固态钠，活塞迅速将钠熔体推回原位，使之恢复常态，这就是自复式熔断器能自动限电流和自动复原的基本原理。

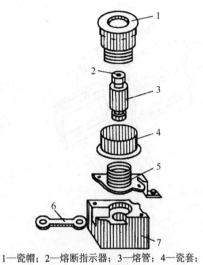

1—瓷帽；2—熔断指示器；3—熔管；4—瓷套；

5—上接线端；6—下接线端；7—底座

图 3.5　RL1 型螺旋管式熔断器的结构

1—接线端子；2—云母玻璃；3—瓷管；4—不锈钢外壳；

5—钠熔体；6—氩气；7—接线端子

图 3.6　RZ1 型自复式熔断器的结构

自复式熔断器可与低压断路器配合使用，甚至组合为一种电器。国产的 DZ10-100R 型低压断路器就是 DZ10-100 型低压断路器和 RZ1-100 型自复式熔断器的组合，利用自复式熔断器来切断短路电流，而利用低压断路器来通断电路和实现过负荷保护。

3.1.2　高低压开关电器

1. 高低压隔离开关

1）高压隔离开关

高压隔离开关的主要功能是隔离高压电源，以保证其他设备和线路的安全检修及人身安全。高压隔离开关断开后有明显可见断开间隙，绝缘可靠。高压隔离开关没有灭弧装置，不能带负荷拉、合闸，但可用来通断一定的小电流。高压隔离开关可用于励磁电流不超过 2A 的空载变压器、电容电流不超过 5A 的空载线路及电压互感器和避雷器电路中。

高压隔离开关按安装地点分为户内式和户外式两大类。10kV 高压隔离开关的型号较多，常用的有 GN8、GN19、GN24、GN28、GN30 等系列。图 3.7 为 GN8 型户内高压隔离开关的结构。

高压隔离开关的文字符号为 QS，图形符号为—／—，其型号的含义如下：

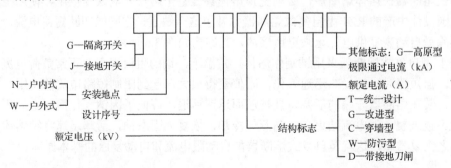

2）低压刀开关和低压刀熔开关

（1）低压刀开关。

低压刀开关的文字符号为 QK，图形符号为 ⎯⎯/⎯⎯，其型号的含义如下。

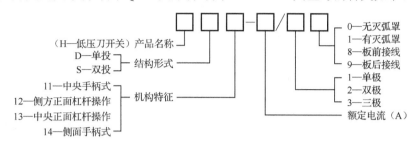

低压刀开关按其操作方式分单投和双投两种；按其极数分为单极、双极和三极三种；按其灭弧结构分为不带灭弧罩和带灭弧罩两种。

不带灭弧罩的刀开关只能在无负荷下操作，仅作隔离开关使用；带灭弧罩的 HD13 型刀开关能通断一定的负荷电流，其钢栅片灭弧罩能使负荷电流产生的电弧有效的熄灭，但不能切除短路电流，其结构如图 3.8 所示。

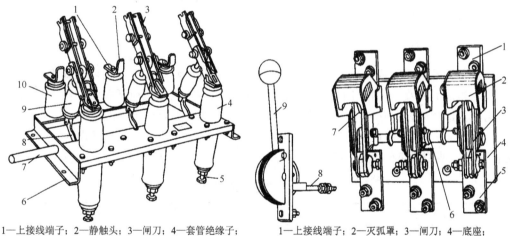

1—上接线端子；2—静触头；3—闸刀；4—套管绝缘子；　　　1—上接线端子；2—灭弧罩；3—闸刀；4—底座；
5—下接线端子；6—框架；7—转轴；8—拐臂；　　　　　　5—下接线端子；6—主轴；7—静触头；8—连杆；
9—升降绝缘子；10—支柱绝缘子　　　　　　　　　　　　9—操作手柄

图 3.7　GN8 型户内高压隔离开关的结构　　　　图 3.8　带灭弧罩的 HD13 型刀开关

（2）低压刀熔开关。

低压刀熔开关又称熔断器式刀开关，是低压刀开关与低压熔断器组合而成的开关电器，具有刀开关和熔断器的双重功能。采用这种组合型开关电器，可以简化配电装置的结构，目前已广泛用于低压动力配电屏中。图 3.9 所示为 HR3 型刀开关的结构，就是将 HD 型刀开关的闸刀换成 RT0 型熔断器的具有刀形触头的熔管。

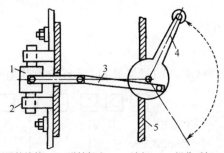

1—RT0 型熔断器的熔管；2—弹性触座；3—连杆；4—操作手柄；5—配电屏面板

图 3.9　HR3 型刀开关的结构

低压刀熔开关的文字符号为 FU-QK，图形符号为 ，其型号的含义如下：

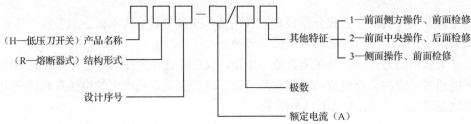

2. 高低压负荷开关

1）高压负荷开关

高压负荷开关具有简单的灭弧装置，断开后有明显的断开点，可通断负荷电流和过负荷电流，可起到隔离开关的作用，但不能断开短路电流。高压负荷开关常与高压熔断器一起使用，借助熔断器来切除故障电流，可广泛应用于城网和农村电网改造。

高压负荷开关按安装地点分为户内式和户外式两类，按灭弧介质分为产气式负荷开关、压气式负荷开关、真空式负荷开关、SF_6 负荷开关、油负荷开关等结构类型，具体情况如表 3.2 所示。

表 3.2　高压负荷开关

高压负荷开关的类型	灭弧特点
油负荷开关	利用变压器油作为灭弧介质
产气式负荷开关	利用固体产气材料在电弧作用下产气吹弧
压气式负荷开关	利用活塞压缩空气吹弧
真空式负荷开关	利用真空灭弧室灭弧
SF_6 负荷开关	利用 SF_6 作为绝缘和灭弧介质

高压负荷开关的文字符号为 QL，图形符号为 ，其型号的含义如下：

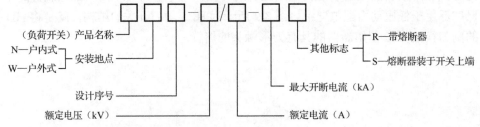

图 3.10 所示为 FN3-10RT 型户内压气式高压负荷开关的结构。上半部是负荷开关本身，下半部是 RN1 型熔断器。负荷开关的上绝缘子是一个压气式灭弧室。

高压负荷开关适用于无油化、不检修、要求频繁操作的场合，可配用 CS6-1 操动机构，也可配用 CJ 系列电动操动机构。

2）低压负荷开关

低压负荷开关的文字符号为 QL，图形符号为 ，其型号的含义如下：

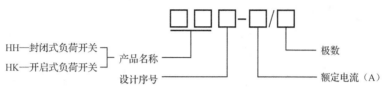

低压负荷开关由带灭弧装置的刀开关与熔断器串联而成，外装封闭式铁壳或开启式胶盖；具有带灭弧罩的刀开关和熔断器的双重功能，既可带负荷操作，又能进行短路保护；熔体熔断后，更换熔体即可恢复供电。

3. 高低压断路器

1）高压断路器

高压断路器具有完善的灭弧装置，因此，不仅能通断正常的负荷电流，而且能接通和承担一定时间的短路电流，并能在保护装置作用下自动跳闸，切除短路故障。

高压断路器的文字符号为 QF，图形符号为 ，其型号的含义如下：

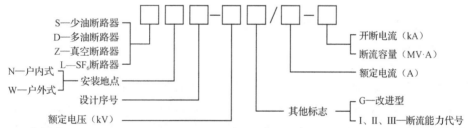

（1）油断路器。

油断路器按其油量多少分为多油断路器和少油断路器。多油断路器的油起着绝缘和灭弧的双重作用，少油断路器的油只起灭弧的作用。下面主要介绍 SN10-10 型高压少油断路器。SN10-10 型高压少油断路器的结构如图 3.11 所示。

SN10-10 型高压少油断路器按断流容量分 Ⅰ、Ⅱ、Ⅲ 型，其中 Ⅰ 型断流容量 $S_\infty = 300\text{MV·A}$，Ⅱ 型断流容量 $S_\infty = 500\text{MV·A}$，Ⅲ 型断流容量 $S_\infty = 750\text{MV·A}$。

油断路器主要由油箱、传动机构和框架 3 部分组成。油箱是断路器的核心部分，油箱的上部设有油气分离室，其作用是将灭弧过程中产生的油气混合物旋转分离，气体从顶部排气孔排出，而油则沿内壁流回灭弧室。

当断路器跳闸时，产生电弧，在油流的横吹、纵吹及机械运动引起的油吹的综合作用下，使电弧迅速熄灭。

SN10-10 型高压少油断路器可以与 CS2 型手动操动机构、CD10 型电磁操动机构或 CT7 型弹簧储能操动机构配合使用，这些操动机构内部都有跳闸和合闸线圈，可通过断路器的传动机构使断路器动作。电磁操动机构需用直流电源操作，可以手动和远距离跳、合闸。弹簧储能操动机构有交、直流操作电源两种，可以手动，也可以远距离跳、合闸。

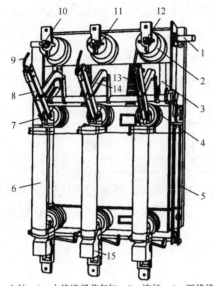

1—主轴；2—上绝缘子兼气缸；3—连杆；4—下绝缘子；
5—框架；6—RN1 型高压熔断器；7—下触座；8—闸刀；
9—动弧触头；10—绝缘喷嘴；11—主静触头；12—上触座；
13—断路弹簧；14—绝缘拉杆；15—热脱扣器

图 3.10　FN3-10RT 型高压负荷开关的结构

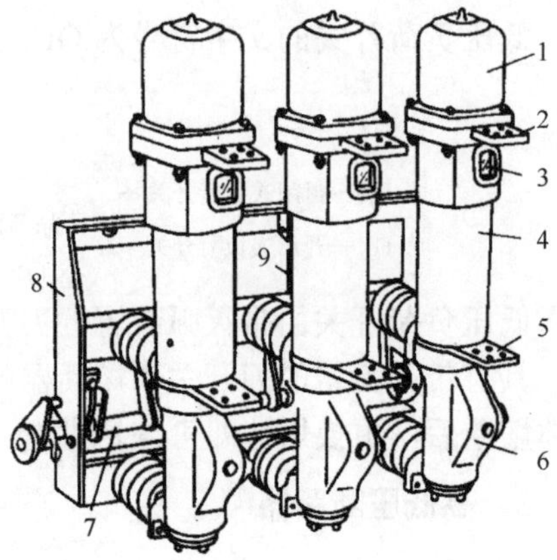

1—铝帽；2—上接线端子；3—油标；4—绝缘筒；
5—下接线端子；6—基座；7—主轴；8—框架；
9—断路弹簧

图 3.11　SN10-10 型高压少油断路器的结构

少油断路器具有质量轻、体积小、节约油和钢材、价格低等优点，但不能频繁操作，用于 6kV～35kV 的室内配电装置。

（2）真空断路器。

利用"真空"（气压为 $10^{-2}～10^{-6}$Pa）作为绝缘和灭弧介质的断路器称为真空断路器。其触头装在真空灭弧室内。由于真空中不存在气体游离的问题，所以这种断路器在触头断开时很难发生电弧。但在感性电路中，灭弧速度过快，瞬间切断电流将使 di/dt 极大，从而使电路出现过电压（$u_L = Ldi/dt$），这对供电系统是很不利的。实际上真空断路器的灭弧室并非绝对的"真空"，在触头断开时，因强电场发射和热电子发射而产生一点"真空电弧"，它能在电流第一次过零时熄灭。

真空断路器的主要部件是真空灭弧室（结构如图 3.12 所示），内装屏蔽罩，起吸收金属蒸气的作用。真空断路器的触头被放置在真空灭弧室内，在触头刚断开时，由于强电场发射和热电子发射而产生一点"真空电弧"，炽热的电弧可使触头表面产生金属蒸气。当电流过零时，电弧暂时熄灭，触头周围的金属离子迅速扩散，凝聚在屏蔽罩内壁上，在电流过零后的极短时间内，触头间隙恢复为原来的高真空，因此真空电弧在电流第一次过零时就能完全熄灭。

真空断路器具有不爆炸、噪声小、体积小、质量小、动作快、寿命长、安全可靠、便于维护检修等优点，但价格较高，主要适用于频繁操作、安全要求较高的场合。

（3）SF₆断路器。

利用SF₆气体作灭弧和绝缘介质的断路器称为SF₆断路器。SF₆是一种无色、无味、无毒且不易燃烧的惰性气体，温度在 150℃以下时，其化学性能相当稳定，而且因SF₆不含氧元素，不存在触头氧化问题。除此之外，SF₆还具有优良的电绝缘性能，在电流过零时，电弧暂时熄灭后，SF₆能迅速恢复绝缘强度，从而使电弧很快熄灭，但在电弧的高温作用下，SF₆会分解出氟气（F_2），具有较强的腐蚀性和毒性，且能与触头的金属蒸气化合为一种具有绝缘性能的白色粉末状氟化物。这些氟化物在电弧熄灭后的极短时间内能自动还原。对残余杂质，可用特殊的吸附剂清除，基本上对人体和设备没有什么危害。

SF₆断路器灭弧室的结构形式有压气式、自能灭弧式（旋弧式、热膨胀式）和混合灭弧式。我国生产的 LN1、LN2 型SF₆断路器采用压气式灭弧结构。图 3.13 为灭弧室工作示意图。

SF₆断路器可配用 CD10 型电磁操动机构或 CT17 型弹簧储能操动机构。

SF₆断路器具有断流能力强、灭弧速度快、电绝缘性能好、检修周期长等优点，适用于需频繁操作及有易燃易爆危险的场合，但要求加工精度高，对其密封性能要求更严格，价格高。

附表 4 列出了部分高压断路器的主要技术数据，供参考。

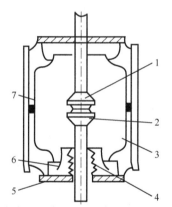

1—静触头；2—动触头；3—屏蔽罩；4—波纹管；
5—与外壳接地的金属法兰盘；6—波纹管屏蔽罩；7—玻壳

图 3.12　真空断路器的真空灭弧室的结构

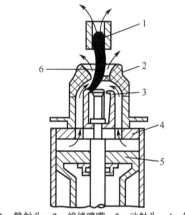

1—静触头；2—绝缘喷嘴；3—动触头；4—气缸；
5—压气活塞；6—电弧

图 3.13　SF₆断路器灭弧室工作示意图

2）低压断路器

低压断路器又称低压自动空气开关，是一种能带负荷通断电路，又能在短路、过负荷、欠电压或失电压的情况下自动跳闸的开关设备。其原理示意图如图 3.14 所示，它由触头、灭弧装置、操动机构和脱扣器等组成。

低压断路器的脱扣器主要有以下几种：

（1）热脱扣器：用于线路或设备的长时间过载保护，当线路电流出现较长时间过载时，金属片受热变形，使断路器跳闸。

（2）过电流脱扣器：用于短路、过负荷保护，当其中电流大于动作电流时自动断开断路器。过电流脱扣器的动作特性有瞬时、短延时和长延时 3 种，其中瞬时和短延时适用于短路保护，长延时适用于过负荷保护，具体保护特性曲线如图 3.15 所示。

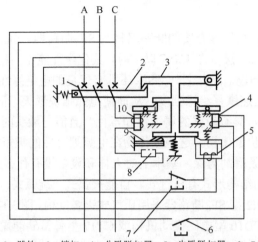

1—主触头；2—跳钩；3—锁扣；4—分励脱扣器；5—失励脱扣器；6、7—脱扣按钮；

8—加热电阻丝；9—热脱扣器；10—过电流脱扣器

图 3.14　低压断路器原理示意图

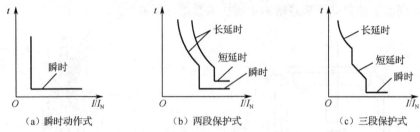

（a）瞬时动作式　　　（b）两段保护式　　　（c）三段保护式

图 3.15　过电流脱扣器保护特性曲线

（3）分励脱扣器：用于远距离跳闸。远距离合闸操作可采用电磁铁或电动储能合闸。

（4）欠电压或失电压脱扣器：用于欠电压或失电压（零压）保护，当电源电压低于定值时自动断开断路器。

断路器的种类很多，按灭弧介质分为空气断路器和真空断路器；按用途分为配电、电动机保护、照明、漏电保护等几类；按结构形式分为万能式（DW 系列）和塑壳式（DZ 系列）两大类；按保护性能分为非选择型和选择型两种。

低压断路器型号的含义如下：

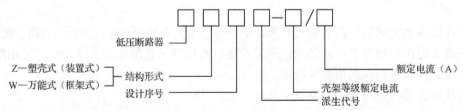

下面重点介绍目前广泛用于生产现场的塑壳式（DZ 系列）和万能式（DW 系列）低压断路器。

（1）塑壳式低压断路器。

塑壳式低压断路器又称装置式自动开关，其所有机构及导电部分都装在塑料壳内，在塑料壳正面中央有操作手柄，手柄有 3 个位置，在壳面中央有分合位置指示。图 3.16 是一种 DZ 型塑壳式低压断路器的剖面图。

- 合闸位置，手柄位于向上位置，断路器处于合闸状态；
- 自由脱扣位置，手柄位于中间位置，只有断路器因故障跳闸后，手柄才会置于中间位置；
- 分闸和再扣位置，手柄位于向下位置，当分闸操作时，手柄被扳到分闸位置，如果断路器因故障使手柄置于中间位置，需将手柄扳到分闸位置（这时称为再扣位置），断路器才能进行合闸操作。

目前常用的塑壳式低压断路器主要有 DZ20、DZ15、DZX10 系列及引进国外技术生产的 H 系列、S060 系列、3VE 系列、TO 系列和 TG 系列。

（2）万能式低压断路器。

万能式低压断路器，因其保护方案和操作方式较多，装设地点灵活，可敞开装设在金属框架上，又称为框架式断路器。图 3.17 是一种 DW 型万能式低压断路器的外形结构图。

正常情况下，可通过手柄操作、杠杆操作、电磁操作等进行合闸。当电路发生短路故障时，过电流脱扣器动作，使开关跳闸；当电路停电时，其失电压脱扣器动作，可使开关跳闸，不致因停电后工作人员离开造成不必要的经济损失。

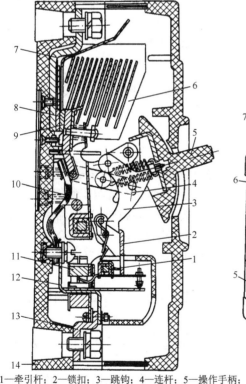

1—牵引杆；2—锁扣；3—跳钩；4—连杆；5—操作手柄；

6—灭弧室；7—引入线和接线端子；8—静触头；

9—动触头；10—可挠连接条；11—电磁脱扣器；

12—热脱扣器；13—引出线和接线端子；14—塑料底座

图 3.16　DZ 型塑壳式低压断路器剖面图

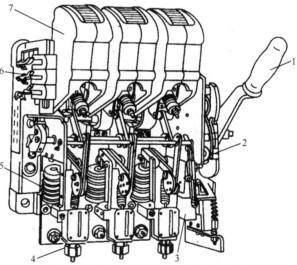

1—操作手柄；2—自由脱扣机构；3—失压脱扣器；

4—过电流脱扣器电流调节螺母；5—过电流脱扣器；

6—辅助触点（联锁触点）；7—灭弧罩

图 3.17　DW 型万能式低压断路器的外形结构图

目前推广应用的万能式低压断路器主要有 DW15、DW16、DW18、DW40、CB11（DW48）、DW914 系列及引进国外技术生产的 ME 系列、AH 系列、AE 系列。其中 DW40、CB11 系列采用智能脱扣器，能够实现微机保护。

附表 9（见附录 A）列出了部分常用低压断路器的主要技术数据，供参考。

3.1.3 电流互感器和电压互感器

电流互感器和电压互感器统称互感器，其实质是一种特殊的变压器，其基本结构和工作原理与变压器基本相同。

互感器主要有以下 3 个作用：

（1）隔离高压电路。互感器的两边没有电的联系，只有磁的联系，可使测量仪表、继电器等二次设备与一次主电路隔离，保证测量仪表、继电器和工作人员的安全。

（2）扩大仪表、继电器等二次设备的应用范围。通过电流互感器，可用小量程（5A 或 1A）的电流表测量很大的电流；通过电压互感器，可用小量程（100V）的电压表测量很高的电压。

（3）使测量仪表和继电器小型化、标准化，并可简化结构，降低成本，有利于批量生产。

电流互感器简称 CT，其文字符号为 TA，单二次绕组电流互感器的图形符号为 ⌀⤰ 。

电压互感器简称 PT，其文字符号为 TV，单相式电压互感器的图形符号为 ⌽ 。

1. 电流互感器

1）工作原理

电流互感器的结构原理如图 3.18 所示。它的一次绕组匝数少且粗，通常是一匝或几匝，有的利用穿过其铁芯的一次电路作为一次绕组（相当于 1 匝）；而二次绕组匝数很多，导体较细。电流互感器的一次绕组串接在一次电路中，二次绕组与仪表、继电器电流线圈串联，形成闭合回路，由于这些电流线圈阻抗很小，工作时电流互感器二次回路接近短路状态。

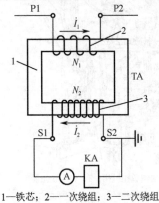

1—铁芯；2—一次绕组；3—二次绕组

图 3.18　电流互感器的结构原理图

电流互感器的电流比称为电流互感器的变比，用 K_i 表示，即

$$K_i = \frac{I_{1N}}{I_{2N}} \approx \frac{N_2}{N_1} \tag{3-1}$$

式中，I_{1N}、I_{2N} 分别为电流互感器一次侧和二次侧的额定电流值，I_{2N} 一般为 5A 或 1A；N_1、N_2 为其一次和二次绕组的匝数。

2）电流互感器的种类和型号

电流互感器的种类很多，按一次电压分为高压和低压两大类；按一次绕组匝数分为单匝式（包括母线式、芯柱式、套管式）和多匝式（包括线圈式、线环式、串级式）；按用途分为测量用和保护用两大类；按准确度分，测量用电流互感器有 0.1、0.2、0.5、1、3 和 5 等级，保护用电流互感器有 5P 和 10P 两级；按绝缘介质类型分为油浸式、环氧树脂浇注式、干式、SF_6 气体绝缘式等。在高压系统中，还采用电压电流组合式互感器。

图 3.19 和图 3.20 分别为户内高压 LQJ-10 型和户内低压 LMZJ1-0.5 型电流互感器结构图。高压电流互感器多制成不同准确度等级（0.5 级和 3 级）的两个铁芯和两个二次绕组，分别接测量仪表和继电器，以满足测量和保护的不同要求。

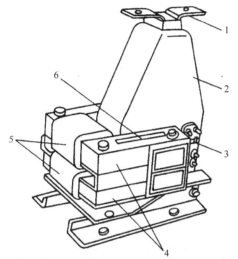

1——一次接线端子；2——一次绕组（树脂浇注）；
3—二次接线端子；4—铁芯；5—二次绕组；6—警示牌

图 3.19 LQJ-10 型电流互感器结构图

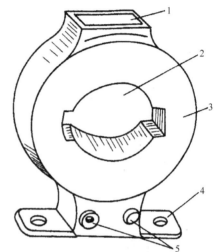

1—铭牌；2——一次母线穿孔；3—铁芯，外绕二次绕组；
4—安装板；5—二次接线端子

图 3.20 LMZJ1-0.5 型电流互感器结构图

电流互感器型号的含义如下：

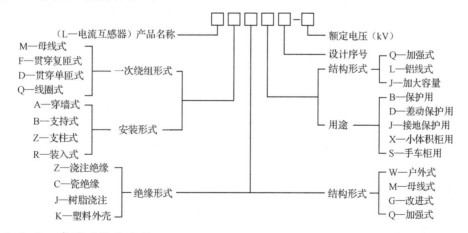

3）电流互感器的接线方式

电流互感器的接线方式如图 3.21 所示。

（1）一相式接线：通常在 B 相安装一只电流互感器，可以测量一相电流，用于三相负荷平衡系统，供测量电流或过负荷保护用，如图 3.21（a）所示。

（2）两相式接线：也称为不完全星形接线，如图 3.21（b）所示。它能测量 3 个相电流，公共线上的电流为 $\dot{I}_a + \dot{I}_c = -\dot{I}_b$，广泛用于中性点不接地系统，测量三相电流、电能及做过电流保护之用。

（3）两相电流差接线：又称为两相一继电器式接线，如图 3.21（c）所示。流过电流继电器线圈的电流为两相电流之差 $\dot{I}_a - \dot{I}_c$，其量值是相电流的 $\sqrt{3}$ 倍。这种接线适用于中性点不接地系统，做过电流保护之用。

（4）三相星形接线：由于每相均装有电流互感器，故能反映各相电流，广泛用于三相不平衡高压或低压系统中，做三相电流、电能测量及过电流保护之用，如图 3.21（d）所示。

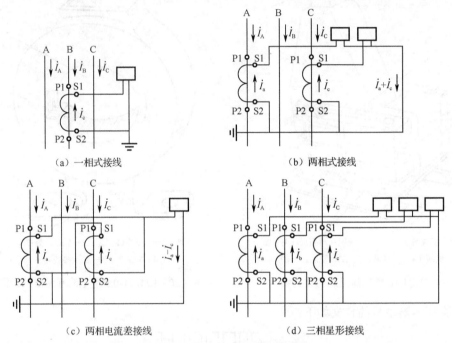

（a）一相式接线　　　　　　　　　　（b）两相式接线

（c）两相电流差接线　　　　　　　　（d）三相星形接线

图 3.21　电流互感器的接线方式

4）电流互感器的使用注意事项

（1）电流互感器在工作时二次侧不得开路。

由于电流互感器二次阻抗很小，正常工作时，二次侧接近短路状态。根据磁势平衡方程式 $\dot{I}_1 N_1 - \dot{I}_2 N_2 = \dot{I}_0 N_1$，励磁电流的值是很小的，即 $I_0 N_1$ 很小。当二次侧开路时 $I_2 = 0$，迫使 $I_0 = I_1$，使 I_0 突然增大几十倍，将会产生以下两种严重后果：

● 电流互感器铁芯由于磁通剧增而产生过多的热量，从而产生剩磁，降低铁芯的准确度；

● 由于电流互感器二次侧匝数较多，可能会感应出较高的电压，危及人身和设备安全。

因此，电流互感器二次侧不允许开路，二次回路接线必须可靠、牢固，不允许在二次回路中接入开关或熔断器。

（2）电流互感器二次侧有一端必须接地。

为了防止一、二次绕组间绝缘击穿时，一次侧高压会窜入二次侧，危及二次设备和人身安全，通常二次侧有一端必须接地。

（3）在电流互感器接线时，必须注意其端子的极性。

按规定，电流互感器一次绕组的 P1 端与二次绕组的 S1 端是同名端。在有两个或三个电流互感器的接线方案中，如两相 V 形接线，通常使一次电流从 P1 端流向 P2 端，则二次电流从 S2 端流向 S1 端，电流互感器的 S2 端作公共端。如果二次侧的接线没有按要求连接，如将其中一个电流互感器的二次绕组接反，则公共线流过的电流就不是 B 相电流，可能使继电保护装置误动作，甚至会使电流表烧坏。

电流互感器与变压器绕组的端子都采用"减极性"标号法，即若将一、二次绕组的一对同名端短接，则另一对同名端两端的电压为两绕组上的电压差。

2．电压互感器

1）工作原理

电压互感器的基本结构原理如图 3.22 所示。一次绕组并联在线路上，一次绕组的匝数较多，二次绕组的匝数较少，相当于降压变压器。二次绕组的额定电压一般为 100V。二次回路中，仪表、继电器的电压线圈与二次绕组并联，这些线圈的阻抗很大，工作时二次绕组近似于开路状态。

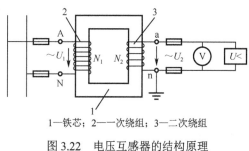

1—铁芯；2—一次绕组；3—二次绕组

图 3.22　电压互感器的结构原理

电压互感器的变比用 K_u 表示：

$$K_u = \frac{U_{1N}}{U_{2N}} \approx \frac{N_1}{N_2} \tag{3-2}$$

式中，U_{1N}、U_{2N} 分别为电压互感器一次绕组和二次绕组的额定电压；N_1、N_2 为一次绕组和二次绕组的匝数。

2）电压互感器的种类和型号

电压互感器按绝缘介质分为油浸式、环氧树脂浇注式两种；按使用场所分为户内式和户外式；按相数分为三相和单相两种；按绕组分为双绕组式和三绕组式。

电压互感器型号的含义如下：

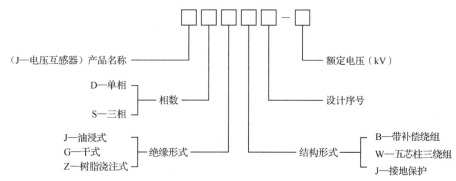

图 3.23 是应用广泛的单相三绕组、户内 JDZJ-10 型电压互感器的结构图，若将其接成图 3.24（d）所示的 $Y_0/Y_0/\angle$ 接线形式，可用于小电流接地系统的电压、电能测量及绝缘监测。

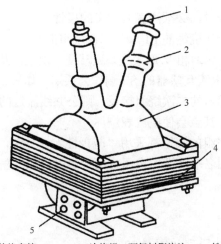

1—一次接线端子；2—高压绝缘套管；3——、二次绕组，环氧树脂浇注；4—铁芯（壳式）；5—二次接线端子

图 3.23　JDZJ-10 型电压互感器的结构图

3）电压互感器的接线方式

（1）一个单相电压互感器的接线如图 3.24（a）所示，供仪表和继电器测量一个线电压。

（2）两个单相电压互感器接成 V/V 形，如图 3.24（b）所示，供仪表和继电器测量 3 个线电压。

（3）三个单相电压互感器接成 Y_0/Y_0 形，如图 3.24（c）所示，供仪表和继电器测量 3 个线电压和相电压。在小电流接地系统中，这种接线方式中测量相电压的电压表应根据线电压选择。

（4）三个单相三绕组电压互感器或一个三相五芯柱式电压互感器接成 $Y_0/Y_0/\angle$ 形，如图 3.24（d）所示。其中一组二次绕组接成 Y_0，供测量 3 个线电压和 3 个相电压；另一组绕组（零序绕组）接成开口三角形，可供测量零序电压，接电压继电器。当线路正常工作时，开口三角形两端的零序电压接近零，而当线路上发生单相接地故障时，开口三角形两端的零序电压接近 100V，使电压继电器动作，发出信号。

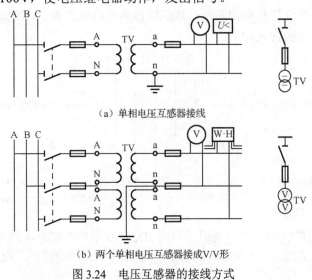

（a）单相电压互感器接线

（b）两个单相电压互感器接成V/V形

图 3.24　电压互感器的接线方式

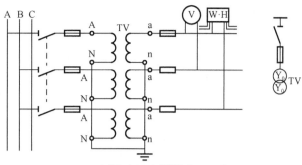

（c）三个单相电压互感器接成Y_0/Y_0形

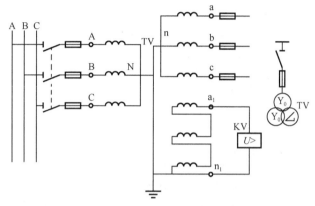

（d）三个单相三绕组电压互感器或一个三相五芯柱式电压互感器接成$Y_0/Y_0/\angle$形

图 3.24 电压互感器的接线方式（续）

4）电压互感器的使用注意事项

（1）电压互感器在工作时，其一、二次侧不得短路。电压互感器一次侧短路时会造成供电线路短路，二次回路中，由于阻抗较大，近于开路状态，发生短路时，有可能造成电压互感器烧毁。因此，电压互感器一、二次侧都必须装设熔断器进行短路保护。

（2）电压互感器二次侧有一端必须接地。这是为了防止一、二次绕组的绝缘击穿时，一次侧的高压窜入二次回路中，危及设备及人身安全。

（3）在电压互感器接线时，必须注意其端子的极性。电压互感器一次绕组（三相）两端分别标成 A、B、C、N，对应的二次绕组同名端分别为 a、b、c、n，单相电压互感器只标 A、N 和 a、n，在接线时，若将其中的一相绕组接反，二次回路中的线电压将发生变化，会造成测量误差和保护装置的动作（或误信号）。

3.1.4 高低压成套配电装置

1. 高压开关柜

高压开关柜是一种高压成套设备，它按一定的线路方案将有关一次设备和二次设备组装在柜内，从而可以节约空间，方便安装，可靠供电，美化环境。

高压开关柜按结构形式可分为固定式、移开式（手车式）两种。固定式开关柜中，GG-1A型已基本淘汰，新产品有 KGN、XGN 系列箱型固定式金属封闭开关柜。移开式开关柜主要的新产品有 JYN 系列、KYN 系列。移开式开关柜中没有隔离开关，因为断路器在移开后能形成断开点，故不需要隔离开关。

高压开关柜按功能不同，可分为馈线柜、电压互感器柜、高压电容器柜（GR-1 型）、电能计量柜（PJ系列）、高压环网柜（HXGN）等。

主要高压开关柜的型号及含义如表 3.3 所示。

表 3.3　主要高压开关柜的型号及含义

型　号	含　义
JYN2-10，35	J—"间"隔式金属封闭；Y—"移"开式；N—户"内"；2—设计序号；10，35—额定电压（kV）
GFC-7B（F）	G—"固"定式；F—"封"闭式；C—手"车"式；7B—设计序号；（F）—防误型
KYN□-10，35	K—金属"铠"装；Y—"移"开式；N—户"内"；□—（内填）设计序号（下同）
KGN-10	K—金属"铠"装；G—"固"定式；其他同上
XGN2-10	X—"箱"型开关柜；G—"固"定式
HXGN□-12Z	H—"环"网柜；其他含义同上；12—最高工作电压为12kV；Z—带真空负荷开关
GR-1	G—高压"固"定式开关柜；R—电"容"器；1—设计序号
PJ1	PJ—电能计量柜（全国统一设计）；1—（整体式）仪表安装方式

开关柜在结构设计上都具有"五防"措施，所谓"五防"即防止误跳、合断路器，防止带负荷拉、合隔离开关，防止带电挂接地线，防止带接地线合隔离开关，防止人员误入带电间隔。

1）KYN 系列高压开关柜

KYN 系列金属铠装移开式开关柜是吸收国内外先进技术，根据国内的实际情况自行设计研制的新一代开关设备。KYN-10 型开关柜由前柜、后柜、继电仪表室、泄压装置 4 部分组成。这 4 部分均为独立组装后栓接而成，开关柜被分隔成手车室、母线室、电缆室、继电仪表室。

因为有"五防"连锁，故只有当断路器处于分闸位置时，手车才能抽出或插入。手车在工作位置时，一次、二次回路都接通；手车在试验位置时，一次回路断开，二次回路仍接通；手车在断开位置时，一次、二次回路都断开。断路器与接地开关有机械连锁，只有断路器处于跳闸位置时，手车抽出，接地开关才能合闸。当接地开关在合闸位置时，手车只能推到试验位置，可有效防止带接地线合闸。当设备损坏或检修时可以随时拉出手车，再推入同类型备用手车，即可恢复供电，因此具有检修方便、安全、供电可靠性高等优点。

2）XGN2-10 型开关柜

XGN2-10 型箱型固定式金属封闭开关柜是一种新型产品，该产品采用 ZN28A-10 系列真空断路器，也可以采用少油断路器，采用了 GN30-10 型旋转式隔离开关，技术性能高，设计新颖。柜内仪表室、母线室、断路器室、电缆室分隔封闭，使之结构更加合理、安全、可靠性高，运行操作及检修维护方便。在柜与柜之间加装了母线隔离套管，避免了一柜故障，波及邻柜。

2. 低压开关柜

低压开关柜又称低压配电屏,是按一定的线路方案将有关低压设备组装在一起的成套配电装置。其结构形式主要有固定式和抽屉式两大类。

抽屉式低压开关柜,适合在额定电压 380V,交流 50Hz 的低压配电系统中用于受电、馈电、照明、电动机控制及功率因数补偿,目前有 GCK1、GCL1、GCJ1、GCS 等系列。抽屉式低压开关柜馈电回路多、体积小、占地少,但结构复杂、加工精度要求高、价格高。

目前国内使用的固定式低压开关柜主要有 PGL1、PGL2、GGL 和 GGD 系列等。GGD 型开关柜是 20 世纪 90 年代的产品,柜体采用通用柜的形式,柜体上、下两端均有不同数量的散热槽孔,使密封的柜体自下而上形成自然通风道,达到散热的目的,具有分断能力强、动热稳定性好、电气接线方案灵活、组合方便、结构新颖及防护等级高等特点,但是价格较为昂贵。

还有一些新产品,如引进国外先进技术生产的开关柜 OMINO 系列及 MNS 型等。

低压开关柜型号的含义如下:

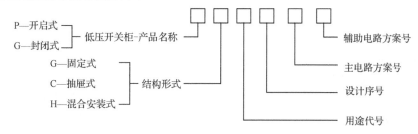

3.1.5　电力变压器

电力变压器的主要功能是升高或降低电压,是工厂供电系统中实现电能输送、电压变换,满足不同电压等级负荷要求的重要设备,其文字符号为 T,图形符号为 ─◯◯─。

1. 电力变压器的结构和型号

电力变压器主要由铁芯和绕组组成,绕组又分为高压和低压或一次和二次绕组。图 3.25 为普通三相油浸式电力变压器的结构图,图 3.26 为环氧树脂浇注绝缘的三相干式变压器的结构图。

变压器型号的含义如下:

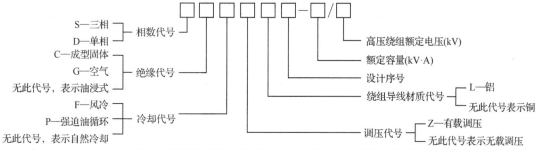

如 S9-1000/10 表示三相铜绕组油浸式(自冷式)变压器,设计序号为 9,容量为 1000kV·A,高压绕组额定电压为 10kV。有关变压器的技术数据参见附表 5。

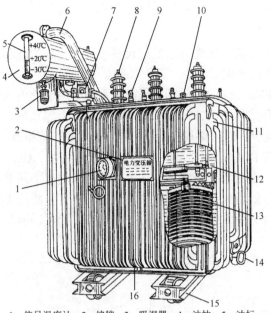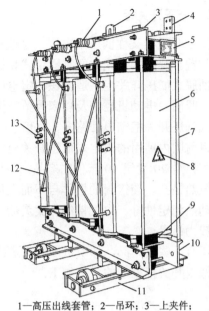

1—信号温度计；2—铭牌；3—吸湿器；4—油枕；5—油标；
6—防爆管；7—气体继电器；8—高压套管和接线端子；
9—低压套管和接线端子；10—分接开关；
11—油箱及散热油管；12—铁芯；13—绕组及绝缘；
14—放油阀；15—小车；16—接地端子

1—高压出线套管；2—吊环；3—上夹件；
4—低压出线接线端子；5—铭牌；6—环氧树脂浇注绝缘绕组；
7—上下夹件拉杆；8—警示标牌；9—铁芯；10—下夹件；
11—小车；12—高压绕组相间连接导杆；
13—高压分接头连接片

图3.25　三相油浸式电力变压器的结构　　图3.26　环氧树脂浇注绝缘的三相干式变压器的结构

2．电力变压器的联结组别

电力变压器的联结组别是指变压器一、二次绕组因采取不同的联结方式而形成变压器一、二次侧对应的线电压之间不同的相位关系。6kV～10kV 配电变压器（二次侧电压为220/380V）有 Yyn0（Y/Y_0-12）和 Dyn11（$\triangle/Y_0-11$）两种常见的联结方式。

近年来，Dyn11 联结的配电变压器开始得到推广应用，与 Yyn0 联结的电力变压器相比，其有如下优点：

（1）Dyn11 联结的变压器，其 $3n$ 次谐波电流在三角形接线的一次绕组内形成环流，不会注入公共的高压电网中，更有利于抑制高次谐波电流；

（2）Dyn11 联结的变压器的零序阻抗比 Yyn0 联结变压器的零序阻抗小得多，从而更有利于低压单相接地短路故障的保护和切除；

（3）Dyn11 联结的变压器承受单相不平衡负荷的能力远比 Yyn0 联结变压器高得多。Yyn0 联结变压器中性线电流一般不超过其二次绕组额定电流的 25%，而 Dyn11 联结变压器的中性线电流允许达到相电流的 75% 以上。

因此，国家标准《供配电系统设计规范》规定，TN 及 TT 系统接地式低压电网中，宜于选用 Dyn11 联结变压器。但在 TN 和 TT 系统中由单相不平衡负荷引起的中性线电流不超过低压绕组额定电流的 25%，且其一相的电流在满载时不致超过额定值时，可选用 Yyn0 联结变压器。

任务 3.2　工厂供电线路

供电线路是工厂供电系统的重要组成部分，担负着输送和分配电能的重要任务。

供电线路按电压等级可以分为高压线路（1kV 以上线路）和低压线路（1kV 及以下线路）；按结构形式可以分为架空线路、电缆线路和户内配电线路等。

3.2.1　高压线路的接线方式

1. 单电源供电方式

单电源供电方式有放射式和树干式两种，这两种接线方式各有优缺点，具体对比情况如表 3.4 所示。

表 3.4　放射式接线和树干式接线对比

名　称	放射式接线	树干式接线
接线图	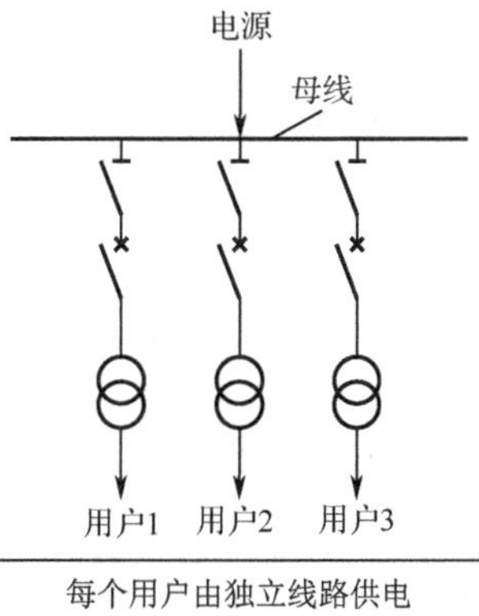	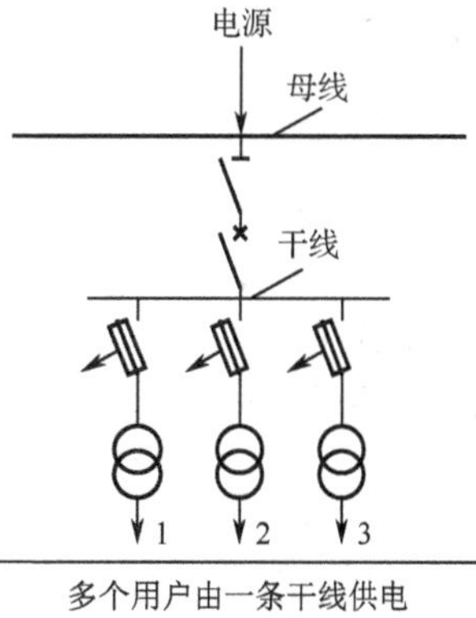
特点	每个用户由独立线路供电	多个用户由一条干线供电
优点	可靠性高，线路故障时只影响一个用户；操作、控制灵活	高压开关设备少，耗用的导线也较少，投资少；增加用户时不必另增加线路
缺点	高压开关设备多，耗用的导线也较多，投资多；增加用户时，需增加较多线路和设备	可靠性低，干线发生故障时全部用户停电；操作、控制不够灵活
适用范围	离供电点较近的大容量用户；供电可靠性要求高的重要用户	离供电点较远的小容量用户；不太重要的用户
提高可靠性的措施	改为双放射式接线，每个用户由两条独立线路供电；或增设公共备用干线	改为双树干式接线，重要用户由两路干线供电；或改为环形供电

2. 双电源供电方式

双电源供电方式有双放射式、双树干式和公共备用干线式等，此种接线方式是对单电源供电方式的补充。

（1）双放射式，即一个用户由两条线路供电，如图 3.27（a）所示。当一条线路故障或失电时，用户可由另一条线路供电，多用于容量大的重要负荷。

（2）双树干式，即一个用户由两条不同电源的树干式线路供电，如图3.27（b）所示。其供电可靠性高于单电源供电的树干式，而投资又低于双电源供电的双放射式，多用于容量不太大、离供电点较远的重要负荷。

（3）公共备用干线式，即各用户由单放射式线路供电，同时从公共备用干线上取得备用电源，如图3.27（c）所示。每个用户都由双电源供电，又能节约投资和有色金属，可用于容量不太大的多个重要负荷。

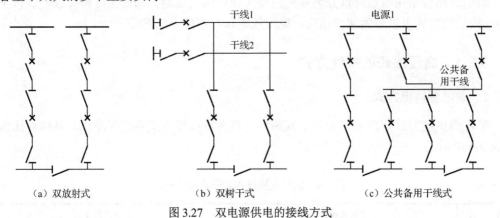

（a）双放射式　　　　　　（b）双树干式　　　　　（c）公共备用干线式

图3.27　双电源供电的接线方式

3．环形供电方式

环形供电方式的实质是两端供电的树干式，高压线路的环形供电方式如图3.28所示。多数环形供电方式采用"开口"运行方式，即环形线路开关是断开的，两条干线分开运行，当任何一段线路故障或检修时，只需经短时间的停电切换，即可恢复供电。环形供电线路适用于允许短时间停电的二、三级负荷供电。环网供电技术在各城市电网中得到广泛应用，具有很好的经济效益。

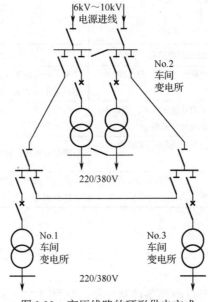

图3.28　高压线路的环形供电方式

总的来说，工厂高压线路的接线应力求简单、可靠。运行经验证明，供电线路如果接线复杂，层次过多，则因误操作和设备故障而产生的事故随之增多，处理事故和恢复供电的操作也比较麻烦，从而延长了停电时间。同时由于环节较多，继电保护装置比较复杂，动作时限相应延长，对供电系统的继电保护十分不利。

此外，高压配电线路应尽可能深入负荷中心，以减少电能损耗和有色金属的消耗量；同时尽量采用架空线路，以节约投资。

3.2.2　低压线路的接线方式

工厂低压线路也有放射式、树干式和环形等几种基本接线方式。

1．放射式接线

图 3.29 所示为低压放射式接线。它的特点是：发生故障时互不影响，供电可靠性较高，但在一般情况下，其有色金属消耗较多，采用开关设备也较多，且系统灵活性较差。这种线路多用于供电可靠性要求较高的车间，特别适用于对大型设备的供电。

2．树干式接线

图 3.30 所示为低压树干式接线。树干式接线的特点正好与放射式相反，其系统灵活性好，采用开关设备少，有色金属消耗也少；但干线发生故障时，影响范围大，所以供电可靠性较低。低压树干式接线在工厂的机械加工车间、机修车间和工具车间中应用相当普遍，因为它比较适用于供电容量小且分布较均匀的用电设备组，如机床、小型加热炉等，如图 3.30（a）所示。

图 3.30（b）所示为变压器-干线式树干式接线。这种接线方式省去了整套低压配电装置，使变电所结构简化、投资降低。

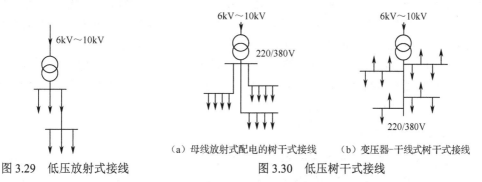

（a）母线放射式配电的树干式接线　　（b）变压器-干线式树干式接线

图 3.29　低压放射式接线　　　　　图 3.30　低压树干式接线

图 3.31 所示为一种变形的树干式接线，即链式接线。链式接线的特点与树干式接线相同，适用于用电设备距供电点较远而彼此相距很近，容量很小的次要用电设备。但用链式接线相连的用电设备，一般不宜超过 5 台，总容量不超过 10kW。

3．环形接线

图 3.32 所示为一台变压器供电的低压环形接线。一个工厂内所有车间变电所的低压侧，都可以通过低压联络线互相接成环形。

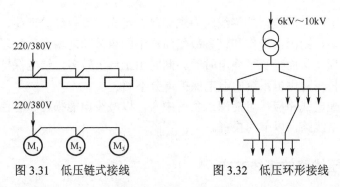

图 3.31　低压链式接线　　　　　图 3.32　低压环形接线

环形接线供电可靠性高，任一段线路发生故障或检修时，都不至于造成供电中断，或者只是暂时中断供电，只要完成切换电源的操作，就能恢复供电。环形供电可使电能损耗和电压损耗减少，既能节约电能，又容易保证电压质量。但其保护装置及其整体配合相当复杂，如配合不当，易发生误动作，扩大故障范围。实际上，低压环形接线通常采取"开口"运行方式。

工厂的低压配电系统的接线方式，往往是几种接线方式的有机组合，依具体情况而定。不过在正常环境的车间或建筑内，当大部分用电设备容量不大且无特殊要求时，宜采用树干式接线，这主要是因为树干式接线较放射式接线经济且有成熟的运行经验。实践证明，低压树干式接线在一般情况下能够满足生产要求。

3.2.3　工厂供电线路的结构与敷设

1. 架空线路的结构与敷设

架空线路是利用电杆架空敷设裸导线的户外线路。其特点是投资少，易于架设，维护和检修方便，易于发现和排除故障，因此过去在工厂中应用比较普遍。但是架空线路直接受大气影响，易遭受雷击和污秽空气的危害，且要占用一定的地面和空间，有碍交通和观瞻，因此其应用受到一定的限制。现代工厂有逐渐减少架空线路、改用电缆线路的趋向。

架空线路一般由导线、电杆、绝缘子和线路金具等组成，具体结构如图 3.33 所示。为了防雷，有些架空线路（35kV 及以上线路）装设了避雷线（架空地线）；为了加强电杆的稳固性，有些电杆安装了拉线或扳桩。

1）架空线路的导线

导线是线路的主体，担负着输送电能的任务。它架设在电杆上边，要承受自身重量和各种外力的作用，且要承受大气中各种有害物质的侵蚀作用，因此导线除了具有良好的导电性，还要具有一定的机械强度和耐腐蚀性，尽可能质轻而价廉。

架空导线一般采用裸导线。截面积 10mm^2 以上的导线都是多股绞合的，称为绞线。工厂里常用的是 LJ 型铝绞线。在机械强度要求较高的 35kV 及以上的架空线路上，多采用 LGJ 型钢芯铝绞线，其截面如图 3.34 所示。其中的钢芯主要承受机械载荷，外围铝线部分用于载流。其型号中的截面积只表示铝线部分的截面积，如 LGJ-120 中 120 表示铝线部分截面积为 120mm^2。

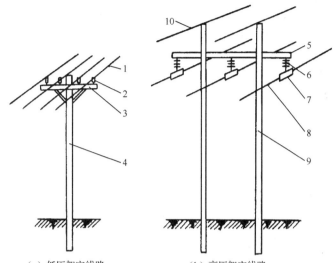

（a）低压架空线路　　　　　（b）高压架空线路

1—低压导线；2—针式绝缘子；3—横担；4—低压电杆；5—横担；6—绝缘子串；

7—线夹；8—高压导线；9—高压电杆；10—避雷线

图 3.33　架空线路的结构

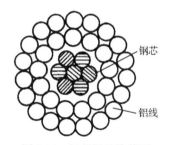

图 3.34　钢芯铝绞线截面

根据机械强度的要求，架空裸导线的最小截面积见附表 13。

对于工厂和城市中 10kV 及以下的架空线路，当安全距离难以满足要求、邻近高层建筑时及在繁华街道或人口密集地区、空气严重污秽地段和建筑施工现场，按国家标准《66kV 及以下架空电力线路设计规范》规定，可采用绝缘导线。

2）电杆、横担和拉线

电杆是支持导线的支柱，是架空线路的重要组成部分。因此，电杆要有足够的机械强度，尽可能经久耐用，价廉，便于搬运和安装。

电杆按材料分为木杆、水泥杆（钢筋混凝土杆）和铁塔。对工厂来说，水泥杆应用最为普遍，因为采用水泥杆可以节约大量的木材和钢材，而且它经久耐用，维护简单，也比较经济。

电杆按其在架空线路中的地位和功能分，有直线杆、分段杆、转角杆、终端杆、跨越杆和分支杆等形式。图 3.35 所示为各种杆型在低压架空线上的应用。

横担安装在电杆的上部，用来安装绝缘子以架设导线。现在工厂里普遍采用的是铁横担和瓷横担。铁横担由角钢制成，10kV 线路多用∟63×6 的角钢，380V 线路多用∟50×5

的角钢。铁横担的机械强度高，应用广泛。瓷横担是我国独创的产品，具有良好的电气绝缘性能，兼有绝缘子和横担的双重功能，能节约大量的木材和钢材，降低线路造价。但瓷横担机械强度较低，一般仅用于较小截面导线的架空敷设。图3.36所示是高压电杆上安装的瓷横担。

有些电杆上还有拉线，拉线的目的是平衡电杆各方面的作用力，并抵抗风压以防止电杆倾倒。拉线一般采用镀锌钢绞线，依靠花篮螺钉来调节拉力。

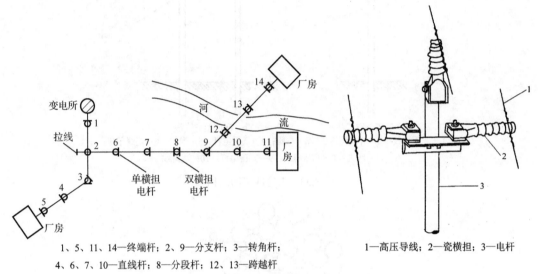

1、5、11、14—终端杆；2、9—分支杆；3—转角杆；
4、6、7、10—直线杆；8—分段杆；12、13—跨越杆

图3.35　各种杆型在低压架空线上的应用

1—高压导线；2—瓷横担；3—电杆

图3.36　高压电杆上安装的瓷横担

3）线路绝缘子和金具

线路绝缘子又称瓷瓶，用来将导线固定在电杆上，并使导线与电杆绝缘。因此要求绝缘子既具有一定的电气绝缘强度，又具有足够的机械强度。线路绝缘子按电压高低分为低压绝缘子和高压绝缘子两类。图3.37所示是几种高压线路绝缘子。

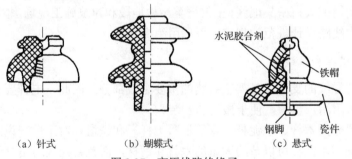

（a）针式　　　　　（b）蝴蝶式　　　　　（c）悬式

图3.37　高压线路绝缘子

线路金具是用来连接导线、安装横担和绝缘子等的金属附件，包括安装针式绝缘子的直脚和弯脚，安装蝴蝶式绝缘子的穿芯螺钉，将横担或拉线固定在电杆上的U形抱箍，调节拉线松紧度的花篮螺钉，以及悬式绝缘子串的挂环、挂板和线夹等。线路金具外形如图3.38所示。

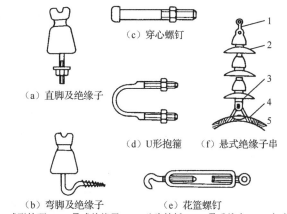

（a）直脚及绝缘子　（c）穿心螺钉

（b）弯脚及绝缘子　（d）U 形抱箍　（f）悬式绝缘子串　（e）花篮螺钉

1—球形挂环；2—悬式绝缘子；3—碗头挂板；4—悬垂线夹；5—架空导线

图 3.38　线路金具外形

4）架空线路的敷设

敷设架空线路，要严格遵守有关技术规程的规定。要重视安全教育，在整个施工过程中，应采取有效的安全措施，特别是立杆、组装和架线时，更要注意人身安全，防止发生事故。竣工后要按照规定的手续和要求进行检查和验收，确保工程质量。

选择架空线路路径时，应考虑以下原则：

（1）路径要短，转角尽量少。尽量减少与其他设施交叉，当与其他架空线路或弱电线路交叉时，其间距及交叉点或交叉角应符合国家标准《66kV 及以下架空电力线路设计规范》规定。

（2）尽量避开河洼和雨水冲刷地带、不良地质地区及易燃、易爆等危险场所。

（3）不应引起机耕、交通和人行困难。

（4）不宜跨越房屋，应与建筑物保持一定的安全距离。

（5）应与工厂和城镇的总体规划协调配合，并适当考虑今后的发展。

导线在电杆上的排列方式如图 3.39 所示，有水平排列 [图（a）、图（f）]，三角形排列 [图（b）、图（c）]，也可水平、三角形混合排列 [图（d）] 及双回路垂直排列 [图（e）]。对三相四线制低压架空线路的导线，一般采用水平排列。由于中性线电位在三相均衡时为零，且其截面一般较小，机械强度较差，所以中性线一般架设在靠近电杆的位置。电压不同的线路同杆架设时，电压较高的线路应架设在上边，电压较低的线路应架设在下边。

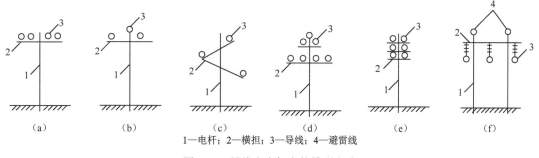

（a）　　　（b）　　　（c）　　　（d）　　　（e）　　　（f）

1—电杆；2—横担；3—导线；4—避雷线

图 3.39　导线在电杆上的排列方式

架空线路的档距又称跨距，指同一线路上相邻两根电杆之间的水平距离；架空线路的弧垂又称弛垂，指一个档距内导线最低点与两端电杆上导线悬挂点之间的垂直距离；具体情况如图 3.40 所示。

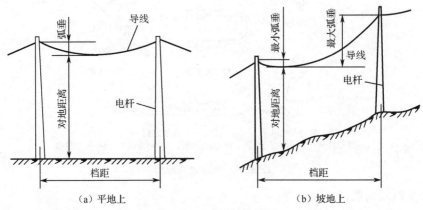

（a）平地上　　　　　　　　　　　（b）坡地上

图 3.40　架空线路的档距和弧垂

导线的弧垂是由于导线存在荷重形成的。弧垂不宜过大，也不宜过小。弧垂过大则在导线摆动时易引起相间短路，而且造成导线对地或对其他物体的安全距离不够；弧垂过小则使导线内应力过大，天冷时可能使导线收缩绷断。

架空线路的线间距离、档距、导线对地面和水面的最小距离、架空线路与各种设施接近和交叉的最小距离等，必须遵循国家标准《66kV 及以下架空电力线路设计规范》等规程中的规定。

2．电缆的结构与敷设

电缆线路是利用电力电缆敷设的线路。与架空线路相比，电缆线路具有成本高、不便维修、不易发现和排除故障等缺点，但是电缆线路具有运行可靠、不易受外界影响、不需要架设电杆、不占地面、不碍观瞻等优点，特别是在有腐蚀性气体和易燃易爆场所，不宜架设架空线路时，只能敷设电缆线路。在现代化工厂和城市中，电缆线路得到了广泛的应用。

1）电缆和电缆头

电缆是一种特殊结构的导线，主要由线芯、绝缘层和保护层三部分组成。

线芯要有好的导电性，一般由多根铜线或铝线绞合而成。

绝缘层用于相间及对地的绝缘，其材料随电缆种类不同而异。例如，油浸纸绝缘电缆以油浸纸作为绝缘层，塑料电缆以聚氯乙烯或交联聚乙烯作为绝缘层。

保护层又可分为内护层和外护层两部分，内护层直接用来保护绝缘层，常用的材料有铅、铝和塑料等。外护层用以保护内护层免受机械损伤和腐蚀，通常为由钢丝或钢带构成的钢铠，外覆沥青、麻被或塑料护套。

电缆头包括电缆中间接头和电缆终端头。按使用的绝缘材料或填充材料，电缆头可分为填充电缆胶的电缆头、环氧树脂浇注的电缆头、缠包式电缆头和热缩材料电缆头等。热缩材料电缆头由于具有操作简便、价格低廉和性能良好等优点而在现代电缆工程中得到推广应用。电缆头是电缆线路的薄弱环节，电缆线路的大部分故障都发生在电缆接头处。若电缆头本身存在缺陷或安装质量有问题，往往造成短路故障，因此在施工和运行中要由专业人员进行操作。

电缆的种类很多，按缆芯材料分为铜芯电缆和铝芯电缆；按绝缘材料可分为油浸纸绝缘电缆（见图 3.41）和塑料绝缘电缆，塑料绝缘电缆包括聚氯乙烯绝缘及护套电缆和交联聚乙烯绝缘聚氯乙烯护套电缆（见图 3.42），还有正在发展中的低温电缆和超导电缆。

油浸纸绝缘电缆具有耐压强度高、耐热性能好和使用方便等优点，但因为其内部有油，所以对其两端安装的高度差有一定的限制。塑料绝缘电缆具有结构简单、制造加工方便、质量较小、敷设安装方便、不受敷设高度限制以及耐酸碱腐蚀等优点。交联聚乙烯绝缘聚氯乙烯护套电缆电气性能更优异，因此在工厂供电系统中有逐步取代油浸纸绝缘电缆的趋势。

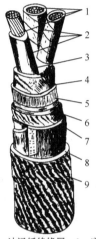

1—缆芯；2—油浸纸绝缘层；3—麻筋（填料）；
4—油浸纸（统包绝缘）；5—铅包；6—涂沥青的纸带（内护层）；
7—浸沥青的麻被（内护层）；8—钢铠（外护层）；9—麻被（外护层）

1—缆芯；2—交联聚乙烯绝缘层；
3—聚氯乙烯护套（内护层）；4—钢铠或铅铠（外护层）；
5—聚氯乙烯外套（外护层）

图 3.41　油浸纸绝缘电缆　　　　　图 3.42　交联聚乙烯绝缘聚氯乙烯护套电缆

电缆型号的含义如下：

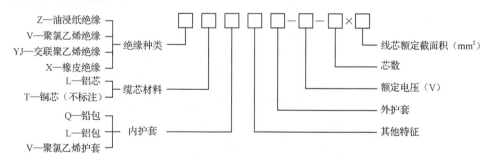

2）电缆的敷设

选择电缆敷设路径时，应考虑以下原则：

（1）避免电缆遭受机械外力、过热、腐蚀等的危害；

（2）在满足安全要求的条件下应使电缆较短；

（3）便于敷设和维护；

（4）避开将要挖掘施工的地方。

工厂中常用电缆的敷设方式有直接埋地敷设（见图3.43）、电缆沟内敷设（见图3.44）、电缆桥架（见图3.45）。而在发电厂、大型工厂和现代化城市中，还有的采用电缆排管（见图3.46）和电缆隧道（见图3.47）等敷设方式。

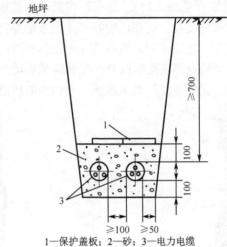

1—保护盖板；2—砂；3—电力电缆

图3.43　电缆直接埋地敷设

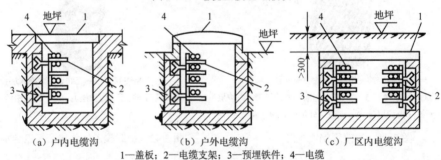

（a）户内电缆沟　　　　　（b）户外电缆沟　　　　　（c）厂区内电缆沟

1—盖板；2—电缆支架；3—预埋铁件；4—电缆

图3.44　电缆在电缆沟内敷设

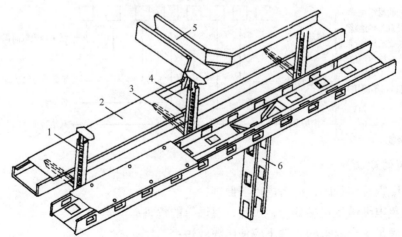

1—支架；2—盖板；3—支臂；4—线槽；5—水平分支线槽；6—垂直分支线槽

图3.45　电缆桥架

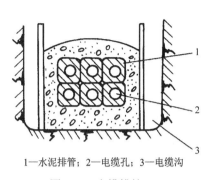

1—水泥排管；2—电缆孔；3—电缆沟　　　　　　1—电缆；2—支架；3—维护走廊；4—照明灯具

图 3.46　电缆排管　　　　　　　　　　　　　图 3.47　电缆隧道

实际敷设电缆时，一定严格遵守有关技术规程的规定和设计的要求。竣工以后，要按规定的手续和要求进行检查和验收，确保线路的质量。部分重要的技术要求如下：

（1）电缆长度宜按实际长度，考虑增加 5%～10% 的裕量，以供安装、检修时使用。直接埋设电缆应进行波浪形埋设。

（2）下列场合非铠装电缆应采取穿管保护：电缆引入或引出建筑物或构筑物；电缆穿过楼板及主要墙壁处；从电缆沟道引出至电杆，或沿墙敷设的电缆距地面 2m 及埋入地下深度小于 0.3m 的一段；电缆与道路、铁路交叉的一段。所用保护管的内径不得小于电缆外径或多根电缆包络外径的 1.5 倍。

（3）多根电缆敷设在同一通道中位于同侧的多层支架上时，应满足下列敷设要求：

a. 按电力电缆（电压等级由高至低）、控制和信号电缆（强电至弱电）、通信电缆的顺序排列；

b. 支架层数受通道空间限制时，35kV 及以下的相邻电压等级的电力电缆可排列在同一层支架上，1kV 及以下的电力电缆也可与强电控制和信号电缆配置在同一层支架上；

c. 同一重要回路的工作与备用电缆实行耐火分隔时，宜适当配置在不同层次的支架上。

（4）明敷的电缆不宜平行敷设于热力管道上部。电缆与管道之间无隔板防护时，相互间距应符合表 3.5 所列的允许距离（根据国家标准《电力工程电缆设计标准》的规定）。

表 3.5　电缆与管道的允许间距　　　　　　　　　　　单位：mm

电缆和管道之间走向		电 力 电 缆	控制和信号电缆
热力管道	平行	1000	500
	交叉	500	250
其他管道	平行	150	100

（5）电缆应远离爆炸性气体释放源。

（6）电缆沿输送易燃气体的管道敷设时，应配置在危险程度较低的管道一侧。

（7）电缆沟的结构应考虑防火和防水。

（8）直埋敷设于非冻土地的电缆，其外皮至地下构筑物基础的距离不得小于 0.3m；至地面的距离不得小于 0.7m；当位于车行道或耕地的下方时，应适当加深，且不得小于 1m。电缆直埋于冻土地时，宜埋入冻土层以下。直埋敷设的电缆，严禁位于地下管道的正上方或正下方。在腐蚀性土壤中，电缆不宜直埋敷设。

（9）电缆的金属外皮、金属电缆头及保护钢管和金属支架等，均应可靠接地。

3．车间线路的结构与敷设

车间供电线路一般采用交流 220/380V、中性点直接接地的三相四线制供电系统，包括室内配电线路和室外配电线路。室内（车间内）配电线路的干线采用裸导线或绝缘导线，特殊情况下采用电缆；室外配电线路指沿车间外墙或屋檐敷设的低压配电线路，均采用绝缘导线，也包括车间之间短距离的低压架空线路。

绝缘导线按线芯材料分为铜芯和铝芯两种，根据"节约用铜，以铝代铜"的原则，一般优先选用铝芯导线。但在易燃、易爆或其他特殊要求的场所，应采用铜芯绝缘导线。

绝缘导线按外皮的绝缘材料分为橡皮绝缘和塑料绝缘两种。塑料绝缘导线绝缘性能良好，耐油和酸碱腐蚀，价格较低，在户内明敷或穿管敷设时可取代橡皮绝缘导线；但其在高温时易软化，在低温时变硬变脆，故不宜在户外使用。

车间内常用的裸导线为 LMY 型硬铝母线，在干燥、无腐蚀性气体的高大厂房内，当工作电流较大时，可采用 LMY 型硬铝母线作为载流干线。按规定裸导线 A、B、C 三相涂漆的颜色分别对应黄色、绿色和红色，N 线、PEN 线为淡蓝色，PE 线为黄绿双色。

车间内的吊车滑触线通常采用角钢，但新型安全滑触线的载流导体为铜排，且外面有保护罩。

车间配电线路中还有一种封闭型母线，适用于设备布置均匀紧凑而又需要经常调整位置的场合。

车间常用电力线路敷设方式示意图如图 3.48 所示。

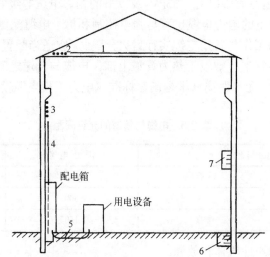

1—沿屋架横向明敷；2—跨屋架纵向明敷；3—沿墙或柱明敷；4—穿管明敷；
5—地下穿管暗敷；6—地沟内敷设；7—封闭型母线（插接式母线）

图 3.48　车间常用电力线路敷设方式示意图

车间电力线路在敷设过程中还要满足下面的安全要求：

（1）与地面的距离小于 3.5m 的电力线路应采用绝缘导线，与地面的距离大于 3.5m 的电力线路允许采用裸导线；

（2）与地面的距离小于 2m 的导线必须加机械保护，如穿钢管或穿硬塑料管保护；

（3）根据机械强度的要求，绝缘导线的芯线截面积应不小于附表 14 所列数值；

（4）车间电力线路的敷设方式应根据环境条件和敷设要求确定。

4．车间动力电气平面布线图

电气平面布线图就是指在建筑平面图形上，应用国家标准规定的有关图形符号和文字符号，按照电气设备的安装位置及电气线路的敷设方式、部位和路径绘制的电气布置图。而车间动力电气平面布线图是表示供电系统对车间动力设备配电的电气平面布线图。

图 3.49 是某机械加工车间局部动力电气平面布线图。

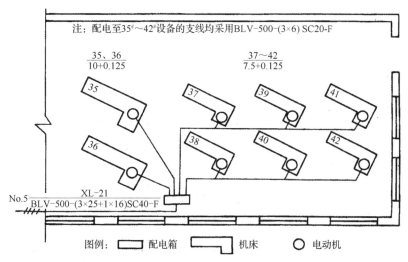

图 3.49　机械加工车间局部动力电气平面布线图

由图 3.49 可以看出，电气平面布线图上必须表示所有用电设备的位置，依次对设备编号，并注明设备的容量。按住房和城乡建设部发布的国家建筑标准设计图集《建筑电气工程设计常用图形和文字符号》规定，用电设备标注的格式为

$$\frac{a}{b} \qquad (3-3)$$

式中，a 为设备编号或设备位置号；b 为设备的额定容量（kW 或 kV·A）。

在电气平面布线图上，还必须标注出所有配电设备的位置，同样要依次编号，并标注其型号规格。按上述标准设计图集的规定，电气箱（柜、屏）标注的格式为

$$-a+b/c \qquad (3-4)$$

式中，a 为设备种类代号；b 为设备安装位置的位置代号；c 为设备型号。例：-AP1+1·B6/XL21-15，其中-AP1 为动力配电箱种类代号，+1·B6 为位置代号，即安装位置在一层 B、6 轴线，型号为 XL21-15。

配电线路标注的格式为

$$a \ b - c(d \times e + f \times g + \text{PE}h)i - jk \qquad (3\text{-}5)$$

式中，a 为电缆编号；b 为电缆型号；c 为并联电缆或线管根数（单根电缆或单根线管则省略）；d 为相线根数；e 为相线截面积（mm^2）；f 为 N 线或 PEN 线根数；g 为 N 线或 PEN 线截面积（mm^2）；h 为 PE 线截面积（mm^2，无单独 PE 线则省略）；i 为线缆敷设方式代号（见表 3.6）；j 为线缆敷设部位代号（见表 3.6）；k 为线缆敷设高度（m）。例：WP301VV-0.6/1kV-2（3×150+1×70+PE70）SC80-WS3.5，表示电缆编号为 WP301；电缆型号为 VV-0.6/1kV；2 根电缆并联；每根电缆有 3 根相线芯，截面积为 $150mm^2$，有 1 根中性线芯，截面积为 $70mm^2$，另有 1 根保护线芯，截面积也为 $70mm^2$；敷设方式为穿焊接钢管敷设，管内径为 80mm，沿墙面明敷，电缆敷设高度为 3.5m。

表 3.6　线路敷设方式和敷设部位的标注代号

序　号	名　　称	新 代 号	旧 代 号
1	线路敷设方式的标注		
1.1	穿焊接钢管敷设	SC	G
1.2	穿电线管敷设	MT	DG
1.3	穿硬塑料管敷设	PC	VG
1.4	穿阻燃半硬聚氯乙烯管敷设	FPC	—
1.5	电缆桥架敷设	CT	QJ
1.6	金属线槽敷设	MR	JC
1.7	塑料线槽敷设	PR	VC
1.8	用钢索敷设	M	S
1.9	穿聚氯乙烯塑料波纹电线管敷设	KPC	—
1.10	穿金属软管敷设	CP	JR
1.11	直接埋设	DB	—
1.12	电缆沟敷设	TC	LG
1.13	混凝土排管敷设	CE	PG
2	线路敷设部位的标注		
2.1	沿梁或跨梁（屋架）敷设	AB	LM
2.2	暗敷在梁内	BC	LA
2.3	沿柱或跨柱敷设	AC	ZM
2.4	暗敷在柱内	CLC	ZA
2.5	沿墙面敷设	WS	QM
2.6	暗敷在墙内	WC	QA
2.7	沿天棚或顶板面敷设	CE	PM
2.8	暗敷在屋面或顶板内	CC	PA
2.9	吊顶内敷设	SCE	DD
2.10	地板或地面下敷设	F	DA

任务 3.3 工厂变配电所的主接线

工厂变配电所的电路图，按功能可分为以下两种：一种是表示变配电所的电能输送和分配路线的电路图，称为主电路图或一次电路图；另一种是表示用来控制、指示、测量和保护主电路（一次电路）及其设备运行的电路图，称为二次电路图或二次回路图。二次回路是通过互感器与主电路相联系的。

对工厂变配电所主接线有下列基本要求：

（1）安全性：要符合国家标准和有关技术规范的要求，能充分保证人身和设备的安全。例如，在高压断路器的电源侧及可能反馈电能的负荷侧，必须装设高压隔离开关等。

（2）可靠性：要满足各级电力负荷对供电可靠性的要求。

（3）灵活性：能适应系统所需要的各种运行方式，便于操作维护，并能适应负荷的发展，有扩充改建的可能性。

（4）经济性：在满足以上要求的前提下，尽量使主接线简单，投资少，运行费用低，并节约电能和有色金属消耗量。例如，应选用技术先进、经济适用的节能产品等。

3.3.1 车间（或小型工厂）变电所的主接线方案

车间（或小型工厂）变电所是将高压 6kV～10kV 降为一般用电设备所需低压（如220/380V）的终端变电所。这类变电所主接线比较简单，高压侧主接线方案分两种情况，一种情况为有工厂总降压变电所或高压配电所的车间变电所，其高压侧的开关电器、保护装置和测量仪表等，通常安装在高压配电线路的首端，即总降压变电所或高压配电所的6kV～10kV 配电室内，而车间变电所的高压侧可不装开关设备，或只装简单的隔离开关、熔断器或避雷器等，如图 3.50 所示。从图 3.50 可以看出，凡是高压架空进线，均需装设避雷器以防雷电波沿架空线侵入变电所毁坏变压器及其他设备的绝缘。

另一种情况为工厂内无总降压变电所或配电所，其车间变电所即工厂降压变电所，此时高压侧必须配置足够的开关设备。

电力变压器发生故障时，需要迅速切断电源，因此应采用快速切断电源的保护装置。对于较小容量的变压器，只要运行操作符合要求，可以优先采用简单经济的熔断器保护。

下面介绍小型工厂变电所的几种常用的主接线方案（注意：未绘出计量柜主电路）。

1. 只装有一台主变压器的小型变电所主接线图

根据其高压侧所用开关电器的不同，有以下三种典型的主接线方案：

（1）高压侧采用隔离开关-熔断器或跌开式熔断器，其变电所主接线图如图 3.50 中的(c)、(d)、(e)、(g)所示，它们均采用熔断器来进行变电所的短路保护。由于隔离开关和跌开式熔断器切断空载变压器容量的限制，一般只用于 500kV·A 及以下容量的变压器。这类主接线方案简单经济，但供电可靠性不高，适用于三级负荷的小容量变电所。

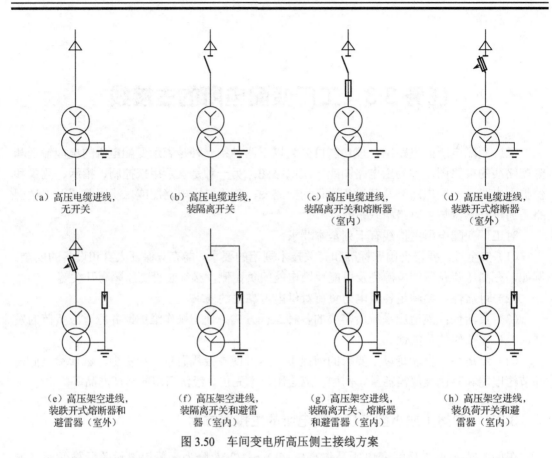

（a）高压电缆进线，
无开关

（b）高压电缆进线，
装隔离开关

（c）高压电缆进线，
装隔离开关和熔断器
（室内）

（d）高压电缆进线，
装跌开式熔断器
（室外）

（e）高压架空进线，
装跌开式熔断器和
避雷器（室外）

（f）高压架空进线，
装隔离开关和避雷
器（室内）

（g）高压架空进线，
装隔离开关、熔断器
和避雷器（室内）

（h）高压架空进线，
装负荷开关和避
雷器（室内）

图 3.50　车间变电所高压侧主接线方案

（2）高压侧采用负荷开关和熔断器，其变电所主接线图如图 3.51 所示。由于负荷开关能带负荷操作，故变电所停电和送电的操作较为灵活简便。现在有一种环网柜，内装新型高压熔断器和负荷开关，它能可靠地保护变压器，并能方便地实现环形接线，从而大大提高供电的可靠性。

（3）高压侧采用隔离开关和断路器，其变电所主接线图如图 3.52 所示。由于采用了高压断路器，变压器的切换操作非常灵活方便。在短路和过负荷时继电保护装置能实现自动跳闸，而在短路故障和过负荷情况消除后，又可直接迅速合闸，从而使恢复供电的时间大大缩短。

2．装有两台主变压器的小型变电所主接线图

（1）高压侧无母线、低压侧单母线分段的变电所主接线图（见图 3.53）。当任一主变压器或任一电源线停电检修或发生故障时，通过倒闸操作闭合低压母线分段开关 QF5，即可恢复供电，因而具有较高的供电可靠性。

（2）高压侧采用单母线、低压侧单母线分段的变电所主接线图（见图 3.54）。这种主接线适用于装有两台及以上主变压器或具有多路高压出线的变电所。当任一台变压器检修或发生故障时，通过切换操作，仍能很快恢复供电。

（3）高、低压侧均为单母线分段的变电所主接线图（见图 3.55）。这种主接线的两段高压母线在正常时可以接通运行，也可以分段运行。当发生故障时，通过切换，可切除故障部分，恢复对整个变电所供电，因此供电可靠性很高，可为一、二级负荷供电。

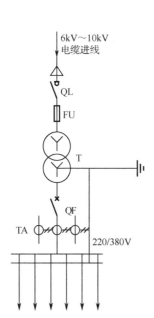

图 3.51　高压侧采用负荷开关和熔断器
　　　　　的变电所主接线图

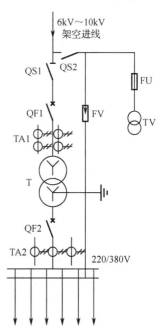

图 3.52　高压侧采用隔离开关和
　　　　　断路器的变电所主接线图

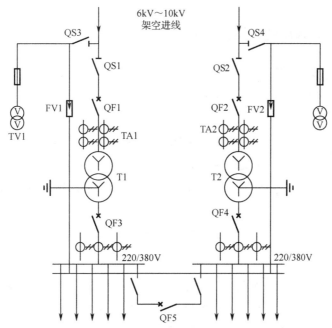

图 3.53　高压侧无母线、低压侧单母线分段的变电所主接线图

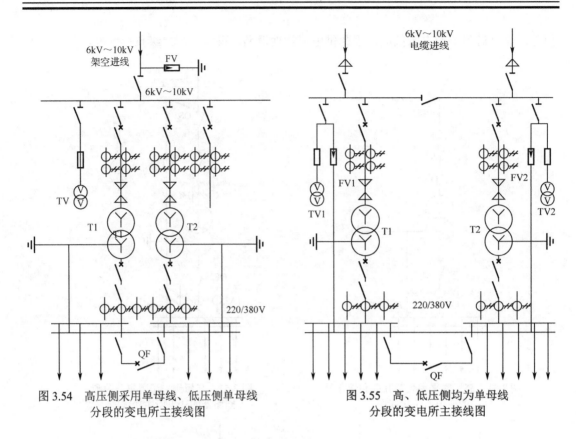

图 3.54　高压侧采用单母线、低压侧单母线
　　　　　分段的变电所主接线图

图 3.55　高、低压侧均为单母线
　　　　　分段的变电所主接线图

3.3.2　工厂总降压变电所的主接线图

电源进线电压为 35kV 及以上的大中型工厂，一般需两级降压，即先经总降压变电所将电压降为 6kV～10kV 的高压配电电压，然后经车间变电所降为一般低压用电设备所需的电压（如 220/380V）。

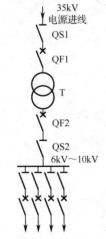

图 3.56　单台变压器的总
　　　　　降压变电所主接线图

1. 单台变压器的总降压变电所主接线图

如图 3.56 所示，这种主接线的一次侧无母线，二次侧为单母线。其特点是简单经济，但供电可靠性不高，只适于为三级负荷供电。

2. 两台主变压器的总降压变电所主接线图

当负荷在数千千伏安以上，且具有大量重要负荷时，通常采用双电源两台主变压器的总降压变电所，其主接线图如图 3.57 所示。

这种双电源两台主变压器的总降压变电所，其电源侧通常采用桥式接线，即在两路电源进线之间跨接一个开关 QF10（其两侧有隔离开关 QS101、QS102），犹如一座桥梁。这样增加投资不多，却可以大大提高供电的灵活性和可靠性，可适用于一、二级负荷的工厂。桥式接线分外桥式与内桥式两种。

（1）外桥式接线［见图 3.57（a）］的运行操作：如果要停用主变压器 T1，只要断开

QF11 和 QF21 即可。如果要停用主变压器 T2，只要断开 QF12 和 QF22 即可，操作均较简便。如果要检修电源进线 WL1，则需先断开 QF11 和 QF10，然后断开 QS111，再合上 QF11 和 QF10，使两台主变压器均由电源进线 WL2 供电，显然操作比较麻烦。

因此，外桥式接线多用于电源线路较短、故障和检修次数较少而降压变电所负荷变动较大、适于经济运行、需要经常切换的总降压变电所。

（2）内桥式接线［见图 3.57（b）］的运行操作：如果电源进线 WL2 失电或正在检修，只要断开 QF12 和 QS122、QS121，然后合上 QF10（其两侧的 QS 应先合上），即可使两台主变压器均由电源进线 WL1 供电，操作比较简便。如果要停用变压器 T2，则需要先断开 QF12 和 QF22 及 QF10，然后断开 QF123、QS221，再合上 QF12 和 QF10，使变压器 T1 仍可由两路电源进线供电，显然操作比较麻烦。

因此，内桥式接线多用于电源线路较长、故障和检修次数较多而主变压器不需要经常切换的总降压变电所。

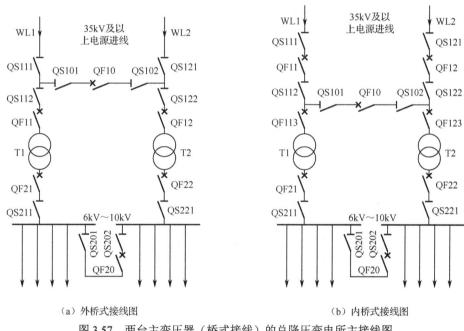

（a）外桥式接线图   （b）内桥式接线图

图 3.57 两台主变压器（桥式接线）的总降压变电所主接线图

3.3.3 电气主接线典型实例

高压配电所担负着从电力系统受电并向各车间变电所及某些高压用电设备配电的任务。

图 3.58 是图 1.2 所示高压配电所及其附设 2 号车间变电所的主接线图。下面对此图进行分析。

1. 电源进线

该配电所有两路 10kV 电源进线，一路架空进线 WL1，另一路电缆进线 WL2。最常见的进线方案是一路电源来自发电厂或电力系统变电站，作为正常工作电源；另一路电源则来自邻近单位的高压联络线，作为备用电源。

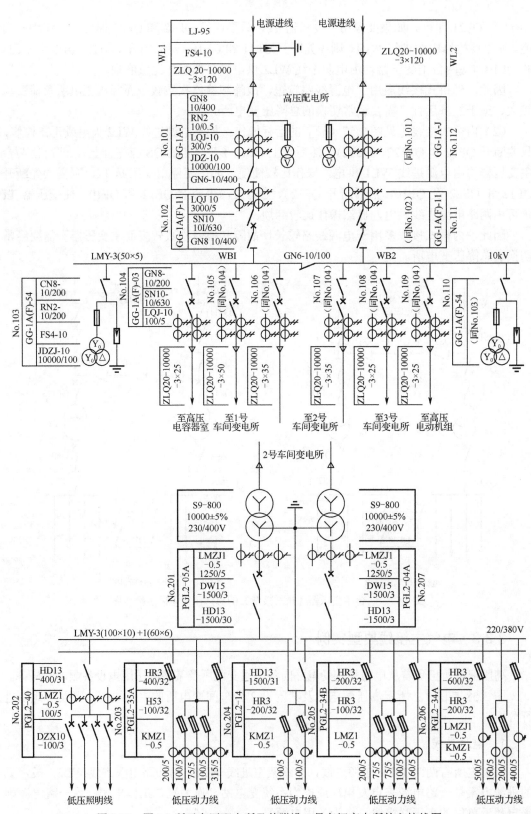

图 3.58　图 1.2 所示高压配电所及其附设 2 号车间变电所的主接线图

根据国家有关规定，在电源进线处各装设一台 GG-1A-J 型电能计量柜（No.101 和 No.112），其中的电压互感器和电流互感器只用来连接计费的电能表。

装设进线断路器高压开关柜（No.102 和 No.111），因需与计量柜相连，因此采用 GG-1A（F）-11 型。由于电源进线采用高压断路器控制，便于切换操作，并可配以继电保护和自动装置，故该配电所供电可靠性大大提高。

2．母线

母线又称为汇流排，是配电装置中用来汇集和分配电能的导体。

高压配电所的母线，通常采用单母线制。如果是两路或以上电源进线，采用单母线分段制。这里高、低压侧母线都采用单母线分段制。高压母线采用隔离开关分段，分段隔离开关可安装在墙上，也可采用专门的分段柜（也称联络柜）。

图 3.58 所示高压配电所通常采用一路电源工作，另一路电源备用的运行方式，即母线分段开关通常闭合，两段母线并列运行。当工作电源失电时，可手动或自动地投入备用电源，恢复整个变电所的供电。如果安装设备采用电源投入装置（APD），则供电可靠性更高。为了测量、监视、保护和控制主电路设备，每段母线上接有电压互感器，进线和出线上均串接有电流互感器。图 3.58 中的高压电流互感器均有两个二次绕组，其中一个接测量仪表，另一个接继电保护装置。为了防止雷电过电压侵入变配电所时击毁其中的电气设备，各段母线上都装有避雷器。避雷器和电压互感器同装在一个高压柜内，且共用一组高压隔离开关。

3．高压配电出线

该配电所共有六路高压出线，其中至 2 号车间变电所的两条出线分别来自两段母线。由于配电出线为高压母线侧来电，因此需在断路器的母线侧装设隔离开关，相应高压柜的型号为 GG-1A（F）-03（电缆出线）。

4．车间配电

该 2 号车间变电所是由 10kV 降至 220/380V 的终端变电所，采用两个电源、两台变压器供电，说明其一、二级负荷较多。低压侧母线采用单母线分段接线，并装有中性线。220/380V 母线后的低压配电，采用 5 只 PGL2 型低压配电屏分别配电给动力单元和照明单元。

5．工厂变配电所的装置式主接线图

工厂变配电所的主接线图有两种绘制方式。图 3.58 所示为系统式主接线图，该图中的高低压开关柜只表示出相互连接关系，未表示出具体安装位置。这种主接线图主要用于教学和运行。在设计图样时采用的是装置式主接线图，该图中的高低压开关柜要按其实际相对排列位置绘制。图 3.59 是图 3.58 所示高压配电所的装置式主接线图。

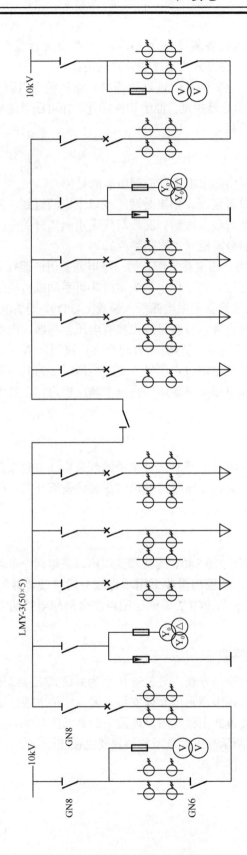

No.101	No.102	No.103	No.104	No.105	No.106		No.107	No.108	No.109	No.110	No.111	No.112
电能计量柜	1号进线开关柜	避雷器及电压互感器	出线柜	出线柜	出线柜	GN6-10/400	出线柜	出线柜	出线柜	避雷器及电压互感器	2号进线开关柜	电能计量柜
GG-1A-J	GG-1A(F)-11	GG-1A(F)-54	GG-1A(F)-03	GG-1A(F)-03	GG-1A(F)-03		GG-1A(F)-03	GG-1A(F)-03	GG-1A(F)-03	GG-1A(F)-54	GG-1A(F)-11	GG-1A-J

图 3.59 图 3.58 所示高压配电所的装置式主接线图

任务 3.4　工厂变配电所的布置和结构

3.4.1　变配电所所址的选择

1．变配电所所址选择的一般原则

变配电所所址的选择是否合理，直接影响供电系统的造价和运行。工厂变配电所所址的选择，应考虑以下原则：

（1）尽量靠近负荷中心，以便减少电压损耗、电能损耗和有色金属消耗量。

（2）进出线方便，特别是采用架空进出线时应着重考虑进出线条件。

（3）尽量靠近电源侧，对总降压变电所和配电所，要特别考虑这一点。

（4）尽量不设在多尘和有腐蚀性气体的场所，若无法远离，则应设在污染源的上风侧。

（5）避免设在有剧烈振动的场所。

（6）尽量不设在低洼积水场所及其下方。

（7）交通运输方便。

（8）与易燃易爆场所保持规定的安全距离。

（9）高压配电所应尽量与车间变电所或有大量高压用电设备的厂房合建。

（10）不应妨碍工厂或车间的发展，并适当考虑今后扩建的可能。

以上各原则，应力求兼顾。

2．负荷中心的确定

工厂或车间的负荷中心，可用下面介绍的负荷指示图或负荷功率矩法来近似地确定。

1）按负荷指示图确定负荷中心

负荷指示图是指将电力负荷按一定比例用负荷圆的形式标示在工厂或车间的平面图上。工厂负荷指示图如图 3.60 所示。各车间（建筑）的负荷圆的圆心应与车间（建筑）的负荷"重心"（负荷中心）大致相同。

负荷圆的半径 r，由车间（建筑）的计算负荷 P_{30} 求得：

$$r = \sqrt{\frac{P_{30}}{K\pi}} \tag{3-6}$$

式中，K 为负荷圆的比例，单位为 kW/mm^2。

由图 3.60 所示的工厂负荷指示图可以大致确定工厂的负荷中心，但还必须结合其他条件，综合分析、比较几个方案，最后选择最佳方案来确定变配电所的所址。

2）按负荷功率矩法确定负荷中心

设有负荷 P_1、P_2、P_3（均表示有功计算负荷），分布如图 3.61 所示。现假设总负荷 $\sum P_i = P_1 + P_2 + P_3$ 的负荷中心位于 $P(x,y)$ 处，则仿照力学中求重心的力矩方程可得

$$x \sum P_i = P_1 x_1 + P_2 x_2 + P_3 x_3$$
$$y \sum P_i = P_1 y_1 + P_2 y_2 + P_3 y_3$$

写成一般式为

$$x \sum P_i = \sum (P_i x_i)$$
$$y \sum P_i = \sum (P_i y_i)$$

求得负荷中心的坐标为

$$x = \frac{\sum (P_i x_i)}{\sum P_i}$$

$$y = \frac{\sum (P_i y_i)}{\sum P_i} \tag{3-7}$$

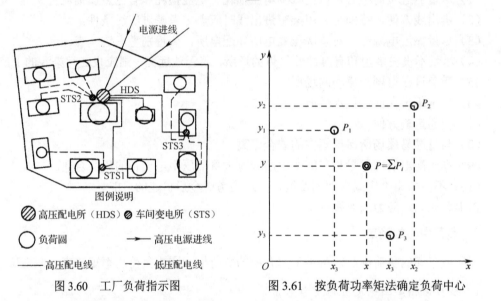

图 3.60　工厂负荷指示图　　　　图 3.61　按负荷功率矩法确定负荷中心

3.4.2　车间变电所的类型

按变压器的安装地点分类，车间变电所有以下形式：

（1）附设变电所：变电所的一面或数面墙与车间的墙共用，且变压器室的门和通风窗向车间外开，如图 3.62 中的 1～4，图中 1 和 2 是内附式，3 和 4 是外附式。

（2）露天变电所：变压器位于露天地面上，如图 3.62 中的 5。如果变压器的上方设有顶板或挑檐，则称为半露天变电所。

（3）独立变电所：变电所为一独立建筑物，如图 3.62 中的 6。

（4）车间内变电所：位于车间内部的变电所，且变压器室的门向车间内开，如图 3.62 中的 7。

（5）杆上变电站：变压器装设在室外的电杆上面。

（6）地下变电所：整个变电所装设在地下的设施内。

（7）楼上变电所：整个变电所装设在楼上。

（8）成套变电所：由电器制造厂按一定的接线方案成套制造、现场装配的变电所。

（9）移动式变电所：整个变电所装设在可移动的车上。

上述附设变电所、独立变电所、车间内变电所及地下变电所，统称为室内型变电所；而露天变电所、半露天变电所及杆上变电站，统称为室外型变电所。

车间变电所的类型，应根据用电负荷的状况和周围环境的具体情况来确定。

在负荷大而集中且设备布置比较稳定的大型生产厂房内，可以考虑采用车间内变电所，以尽量靠近车间的负荷中心。

对面积较小或生产流程要经常调整的车间，宜采用附设变电所。

露天变电所简单经济，可用于周围环境条件正常的场合。

独立变电所一般只用于负荷小而分散的情况，或者需远离易燃、易爆和腐蚀性物质的情况。

杆上变电站一般只用于容量在 315kV·A 及以下的变压器，且多用于生活区供电。

地下变电所的建筑费用较高，但不占地面，不碍观瞻，一般只用于有特殊需要的情况。

楼上变电所，适用于高层建筑。这种变电所要求结构尽可能轻且安全，其主要变压器采用无油干式变压器。

移动式变电所主要用于坑道作业及临时施工现场供电。

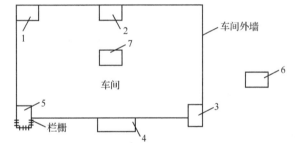

1、2—内附式；3、4—外附式；5—露天式；6—独立式；7—车间内变电所

图 3.62　车间变电所的类型

3.4.3　变配电所的总体布置

1. 变配电所总体布置的要求

变配电所的总体布置应满足以下要求：

（1）便于运行维护。有人值班的变配电所，一般应设置值班室。值班室应尽量靠近高低压配电室，且有门直通。

（2）保证运行的安全。值班室内不得有高压设备。高压电容器组一般应装设在单独的房间内。变配电所各室的大门都应朝外开。所有带电部分离墙和离地的尺寸以及各室的维护操作通道的宽度，均应符合有关规程的要求（见表 3.7～表 3.9），以确保安全。长度大于7m 的配电室应设两个出口，并尽量布置在配电室的两端。低压配电屏的长度大于 6m 时，配电屏后通道应设两个出口。

（3）便于进出线。高压架空进线时，高压配电室宜位于进线侧。低压配电室宜靠近变压器室。开关柜下面一般要设置电缆沟。

（4）节约土地与建筑费用。高压配电所应尽量与车间变电所合建。高压开关柜较少时，可以与低压配电屏装设在同一配电室内，但其裸露带电导体之间的净距不应小于2m。

（5）适当考虑发展。高低压配电室内均应留有适当数量开关柜的备用位置。变压器室应考虑有更换大一级容量变压器的可能。既要给变配电所留有扩建的余地，又要不妨碍车间或工厂今后的发展。

表 3.7　可燃油油浸变压器外壳与墙壁和门的最小净距　　　　单位：mm

变压器容量/（kV·A）	100～1000	1250 及以上
变压器外壳与后壁、侧壁的净距/mm	600	800
变压器外壳与门的净距/mm	800	1000

表 3.8　高压配电室内各种通道的最小宽度　　　　单位：mm

开关柜布置方式	柜后维护通道	柜前操作通道	
		固　定　式	手　车　式
单排布置	800	1500	单车长度+1200
双排对面布置	800	2000	双车长度+900
双排背对背布置	1000	1500	单车长度+1200

注：1．固定式开关柜靠墙布置时，柜后与墙的净距应大于50mm，侧面与墙的净距应大于200mm。

　　2．在建筑物的墙面遇有柱类局部凸出时，凸出部位的通道宽度可减少200mm。

表 3.9　配电屏前、后通道的最小宽度　　　　单位：mm

形　　式	开关柜布置方式	屏　前　通　道	屏　后　通　道
固定式	单排布置	1500	1000
	双排面对面布置	2000	1000
	双排背对背布置	1500	1500
抽屉式	单排布置	1800	1000
	双排面对面布置	2300	1000
	双排背对背布置	1800	1000

2．变配电所总体布置方案

变配电所总体布置方案应因地制宜，合理设计，拟出几种可行的方案进行技术经济比较后确定。

图 3.63 是图 3.58 所示高压配电所及其附设 2 号车间变电所的平面和剖面图。读者可根据上述对变配电所总体布置的要求，仔细阅读体会。并且对照图 3.58，将高压开关柜、变压器、低压配电屏等设备在图 3.63 中"对号入座"，体会平面和剖面图是如何具体表示变配电所的总体布置和一次设备的安装位置的。

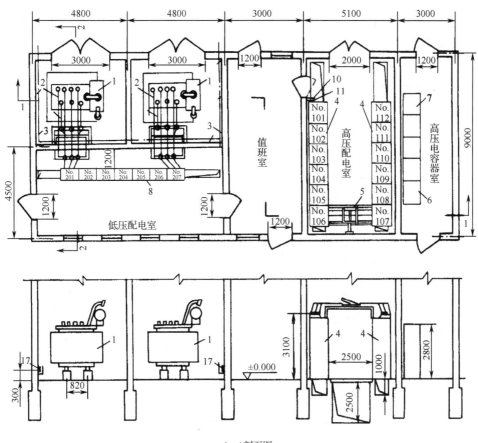

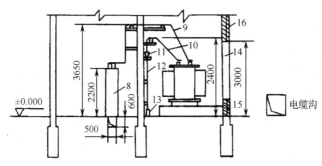

1—S9-800/10 型电力变压器；2—PEN 线；3—接地线；4—GG-1A（F）型高压开关柜；5—GN6 高压隔离开关；
6—GR-1 型高压电容器柜；7—GR-1 型电容器放电柜；8—PGL2 型低压配电屏；9—低压母线及支架；
10—高压母线及支架；11—电缆头；12—电缆；13—电缆保护管；14—大门；15—进风口（百叶窗）；
16—出风口（百叶窗）；17—接地线及其固定钩

图 3.63 图 3.58 所示高压配电所及其附设 2 号车间变电所的平面和剖面图

图3.64是工厂高压配电所与附设式车间变电所合建的几种平面布置方案。粗线表示墙，缺口表示门。图 3.64（a）、（c）、（e）中的变压器装在室内；图 3.64（b）、（d）、（f）中的变压器是露天安装的。

如果工厂没有总降压变电所和高压配电所,则其高压开关柜较少,高压配电室也相应较小,但布置方案可与图 3.64 所示相似。

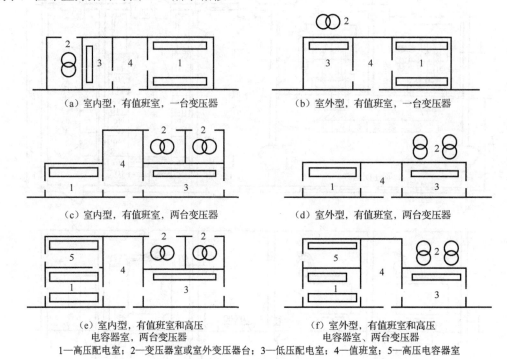

(a) 室内型,有值班室,一台变压器

(b) 室外型,有值班室,一台变压器

(c) 室内型,有值班室,两台变压器

(d) 室外型,有值班室,两台变压器

(e) 室内型,有值班室和高压
电容器室,两台变压器

(f) 室外型,有值班室和高压
电容器室、两台变压器

1—高压配电室;2—变压器室或室外变压器台;3—低压配电室;4—值班室;5—高压电容器室

图 3.64 工厂高压配电所与附设式车间变电所合建的几种平面布置方案(示例)

如果既无高压配电室又无值班室,则车间变电所的平面布置方案更为简单,如图 3.65 所示。

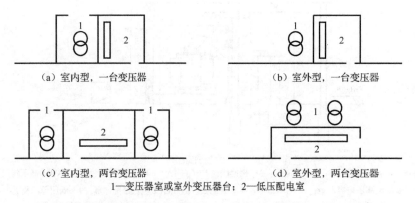

(a) 室内型,一台变压器

(b) 室外型,一台变压器

(c) 室内型,两台变压器

(d) 室外型,两台变压器

1—变压器室或室外变压器台;2—低压配电室

图 3.65 无高压配电室和值班室的车间变电所平面布置方案(示例)

3.4.4 变配电所的结构

为了运行维护的安全,有关设计规范对变配电所的结构有不少规定和要求。例如,上述表 3.7~表 3.9 等对变配电所总体布置的要求,在国家标准《20kV 及以下变电所设计规范》中都有具体规定。

1．变压器室的结构

变压器室的结构形式，取决于变压器的形式、容量、放置方式、主接线方案及进出线方式和方向等诸多因素。

可燃油油浸变压器室的耐火等级应为一级，非燃或难燃介质变压器室的耐火等级不应低于二级。

变压器室的门要向外开。室内只设通风窗，不设采光窗。进风窗设在变压器室前门的下方，出风窗设在变压器室的上方，并应有防止雨、雪和蛇、鼠类小动物从门、窗和电缆沟等进入室内的设施。变压器室一般采用自然通风。夏季的排风温度不宜高于 45℃，进风和排风的温度差不宜大于 15℃。通风窗应采用非燃烧材料。

变压器室的布置方式，按变压器推进方向，分为宽面推进式和窄面推进式两种。

变压器室的地坪，按通风要求，分为地坪抬高和不抬高两种。变压器室的地坪抬高时，通风散热更好，但建筑费用较高。变压器容量在 630kV·A 及以下的变压器室地坪，一般不抬高。

图 3.66 是一室内变电所变压器室的结构图（摘自住房和城乡建设部发布的国家建筑标准设计图集《电力变压器室布置》），其中高压侧为高压负荷开关和熔断器。该变压器室的特点：窄面推进式，室内地坪不抬高，高压电缆由左侧进线，低压母线由右侧出线。

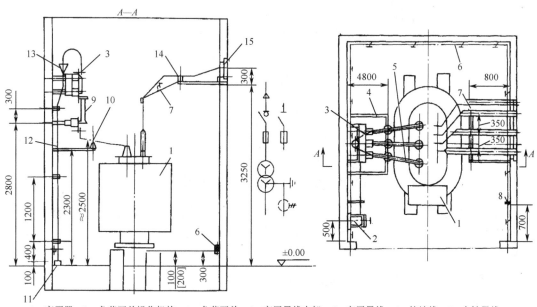

1—变压器；2—负荷开关操作机构；3—负荷开关；4—高压母线支架；5—高压母线；6—接地线；7—中性母线；8—临时接地线接线端子；9—熔断器；10—高压绝缘子；11—电缆保护管；12—高压电缆；13—电缆头；14—低压母线；15—穿墙隔板

图 3.66　室内变电所变压器室的结构图（示例）

2．室外变压器台的结构

图 3.67 是一室外变压器台的结构图（摘自住房和城乡建设部发布的国家建筑标准设计图集《落地式变压器台》）。该变电所有一路架空进线，高压有可带负荷操作的

RW10-10（F）型跌开式熔断器及避雷器。避雷器与变压器 400V 侧中性点及变压器外壳共同接地，并将变压器的接地中性线（PEN 线）引入低压配电室内。

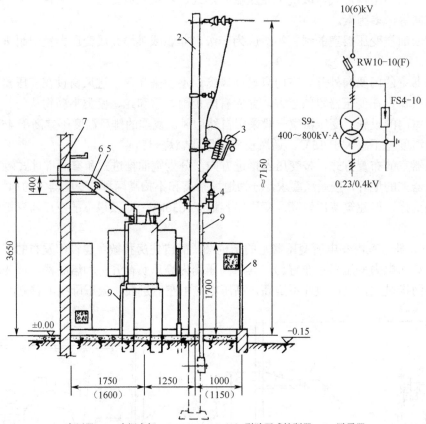

1—变压器；2—水泥电杆；3—RW10-10（F）型跌开式熔断器；4—避雷器；
5—低压母线；6—中性母线；7—穿墙隔板；8—围墙；9—接地线
（注：图中括号内尺寸适于容量为 630kV·A 及以下变压器）

图 3.67　室外变压器台的结构图（示例）

当变压器容量在 315kV·A 及以下、环境正常且符合用电负荷供电可靠性要求时，可考虑采用杆上变压器台的形式。设计时可参考住房和城乡建设部发布的国家建筑标准设计图集《杆上变压器台》。

3. 配电室、电容器室和值班室的结构

1）高低压配电室的结构

高低压配电室的结构形式，主要决定于高低压开关柜（屏）的形式、尺寸和数量，同时考虑到运行维护的方便和安全，应留有足够的操作维护通道，并且要兼顾以后的发展，留有适当数量的备用开关柜（屏）的位置，但占地面积不宜过大，建筑费用不宜过高。

图 3.68 是住房和城乡建设部发布的国家建筑标准设计图集《变配电所常用设备构件安装》中关于装有 GG-1A（F）型高压开关柜、采用电缆进出线的高压配电室的两种布置方案剖面图。由图 3.68 可知，装设 GG-1A（F）型高压开关柜（柜高 3.1m）的高压配电室的

高度为 4m，这是采用电缆进出线的情况。如果采用架空进出线，高压配电室的高度应在4.2m 以上。当采用电缆进出线，且开关柜为手车式（一般高 2.2m）时，高压配电室的高度可降为 3.5m。为了方便布线和检修，开关柜下面应设电缆沟。

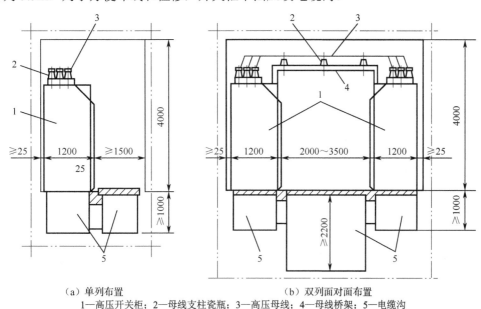

（a）单列布置　　　　　　　　　　（b）双列面对面布置

1—高压开关柜；2—母线支柱瓷瓶；3—高压母线；4—母线桥架；5—电缆沟

图 3.68　装有电缆进出线的 GG-1A（F）型高压开关柜的高压配电室的两种布置方案剖面图

低压配电室内成列布置的配电屏，其屏前、屏后的通道的最小宽度，按国家标准《20kV及以下变电所设计规范》规定，如表 3.9 所示。低压配电室的高度，应结合变压器室进行综合考虑，以便变压器低压出线。当低压配电室与抬高地坪的变压器室相邻时，低压配电室高度不应低于 4m；与不抬高地坪的变压器室相邻时，低压配电室高度不应低于 3.5m。为了方便布线，低压配电屏下面也应设电缆沟。

高压、低压配电室的耐火等级分别不应低于二级、三级。

2）高低压电容器室的结构

高低压电容器室采用的电容器柜，通常是成套的。按国家标准《20kV 及以下变电所设计规范》规定，成套电容器柜单列布置时，柜正面与墙面距离不应小于 1.5m；当双列布置时，柜面之间距离不应小于 2.0m。

高、低压电容器室的耐火等级分别不应低于二级、三级。高压电容器装置宜设置在单独的高压电容器室内，低压电容器装置一般可设置在低压配电室内。

电容器室应自然通风良好。当自然通风不能满足排热要求时，可增设机械排风装置。电容器室应设温度指示装置。

3）值班室的结构

值班室的结构，要结合变配电所的总体布置和值班工作要求进行全盘考虑，以利于运行值班工作。

值班室要有良好的自然采光，采光窗宜朝南。在采暖地区，值班室应采暖，采暖的计算温度为 18℃，采暖装置宜采用排管焊接。在蚊子和其他昆虫较多的地区，值班室应装纱窗、纱门。值班室内除通往配电室、电容器室的门外，通往外边的门，应向外开。

4．组合式成套变电所的结构

组合式成套变电所又称箱式变电所，其各个单元都由生产厂家成套供应，然后现场组合安装而成。这种成套变电所不必建造变压器室和高低压配电室等，从而减少土建投资，而且便于深入负荷中心，简化供配电系统。它全部采用无油或少油电器，因此运行更加安全，维护工作量小。这种组合式成套变电所已在高层建筑中广泛应用。随着我国经济的发展与制造水平的提高，组合式成套变电所将成为工厂变电所的一个新的发展方向。

组合式成套变电所分户内式和户外式两大类。户内式目前主要用于高层建筑和民用建筑群的供电。户外式则用于工矿企业、公共建筑和住宅小区供电。

组合式成套变电所的电气设备一般分为三部分（以 XZN-1 型户内组合式成套变电所为例）：

（1）高压开关柜：采用 GFC-10A 型手车式高压开关柜，其手车上装 ZN4-10C 型真空断路器。

（2）变压器柜：主要装配 SC 或 SCL 型环氧树脂浇注干式变压器，为防护式可拆装结构。变压器底部装有滚轮，便于取出检修。

（3）低压配电柜：采用 BFC-10A 型抽屉式低压配电柜，开关主要为 ME 型低压断路器等。

某 XZN-1 型户内组合式成套变电所的平面布置图如图 3.69 所示。变电装置的高度为 2.2m。该变电所的装置式主接线图如图 3.70 所示。

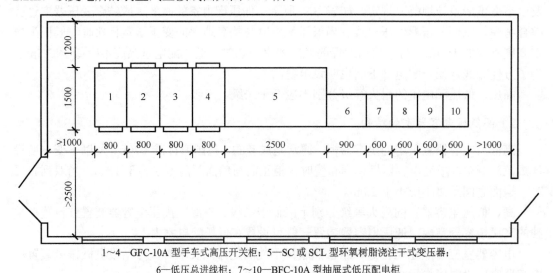

1～4—GFC-10A 型手车式高压开关柜；5—SC 或 SCL 型环氧树脂浇注干式变压器；

6—低压总进线柜；7～10—BFC-10A 型抽屉式低压配电柜

图 3.69　某 XZN-1 型户内组合式成套变电所的平面布置图

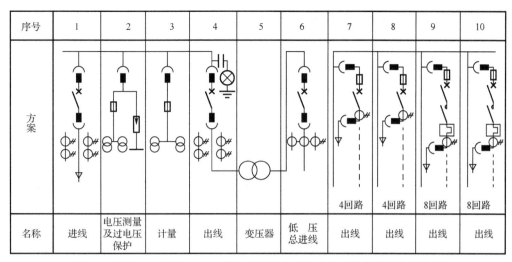

序号	1	2	3	4	5	6	7	8	9	10
方案							4回路	4回路	8回路	8回路
名称	进线	电压测量及过电压保护	计量	出线	变压器	低压总进线	出线	出线	出线	出线

图 3.70 图 3.69 所示 XZN-1 型户内组合式成套变电所的装置式主接线图

思考与练习

3-1 熔断器的主要功能是什么？什么是"限流式"熔断器？常用的高压熔断器户内型和户外型的型号有哪些？各适用于哪些场合？

3-2 高压隔离开关有哪些功能？它为何能隔离电源保证安全检修？为什么不能带负荷操作？

3-3 带灭弧罩和不带灭弧罩的低压刀开关有何操作要求？低压刀熔开关有何结构特点和功能？

3-4 高压负荷开关有哪些功能？在什么情况下可自动跳闸？在采用负荷开关的高压电路中，采取什么措施来进行短路保护？

3-5 高压断路器有哪些功能？按灭弧介质可分为哪几种形式？各形式有何特点？

3-6 低压断路器有哪些功能？按结构形式可分为哪两大类？分别列举其中几个。

3-7 试画出高压断路器、高压隔离开关、高压负荷开关的图形和文字符号。

3-8 互感器的作用是什么？使用时有哪些注意事项？

3-9 电流互感器和电压互感器的接线方式有哪几种？各种接线方式分别适用于什么场合？

3-10 常用的高、低压开关柜分别有哪些型号？什么是"五防"？

3-11 变压器在配电系统中起什么作用？在什么情况下宜选用 Yyn0 联结变压器？什么情况下宜选择 Dyn11 联结变压器？

3-12 试查阅相关资料，了解国内外开关设备的发展情况。

3-13 工厂高压供电线路有何功能？按结构分为哪几类？各有何特点？

3-14 比较放射式供电和树干式供电的优缺点，并说明各自的适用范围。

3-15 导线 LGJ-150 和 LJ-150 各表示什么型号导线？两个 150 各表示什么？导线的弧垂是什么？与哪些因素有关？

3-16 电力电缆的敷设方式有哪些？各适用于什么场合？

3-17 试比较架空线路和电缆线路的优缺点及适用范围。

3-18 车间供电线路有哪几种敷设方式？

3-19 主接线设计的基本要求是什么？主接线中的母线在什么情况下分段？分段的目的是什么？

3-20 内桥式接线和外桥式接线各适用于什么样的变电所？当外桥式接线在一路电源进线检修时应如何操作，才能转变为一路进线两台变压器并列运行的工作状态？

3-21 变配电所所址选择应考虑哪些因素？变电所靠近负荷中心有哪些好处？如何确定负荷中心？

3-22 变配电所总体布置应考虑哪些因素？如何设计变压器室、高低压配电室、高压电容器室和值班室的结构及相互位置？

项目 4

工厂供电设备的选择与校验

本项目首先介绍高低压电气设备的选择与校验；接着讲述电力变压器的实际容量和过负荷能力以及变电所主变压器台数和容量的选择；然后介绍电流互感器和电压互感器的选择与校验；最后讲述工厂电力线路的选择与校验、照明设备及供电系统的选择。本项目的内容是工厂供配电系统设计的重要内容，设备与线路等选择得恰当与否将影响到整个系统能否安全可靠地运行。

任务 4.1　电气设备的选择与校验

电气设备的选择应遵循以下 3 个原则。

（1）按工作环境及正常工作条件选择电气设备。

① 根据电气装置所处的位置（户内或户外）、使用环境和工作条件，选择电气设备的型号。

② 按工作电压选择电气设备的额定电压。

电气设备的额定电压 U_N 应不低于其所在线路的额定电压 $U_{N \cdot WL}$。

③ 按最大负荷电流选择电气设备的额定电流。

电气设备的额定电流应不小于实际通过它的最大负荷电流 I_{Lmax}（或计算电流 I_{30}），即

$$I_N \geq I_{Lmax}$$

或
$$I_N \geq I_{30} \tag{4-1}$$

（2）按短路条件校验电气设备的动稳定度和热稳定度。

为了保证电气设备在短路故障时不致损坏，就必须按最大可能的短路电流校验电气设备的动稳定度和热稳定度。按式（2-83）、式（2-86）校验。

（3）开关电器断流能力校验。

对具有断流能力的高压开关设备，需校验其断流能力，一般按下式校验：

$$I_{OC} \geq I_k^{(3)} \quad \text{或} \quad I_{OC} \geq I_{sh}^{(3)} \tag{4-2}$$

表 4.1 为高低压电器的校验项目一览表，供参考。

表 4.1 高低压电器的校验项目一览表

电气设备名称	电　压	电　流	断流能力	短路电流校验	
				动稳定度	热稳定度
熔断器	√	√	√	—	—
高压隔离开关	√	√	—	√	√
高压负荷开关	√	√	√	√	√
高压断路器	√	√	√	√	√
低压刀开关	√	√	√	⊁	⊁
低压负荷开关	√	√	√	⊁	⊁
低压断路器	√	√	√	⊁	⊁
电流互感器	√	√	—	√	√
电压互感器	√	—	—	—	—
并联电容器	√	√	—	—	—
母线	—	√	—	√	√
绝缘导线、电缆	√	√	—	—	√
支柱绝缘子	√	—	—	√	—
套管绝缘子	√	√	—	√	√

注：√表示必须校验，⊁表示一般可不校验，—表示不需要校验。

4.1.1 高低压熔断器的选择与校验

1．熔体电流的选择

1）保护电力线路的熔断器熔体电流的选择

（1）熔体额定电流 $I_{N·FE}$ 应不小于线路的计算电流 I_{30}，以使熔体在线路正常最大负荷下运行时也不致熔断，即

$$I_{N·FE} \geq I_{30} \tag{4-3}$$

（2）熔体额定电流 $I_{N·FE}$ 还应躲过线路的尖峰电流 I_{pk}，以使熔体在线路出现尖峰电流时也不致熔断。由于尖峰电流为短时最大工作电流，而熔体熔断需经一定时间，因此满足的条件为

$$I_{N·FE} \geq KI_{pk} \tag{4-4}$$

式中，K 为小于 1 的计算系数。

对单台电动机的线路：当电动机启动时间在 3s 以下（轻载启动）时，取 K=0.25～0.35；

启动时间为 3～8s（重载启动）时，取 K=0.35～0.5；启动时间超过 8s 或频繁启动、反接制动时，取 K=0.5～0.8；

对多台电动机的线路，取 K=0.5～1。

（3）熔体额定电流还应与被保护线路相匹配，使之不会发生因线路出现过负荷或短路引起绝缘导线或电缆过热甚至起燃而熔体不熔断的事故，因此还应满足以下条件：

$$I_{\text{N·FE}} \leqslant K_{\text{OL}} I_{\text{al}} \tag{4-5}$$

式中，I_{al} 为绝缘导线和电缆的允许载流量；K_{OL} 为绝缘导线和电缆的允许短时过负荷系数。

若熔断器仅用于短路保护，对电缆和穿管绝缘导线，取 K_{OL} =2.5，对明敷绝缘导线 K_{OL} 取 1.5；若熔断器除用于短路保护外，还用于过负荷保护，则 K_{OL} 取 1；对有爆炸性气体区域内的线路，则 K_{OL} 取 0.8。

若按式（4-3）和式（4-4）所选择的熔体电流不满足式（4-5），可依据具体情况改选其他型号规格的熔断器，或适当加大绝缘导线和电缆的截面积。

2）保护电力变压器的熔断器熔体电流的选择

对 6kV～10kV 的电力变压器，容量在 1000kV·A 及以下者，均可在高压侧装设熔断器进行短路及过负荷保护，其熔体额定电流应满足以下条件：

$$I_{\text{N·FE}} = (1.5～2)I_{\text{1N·T}} \tag{4-6}$$

式中，$I_{\text{1N·T}}$ 是电力变压器的额定一次电流。

式（4-6）综合考虑了以下三个方面的因素：

（1）熔体额定电流应躲过变压器允许的正常过负荷电流；

（2）熔体额定电流应躲过来自变压器低压侧电动机自启动引起的尖峰电流；

（3）熔体额定电流应躲过变压器空载投入时的励磁涌流。

附表 11 列出了 1000kV·A 及以下电力变压器配用的 RN1 和 RW4 型高压熔断器的规格，供选用时参考。

3）保护电压互感器的熔断器熔体电流的选择

由于电压互感器二次侧的负荷很小，因此保护电压互感器的熔断器熔体电流一般为 0.5A。

2. 熔断器的选择和校验

（1）熔断器的额定电压应不低于安装处线路的额定电压；

（2）熔断器的额定电流应不低于它所安装熔体的额定电流；

（3）熔断器的类型应与实际安装地点的工作条件及环境条件相适应；

（4）熔断器应满足安装处对断流能力的要求，因此应对熔断器进行断流能力的校验。

① 对"限流式"熔断器（如 RN1、RT0）可按下式进行校验：

$$I_{\text{OC}} \geqslant I''^{(3)} \tag{4-7}$$

式中，I_{OC} 为熔断器最大分断电流；$I''^{(3)}$ 为熔断器安装处三相暂态短路电流有效值。

② 对"非限流式"熔断器（如 RW4、RM10）可按下式进行校验：

$$I_{\text{OC}} \geqslant I_{\text{sh}}^{(3)} \tag{4-8}$$

式中，$I_{sh}^{(3)}$ 为熔断器安装处三相短路冲击电流有效值。

③ 对具有断流能力上下限的熔断器（如 RW4 跌开式熔断器）可按下式进行校验：

$$I_{OC \cdot max} \geq I_{sh}^{(3)} \tag{4-9}$$

$$I_{OC \cdot min} \leq I_k^{(2)} \tag{4-10}$$

式中，$I_{OC \cdot min}$ 为熔断器安装处最小分断电流；$I_k^{(2)}$ 为保护线路末端的两相短路电流（对中性点不接地的电力系统）。

（5）熔断器应满足保护灵敏度的要求，以保证在保护区内发生短路故障时能可靠地熔断，其灵敏度可按下式进行校验：

$$S_p = \frac{I_{k \cdot min}}{I_{N \cdot FE}} \geq K \tag{4-11}$$

式中，S_p 为灵敏度；K 为灵敏度的最小比值，如表 4.2 所示；$I_{k \cdot min}$ 为被保护线路末端在系统最小运行方式下的最小短路电流，对 TT 和 TN 系统取单相短路电流或单相接地故障电流；对 IT 系统和中性点不接地系统取两相短路电流；对安装在变压器高压侧的熔断器，取低压侧母线的两相短路电流折算到高压侧的值。

表 4.2　检验熔断器保护灵敏度的最小比值 K

熔体额定电流		4～10A	16～32A	40～63A	80～200A	250～500A
熔断时间	5s	4.5	5	5	6	7
	0.4s	8	9	10	11	—

注：K 值适用于符合 IEC 标准的一些新型熔断器，如 RT12、RT14、RT15、NT 等。对于老型熔断器，可取 K=4～7。

（6）前后级熔断器之间的选择性配合要求，即线路发生故障时，靠近故障点的熔断器首先熔断，切除故障，从而使系统的其他部分迅速恢复正常运行。

例 4.1　有一台电动机，U_N=380V，P_N=17kW，I_{30}=42.3A，属重载启动，启动电流为 188A，启动时间为 3～8s。采用 BLV 型导线穿钢管敷设线路，导线截面积为 10mm²。该电动机采用 RT0 型熔断器进行短路保护，线路最大短路电流为 21kA。选择熔断器及熔体的额定电流，并进行校验。（环境温度为 25℃）

解：（1）选择熔断器及熔体额定电流。

① $I_{N.FE} \geq I_{30}$=42.3A

② $I_{N.FE} \geq KI_{pk}$=0.4×188=75.2（A）

查附表 8，选 RT0-100 型熔断器，即 $I_{N.FE}$=80A，$I_{N.FU}$=100A。

（2）校验熔断器断流能力。

$$I_{OC} = 50kA \geq I''^{(3)} = 21kA$$

断流能力满足要求。

（3）导线与熔断器的保护配合校验

设熔断器只用于短路保护，导线为绝缘导线时应满足：

$$I_{N.FE} \leq 2.5I_{al}，$$

查附表 10 可选 A=10mm² 的导线，穿 SC 20mm，其 I_{al} = 44A，则

$$I_{\text{N·FE}} = 80\text{A} \leqslant 2.5I_{\text{al}} = 2.5 \times 44\text{A} = 110\text{A}$$

满足要求。

4.1.2　高低压开关设备的选择与校验

1. 高压开关设备的选择

高压开关设备主要指高压断路器、高压隔离开关和高压负荷开关。高压电气设备的选择和校验项目如表 4.1 所示。下面主要介绍高压断路器的选择与检验，其余高压开关设备的选择和校验可参照高压断路器的方法进行。

例 4.2　试选择某 10kV 高压配电所进线侧的高压户内少油断路器的型号规格。已知配电室 10kV 母线短路时 $I_{\text{k}}^{(3)} = 3\text{kA}$，线路的计算电流为 320A，继电保护装置动作时间为 1s，断路器的断路时间为 0.1s。

解：根据我国生产的高压户内少油断路器型号，初步选用 SN10-10 型，再根据计算电流，试选 SN10-10I 型断路器进行校验，如表 4.3 所示。

表 4.3　例 4.2 所述高压断路器的选择校验表

序　号	安装地点的电气条件		SN10-10I/630-300 型断路器		
	项　目	数　据	项　目	数　据	结　论
1	U_{N}	10kV	$U_{\text{N-QF}}$	10kV	合格
2	I_{30}	320A	$I_{\text{N-QF}}$	630A	合格
3	$I_{\text{k}}^{(3)}$	3kA	I_{OC}	16kA	合格
4	$i_{\text{sh}}^{(3)}$	$2.55 \times 3\text{kA} = 7.65\text{kA}$	$i_{\max}$	40kA	合格
5	$I_{\infty}^{(3)2} t_{\text{ima}}$	$3^2 \times (1+0.1) = 9.9$	$I_{\text{t}}^2 t$	$16^2 \times 4 = 1024$	合格

由表 4.3 可以看出，校验项目全部合格，因此选择 SN10-10I/630-300 型断路器是正确的。

2. 低压开关设备的选择与校验

低压开关设备的选择与校验，主要指低压断路器、低压刀开关、低压刀熔开关和低压负荷开关的选择与校验。下面重点介绍低压断路器的选择、整定和校验。其他低压开关设备的选择比较简单，参照表 4.1 的要求进行，此处不再赘述。

1）低压断路器过电流脱扣器额定电流的选择

过电流脱扣器的额定电流 $I_{\text{N·OR}}$ 应大于或等于线路的计算电流，即

$$I_{\text{N·OR}} \geqslant I_{30} \tag{4-12}$$

2）低压断路器过电流脱扣器动作电流的整定

（1）瞬时过电流脱扣器的动作电流的整定。瞬时过电流脱扣器动作电流 $I_{\text{op(0)}}$ 应躲过线路的尖峰电流 I_{pk}，即

$$I_{op(0)} \geq K_{rel}I_{pk} \tag{4-13}$$

式中，K_{rel} 为可靠系数，对动作时间在 0.02s 以上的 DW 型断路器，取 1.35；对动作时间在 0.02s 及以下的 DZ 型断路器，宜取 2～2.5。

（2）短延时过电流脱扣器的动作电流和时间的整定。短延时过电流脱扣器的动作电流 $I_{op(s)}$ 应躲过线路的尖峰电流 I_{pk}，即

$$I_{op(s)} \geq K_{rel}I_{pk} \tag{4-14}$$

式中，K_{rel} 为可靠系数，取 1.2。

短延时过电流脱扣器的动作时间分为 0.2s、0.4s 及 0.6s 三级，通常要求前一级保护装置的动作时间比后一级保护装置的动作时间长一个时间级差 0.2s。

（3）长延时过电流脱扣器的动作电流和时间的整定。长延时过电流脱扣器一般用于过负荷保护，动作电流 $I_{op(l)}$ 仅需躲过线路的计算电流，即

$$I_{op(l)} \geq K_{rel}I_{30} \tag{4-15}$$

式中，K_{rel} 为可靠系数，取 1.1。

动作时间应躲过线路允许过负荷的持续时间，其动作特性通常为反时限，即过负荷电流越大，动作时间越短。一般动作时间为 1～2h。

（4）过电流脱扣器与被保护线路的配合。当线路过负荷或短路时，为避免绝缘导线或电缆因过热烧毁而使得低压断路器的过电流脱扣器拒动事故的发生，要求：

$$I_{op} \leq K_{OL}I_{al} \tag{4-16}$$

式中，I_{al} 为绝缘导线或电缆的允许载流量；K_{OL} 为绝缘导线或电缆的允许短时过负荷系数。对瞬时和短延时过电流脱扣器，取 4.5；对长延时过电流脱扣器，取 1；对有爆炸性气体区域内的线路，取 0.8。

如果不满足上述的配合要求，则应改选过电流脱扣器的动作电流，或者适当加大绝缘导线或电缆的截面积。

3）低压断路器热脱扣器额定电流的选择

热脱扣器的额定电流应大于或等于线路的计算电流，即

$$I_{N\cdot TR} \geq I_{30} \tag{4-17}$$

4）低压断路器热脱扣器的整定

热脱扣器用于过负荷保护，其动作电流 $I_{op\cdot TR}$ 需躲过线路的计算电流，即

$$I_{op\cdot TR} \geq K_{rel}I_{30} \tag{4-18}$$

式中，K_{rel} 为可靠系数，通常取 1.1，但一般应通过实际测试进行调整。

5）低压断路器型号规格的选择与校验

低压断路器应满足下面的条件：
（1）断路器额定电压应大于或等于安装处的额定电压。
（2）断路器的额定电流应大于或等于其所安装的过电流脱扣器与热脱扣器的额定电流。
（3）断路器应满足安装处对断流能力的要求。

对动作时间在 0.02s 以上的 DW 型断路器，应满足

$$I_{OC} \geq I_k^{(3)} \tag{4-19}$$

对动作时间在 0.02s 及以下的 DZ 型断路器，应满足

$$I_{OC} \geq I_{sh}^{(3)} \text{ 或 } i_{OC} \geq i_{sh}^{(3)} \tag{4-20}$$

（4）断路器应满足保护灵敏度的要求，保证在保护区内发生短路故障时能可靠动作，切除故障。保护灵敏度应满足

$$S_p = \frac{I_{k \cdot min}}{I_{op}} \geq K \tag{4-21}$$

式中，I_{op} 为瞬时或短延时过电流脱扣器的动作电流；$I_{k \cdot min}$ 为被保护线路末端在系统最小运行方式下的单相短路电流（对 TT 和 TN 系统）或两相短路电流（对 IT 系统）；K 为保护最小灵敏度，一般取 1.3。

例 4.3　某 380V 三相四线制线路供电给一台电动机，已知电动机的额定电流为 70A，尖峰电流为 240A，线路首端三相短路电流为 20kA，线路末端的单相短路电流为 10kA。拟采用 DW16 型低压断路器进行瞬时过电流保护，环境温度为 25℃，线路允许载流量为 120A（BX-500 型导线穿塑料管暗敷），试选择与校验低压断路器。

解：（1）选择断路器。

查附表 9 得，DW16-630 型低压断路器的过电流脱扣器额定电流 $I_{N \cdot OR} = 100A \geq I_{30} = 70A$，初步选择 DW16-630/100 型低压断路器。

由式（4-13）知

$$I_{op(0)} \geq K_{rel} I_{pk} = 1.35 \times 240A = 324A$$

因此，过电流脱扣器的动作电流可整定为 4 倍的过电流脱扣器额定电流，即

$$I_{op(0)} = 4 \times 100A = 400A$$

满足躲过尖峰电流的要求。

（2）校验断流能力。

查附表 9 知 DW16-630 型低压断路器的 $I_{OC} = 30kA \geq 20kA$，满足要求。

（3）与被保护线路配合。

断路器仅用于短路保护，$I_{op} = 400A \leq 4.5 I_{al} = 4.5 \times 120A = 540A$，满足配合要求。

任务 4.2　电力变压器及其选择

4.2.1　概述

目前，工厂变电所广泛采用的双绕组三相电力变压器多为 R10 系列的降压变压器。这种变压器按调压方式分为无载调压和有载调压两类；按绕组绝缘及冷却方式分为油浸式、干式和充气式等，其中油浸式变压器又可分为油浸自冷式、油浸风冷式、油浸水冷式和强

迫油循环冷却式等。现场使用的 6kV～10kV 配电变压器多为油浸式无载调压变压器。

在选择变压器时，应选用低损耗节能型变压器，如 S9 系列或 S10 系列。高损耗变压器已被淘汰，不再采用。在多尘或有腐蚀性气体严重影响变压器安全的场所，应选择密闭型变压器或防腐型变压器；供电系统中没有特殊要求的和民用建筑独立变电所常采用三相油浸自冷电力变压器（S9、S10-M、S11、S11-M 等）；对于高层建筑、地下建筑、发电厂、化工厂等对消防要求较高的场所，宜采用干式电力变压器（SC、SCZ、SG3、SG10、SC6 等）；对电网电压波动较大的，为改善电能质量，应采用有载调压电力变压器（SZ7、SFSZ、SGZ3 等）。

4.2.2 电力变压器的实际容量和过负荷能力

1. 变压器的实际容量

电力变压器的额定容量是指它在规定的环境温度条件下，室外安装时，在规定的使用年限内（一般规定为 20 年）连续输出的最大视在功率。一般规定，如果变压器安装地点的年平均气温 $\theta_{0.av} \neq 20\,℃$ 时，则年平均气温每升高 $1\,℃$，变压器的容量应相应减小 1%。因此，变压器的实际容量（出力）应计入一个温度校正系数 K_θ。

对室外变压器，其实际容量为

$$S_T = K_\theta S_{N\cdot T} = \left(1 - \frac{\theta_{0.av} - 20}{100}\right)S_{N\cdot T} \qquad (4\text{-}22)$$

式中，$S_{N\cdot T}$ 为变压器的额定容量。

对室内变压器，由于散热条件较差，变压器进风口和出风口间大概有 $15\,℃$ 的温差，处在室中间的变压器环境温度比户外温度大约高 $8\,℃$，因此其容量要减小 8%，即

$$S_T = K_\theta S_{N\cdot T} = \left(0.92 - \frac{\theta_{0.av} - 20}{100}\right)S_{N\cdot T} \qquad (4\text{-}23)$$

2. 变压器的正常过负荷能力

变压器容量是按最大负荷选择的，由于大部分时间的负荷都低于最大负荷，因此没有充分发挥其负荷能力。从维持变压器规定的使用年限考虑，变压器在必要时完全可以过负荷运行。变压器的过负荷能力，是指它在较短时间内所能输出的最大容量。

对于油浸式变压器，其允许的过负荷包括两部分：

（1）由于昼夜负荷不均匀而考虑的过负荷，如果变压器的日负荷率小于 1，则由日负荷率和最大负荷持续时间确定允许过负荷能力。

（2）由于夏季欠负荷而在冬季考虑的过负荷，夏季每欠负荷 1%，可在冬季过负荷 1%，但不得超过 15%。

以上两部分过负荷需同时考虑，室外变压器过负荷不得超过 30%，室内变压器过负荷不得超过 20%。干式变压器一般不考虑正常过负荷。

3. 变压器的事故过负荷能力

一般来讲，变压器在运行时最好不要过负荷，但是，在事故情况下，可以允许短时间

较大幅度的过负荷运行，但运行时间不得超过表 4.4 所规定的时间。

表 4.4 电力变压器事故过负荷允许值

油浸自冷	过负荷百分数/%	30	60	75	100	200
式变压器	允许过负荷时间/min	120	45	20	10	1.5
干式	过负荷百分数/%	10	20	40	50	60
变压器	允许过负荷时间/min	75	60	32	16	5

4.2.3 变电所主变压器台数和容量的选择

1. 主变压器台数的选择

（1）主变压器台数应满足用电负荷对供电可靠性的要求。对为大量一、二级负荷供电的变电所，应选用两台变压器。对只有少量二级负荷而无一级负荷的变电所，如低压侧与其他变电所（作为备用电源）相连，也可只采用一台变压器。

（2）季节性负荷变化较大而宜于采用经济运行方式的变电所，可选用两台变压器。

（3）一般为三级负荷供电的变电所，可只采用一台变压器。但集中负荷较大者，虽为三级负荷，也可选用两台变压器。

（4）在确定变电所主变压器的台数时，应适当考虑负荷的发展，留有一定的余地。

2. 主变压器容量的选择

1）只装有一台主变压器的变电所

主变压器的额定容量 $S_{N\cdot T}$ 应满足全部用电设备总计算负荷 S_{30} 的需要，即

$$S_{N\cdot T} \geqslant S_{30} \tag{4-24}$$

2）装有两台主变压器的变电所

每台主变压器的额定容量 $S_{N\cdot T}$ 应同时满足以下两个条件：
① 任一台变压器单独运行时，应能满足总计算负荷 S_{30} 的 60%～70%的需要，即

$$S_{N\cdot T} = (0.6\sim0.7)S_{30} \tag{4-25}$$

② 任一台变压器单独运行时，应能满足全部一、二级负荷 $S_{30(I+II)}$ 的需要，即

$$S_{N\cdot T} \geqslant S_{30(I+II)} \tag{4-26}$$

3）车间变电所主变压器的单台容量上限

车间变电所主变压器的单台容量，一般不宜大于 1000kV·A（或 1250kV·A）。这一方面是受以往低压开关电器断流能力和短路稳定度要求的限制；另一方面也是考虑到可以使变压器更接近车间负荷中心，以减少低压配电线路的电能损耗、电压损耗和有色金属消耗量。现在我国已能生产一些断流能力更大和短路稳定度更好的新型低压开关电器，如 DW15、ME 等低压断路器及其他电器，因此若车间负荷容量较大、负荷集中且运行合理时，也可以选用 1250（或 1600）kV·A～2000kV·A 的配电变压器，这样可减少主变压器台数及高压开关电器和电缆的用量等。

对装设在大楼二层以上的电力变压器，应考虑其垂直与水平运输对通道及楼板的影响。当采用干式变压器时，其容量不宜大于 630kV·A。

对居住小区变电所内的油浸式变压器，单台容量不宜大于 630kV·A。这是因为油浸式变压器容量大于 630kV·A 时，按规定应装设瓦斯（气体）保护装置，而这些变压器电源侧的断路器往往不在变压器附近，因此瓦斯（气体）保护很难实施，而且如果变压器容量增大，供电半径相应增大，往往造成供配电线路末端的电压偏低，给居民生活带来不便，如荧光灯启动困难、电冰箱不能启动等。

4）适当考虑负荷的发展

应适当考虑今后 5～10 年电力负荷的增长，留有一定的余地。干式变压器的过负荷能力较小，更宜留有较大的裕量。

例 4.4 某车间总计算负荷 $P_{30}=900kW$，$Q_{30}=610kvar$，其中一、二级负荷 $P_{30(Ⅰ+Ⅱ)}=500kW$，$Q_{30(Ⅰ+Ⅱ)}=310kvar$。试初步确定此车间变电所的主变压器台数和容量。

解： 车间总计算负荷

$$S_{30}=\sqrt{P_{30}^2+Q_{30}^2}=\sqrt{900^2+610^2}\approx1087(kV·A)$$

一、二级负荷的总计算负荷

$$S_{30(Ⅰ+Ⅱ)}=\sqrt{P_{30(Ⅰ+Ⅱ)}^2+Q_{30(Ⅰ+Ⅱ)}^2}=\sqrt{500^2+310^2}\approx588(kV·A)$$

根据车间变电所变压器台数及容量选择原则，该车间变电所有一、二级负荷，宜选择两台变压器。

任一台变压器单独运行时，要满足 60%～70% 的负荷需要，即

$$S_{N·T}=(0.6～0.7)S_{30}=(0.6～0.7)\times1087\approx(652～761)kV·A$$

且任一台变压器应满足 $S_{N·T}\geq588kV·A$。因此，可选两台容量均为 800kV·A 的变压器，具体型号为 S9-800/10。

任务 4.3　电流互感器和电压互感器的选择与校验

4.3.1　电流互感器的选择与校验

1．电流互感器型号的选择

根据安装地点和工作要求选择电流互感器的型号。

2．电流互感器额定电压的选择

电流互感器额定电压应不低于装设点线路的额定电压。

3．电流互感器变比的选择

电流互感器一次侧额定电流有 20、30、40、50、75、100、150、200、300、400、600、

800、1000、1200、1500、2000（A）等多种规格，二次侧额定电流均为 5A。一般情况下，计量用电流互感器的变比应使其一次额定电流 I_{1N} 不小于线路中的计算电流 I_{30}。保护用电流互感器，为保证其准确度要求，可以将变比选得大一些。

4．电流互感器准确度的选择及校验

为了保证准确度误差不超过规定值，电流互感器二次侧负荷 S_2 应不大于二次侧额定负荷 S_{2N}，所选准确度才能得到保证。准确度校验公式为

$$S_2 \leqslant S_{2N} \tag{4-27}$$

二次回路的负荷 S_2 取决于二次回路的阻抗 Z_2 的值，即

$$S_2 = I_{2N}^2 |Z_2| \approx I_{2N}^2 (\sum |Z_i| + R_{WL} + R_{XC})$$

或

$$S_2 \approx \sum S_i + I_{2N}^2 (R_{WL} + R_{XC}) \tag{4-28}$$

式中，S_i, Z_i 为二次回路中的仪表、继电器线圈的额定负荷（V·A）和阻抗（Ω）；R_{XC} 为二次回路中所有接头、触点的接触电阻，一般取 0.1Ω；R_{WL} 为二次回路导线电阻，计算公式为

$$R_{WL} = \frac{l}{\gamma A} \tag{4-29}$$

式中，γ 为导线的导电率，铜线 $\gamma=53\text{m}/(\Omega \cdot \text{mm}^2)$，铝线 $\gamma=32\text{m}/(\Omega \cdot \text{mm}^2)$；$A$ 为导线的截面积（mm^2）；l 为导线的计算长度（m）。设电流互感器到仪表的单向长度为 l_1，则

$$l = \begin{cases} l_1, & \text{星形接线} \\ \sqrt{3}l_1, & \text{两相V形接线} \\ 2l_1, & \text{一相式接线} \end{cases} \tag{4-30}$$

如果电流互感器不满足准确度要求，则应改选较大变流比或较大二次容量的电流互感器，也可加大二次接线的截面积。按规定，电流互感器二次接线一般采用电压不低于 500V、截面积不小于 2.5mm^2 的铜芯绝缘线。

5．电流互感器的动稳定度和热稳定度校验

关于电流互感器短路稳定度的校验，现在有的新产品如 LZZB6-10 型等，厂家直接给出了动稳定电流峰值和 1s 热稳定电流有效值，因此动稳定度可按式（2-86）校验，其热稳定度可按式（2-83）校验。但电流互感器的大多数产品，厂家给出动稳定倍数和热稳定倍数。

动稳定度校验条件为

$$K_{es} \times \sqrt{2} I_{1N} \geqslant i_{sh}^{(3)} \tag{4-31}$$

热稳定度校验条件为

$$(K_t I_{1N})^2 t \geqslant I_{\infty}^{(3)2} t_{ima} \tag{4-32}$$

有关电流互感器的参数可查附表 12 或其他有关产品手册。

例 4.5　按例 4.2 中的电气条件，选择柜内电流互感器。已知电流互感器采用两相 V 形接线，如图 4.1 所示，其中 0.5 级二次绕组用于测量，接有三相有功电能表和三相无功电能表各一只，每一电流线圈消耗功率 0.5V·A，电流表一只，消耗功率 1V·A。电流互感

二次回路采用 BV-500-1×2.5mm² 的铜芯塑料线，电流互感器距仪表的单向距离为 1m，$t_{\text{ima}}=1.2\text{s}$。

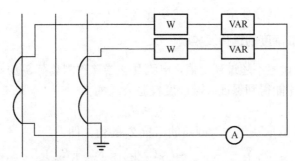

图 4.1 电流互感器和测量仪器的接线图

解：根据变压器二次侧额定电压 10kV，额定电流 320A，查附表 12，选变比为 400/5 的 LQJ-10 型电流互感器，$K_{\text{es}}=160$，$K_{\text{t}}=75$，$t=1\text{s}$，0.5 级二次绕组的 $S_{2\text{N}}=10\text{V}\cdot\text{A}$。

（1）准确度校验：

$$S_2 \approx \sum S_i + I_{2\text{N}}^2(R_{\text{WL}} + R_{\text{XC}})$$
$$= (0.5 + 0.5 + 1) + 5^2[\sqrt{3}\times 1/(53\times 2.5) + 0.1]$$
$$= 2 + 2.83 = 4.83(\text{V}\cdot\text{A}) < 10\text{V}\cdot\text{A}$$

满足准确度要求。

（2）动稳定度校验：

$$K_{\text{es}}\times\sqrt{2}I_{1\text{N}} = \sqrt{2}\times 160\times 400\text{A} = 90.5\text{kA} > i_{\text{sh}}^{(3)} = 7.65\text{kA}$$

满足动稳定度要求。

（3）热稳定度校验：

$$(K_{\text{t}}I_{1\text{N}})^2 t = (0.4\text{kA}\times 75)^2\times 1\text{s} = 900\text{kA}^2\cdot\text{s} \geq I_{\infty}^{(3)2}t_{\text{ima}} = 3^2\times 1.2 = 10.8\text{kA}^2\cdot\text{s}$$

满足热稳定度要求。

所以 LQJ-10 400/5A 型电流互感器满足要求。

4.3.2 电压互感器的选择

电压互感器的二次绕组的准确级规定为 0.1、0.2、0.5、1、3 五个级别，保护用的电压互感器规定为 3P 级和 6P 级，用于小电流接地系统电压互感器（如三相五芯柱式）的零序绕组，其准确级规定为 6P 级。

电压互感器的选择原则如下：

- 按装设点环境及工作要求选择电压互感器的型号；
- 电压互感器的额定电压应不低于装设点线路的额定电压；
- 按测量仪表对电压互感器的准确度要求选择并校验准确度。

为了保证准确度的误差在规定的范围内，二次侧负荷 S_2 应不大于电压互感器二次侧额定容量 $S_{2\text{N}}$，即

$$S_2 \leq S_{2\text{N}} \tag{4-33}$$

$$S_2 = \sqrt{(\sum P_u)^2 + (\sum Q_u)^2}$$ （4-34）

式中，$\sum P_u = \sum (S_u \cos \varphi_u)$，$\sum Q_u = \sum (S_u \sin \varphi_u)$ 分别为仪表、继电器电压线圈消耗的总有功功率和总无功功率。

电压互感器的一、二次侧均有熔断器保护，所以不需要校验短路动稳定度和热稳定度。

任务 4.4　工厂电力线路的选择与校验

4.4.1　导线和电缆截面积的选择原则

为了保证供电系统安全、可靠、经济地运行，电力线路的导线和电缆截面积的选择必须遵循下列原则：

（1）发热条件。

导线和电缆（包括母线）在通过计算电流时的温度，不应超过其正常运行时的最高允许温度。

（2）电压损耗。

导线和电缆在通过计算电流时产生的电压损耗，不应超过其正常运行时允许的电压损耗。对于工厂内较短的高压线路，可不进行电压损耗的校验。

（3）经济电流密度。

35kV 及以上高压线路及 35kV 以下的长距离、大电流线路，其导线（含电缆）截面积宜按经济电流密度选择，以使线路的年运行费用最小。按经济电流密度选择的导线截面积，称为"经济截面积"。工厂内的 10kV 及以下线路，通常不按经济电流密度选择。

（4）机械强度。

导线（包括裸线和绝缘导线）截面积不应小于其最小允许截面积，如附表 13 和附表 14 所列。对于电缆，不必校验其机械强度，但需校验其短路热稳定度。对于母线，则应校验其短路的动稳定度和热稳定度。

对于绝缘导线和电缆，还应满足工作电压的要求。

根据工程设计经验，一般 10kV 及以下高压线路和低压动力线路，通常先按发热条件选择导线和电缆截面积，再校验电压损耗和机械强度。低压照明线路，因其对电压水平要求较高，通常先按允许电压损耗进行选择，再校验发热条件和机械强度。对于长距离、大电流线路和 35kV 及以上高压线路，可先按经济电流密度确定经济截面积，再校验其他指标。按上述原则来选择截面积，通常容易满足要求，较少返工。

4.4.2　按发热条件选择导线和电缆的截面积

1. 三相系统相线截面积的选择

电流通过导线（包括电缆、母线，下同）时，要产生电能损耗，使导线发热。裸导线的温度过高时，会使接头处的氧化加剧，增大接触电阻，使之进一步氧化，如此恶性循环，最终可发展到断线。而绝缘导线和电缆的温度过高时，可使其绝缘加剧老化甚至烧毁，或引起火灾事故。因此，导线的正常温度一般不得超过附表 7 所列的额定负荷时的最高允许温度。

按发热条件选择三相系统中的相线截面积时，应使其允许载流量 I_{al} 不小于通过相线的计算电流 I_{30}，即

$$I_{al} \geq I_{30} \tag{4-35}$$

所谓导线的允许载流量，就是指在规定的环境温度条件下，导线能连续承受而不致使其稳定温度超过允许值的最大电流。如果导线敷设地点的环境温度与导线允许载流量所采用的环境温度不同，则导线的允许载流量应乘以以下温度校正系数：

$$K_\theta = \sqrt{\frac{\theta_{al} - \theta_0'}{\theta_{al} - \theta_0}} \tag{4-36}$$

式中，θ_{al} 为导线额定负荷时的最高允许温度；θ_0 为导线允许载流量所采用的环境温度；θ_0' 为导线敷设地点实际的环境温度。

这里所说的环境温度，是按发热条件选择导线和电缆的特定温度。在室外，环境温度一般取当地最热月平均最高气温。在室内，则取当地最热月平均最高气温加 5℃。对土中直埋的电缆，则取当地最热月地下 0.8～1m 土壤的平均温度，也可近似取当地最热月平均气温。

附表 15 列出了 LJ 型铝绞线和 LGJ 型钢芯铝绞线的允许载流量；附表 16 列出了 LMY 型矩形硬铝母线的允许载流量；附表 17 列出了 10kV 常用三芯电缆的允许载流量；附表 10 列出了绝缘导线明敷、穿钢管和穿硬塑料管时的允许载流量。

按发热条件选择导线所用的计算电流 I_{30}，对降压变压器高压侧的导线，应取变压器额定一次电流 $I_{1N\cdot T}$。对电容器的引入线，由于电容器充电时有较大涌流，因此取电容器额定电流 $I_{N\cdot c}$ 的 1.35 倍；选低压电容器的引入线时，应取电容器额定电流 $I_{N\cdot c}$ 的 1.5 倍。

必须注意：按发热条件选择的导线和电缆截面积，还必须用式（4-5）或式（4-16）来校验它与其相应的保护装置（熔断器或低压断路器的过电流脱扣器）是否配合得当。如果配合不当，可能发生导线或电缆因过电流而发热起燃但保护装置不动作的情况，这当然是不允许的。

2. 中性线和保护线截面积的选择

1）中性线（N 线）截面积的选择

三相四线制系统中的中性线，要通过系统的不平衡电流和零序电流，因此中性线的允许载流量不应小于三相系统的最大不平衡电流，同时应考虑谐波电流的影响。

按国家标准《低压配电设计规范》规定：

（1）符合下列情况之一的线路，中性线截面积 A_0 应与相线截面积 A_φ 相同，即

$$A_0 = A_\varphi \tag{4-37}$$

① 单相两线制线路；

② 铜相线截面积小于或等于 16mm² 或铝相线截面积小于或等于 25mm² 的三相四线制

线路。

（2）符合下列情况之一的线路，中性线截面积 A_0 可小于相线截面积 A_φ，但不宜小于相线截面积的 50%，即

$$0.5A_\varphi \leqslant A_0 < A_\varphi \qquad (4\text{-}38)$$

① 铜相线截面积大于 16mm^2 或铝相线截面积大于 25mm^2；

② 铜中性线截面积大于或等于 16mm^2 或铝中性线截面积大于或等于 25mm^2；

③ 在正常工作时，包括谐波电流在内的中性线预期最大电流小于或等于中性线的允许载流量；

④ 对中性线已进行了过电流保护时。

2）保护线（PE 线）截面积的选择

保护线要考虑三相系统发生单相短路故障时单相短路电流通过时的短路热稳定度。

根据短路热稳定度的要求，按国家标准《低压配电设计规范》规定，当保护线（PE 线）材料与相线相同时，其最小截面积应满足表 4.5 的要求。

表 4.5　PE 线的最小截面积

相线芯线截面积	$A_\varphi \leqslant 16\text{mm}^2$	$16\text{mm}^2 < A_\varphi \leqslant 35\text{mm}^2$	$A_\varphi > 35\text{mm}^2$
PE 线最小截面积	$A_{PE} \geqslant A_\varphi$	$A_{PE} \geqslant 16\text{mm}^2$	$A_{PE} \geqslant 0.5A_\varphi$

3）保护中性线（PEN 线）截面积的选择

因为保护中性线兼有 PE 线和 N 线的双重功能，因此选择其截面积时应同时满足上述 PE 线和 N 线的要求，取其中的最大截面积。

例 4.6　有一条 220/380V 的三相四线制线路，采用 BLV 型铝芯塑料线穿硬塑料管埋地敷设，当地月平均最高气温为 25℃。该线路供电给一台 40kW 的电动机，其功率因数为 0.85，效率为 0.86，试按发热条件选择导线截面积。

解：供电线路电流的计算：

$$I_{30} = \frac{P_e}{\sqrt{3}U_N \cdot \eta \cdot \cos\varphi} = \frac{40}{\sqrt{3} \times 0.38 \times 0.85 \times 0.86} \approx 83.1（\text{A}）$$

相线截面积的选择：

查附表 10 的 +25℃时 4 根单芯线穿塑料管（PC）的 BLV-500 型截面积为 50mm^2 的导线允许载流量 $I_{al}=90\text{A}>I_{30}=83.1\text{A}$，因此选 $A_\varphi=50\text{mm}^2$。

保护线截面积的选择：

根据 $A_{PEN} \geqslant 0.5A_\varphi$，选 $A_{PEN}=25\text{mm}^2$。

该线路所选的导线型号可表示为 BLV-500-(3×50+PEN25)-PC65。

4.4.3　按经济电流密度选择导线和电缆的截面积

导线的截面积越大，电能损耗就越小，但线路投资、有色金属消耗量及维修管理费用就越高；而导线的截面积选择得小，则线路投资、有色金属消耗量及维修管理费用低，但

电能损耗大。因此从经济方面考虑，可选择一个比较合理的导线截面积，既使电能损耗小，又不致过分增加线路投资、维修管理费用和有色金属消耗量。

经济电流密度就是能使线路的年运行费用接近于最小而又适当考虑节约有色金属的导线和电缆的电流密度值，用符号 j_{ec} 表示。我国规定的经济电流密度如表4.6所示。

表4.6 导线和电缆的经济电流密度

单位：A/mm²

线路类别	导线材质	年最大有功负荷利用小时		
		3000h 以下	3000～5000h	5000h 以上
架空线路	铜	3.00	2.25	1.75
	铝	1.65	1.15	0.90
电缆线路	铜	2.50	2.25	2.00
	铝	1.92	1.73	1.54

按经济电流密度选择的导线和电缆的截面积，称为经济截面积，用符号 A_{ec} 表示。

$$A_{ec} = \frac{I_{30}}{j_{ec}} \qquad (4\text{-}39)$$

式中，I_{30} 为线路的计算电流。

按式（4-39）计算出 A_{ec} 后，应选与之最接近的标准截面积（可取较小的标准截面积），然后校验其他指标。

例4.7 有一条采用 LGJ 型钢芯铝绞线架设的 35kV 架空线路供电给某厂，该厂有功计算负荷为 3800kW，无功计算负荷为 2100kvar，T_{max}=5100h。试选择其经济截面积，并校验其发热条件和机械强度。

解：（1）选择经济截面积。

$$S_{30} = \sqrt{P_{30}^2 + Q_{30}^2} = \sqrt{3800^2 + 2100^2} \approx 4342\,(\text{kV} \cdot \text{A})$$

$$I_{30} = \frac{S_{30}}{\sqrt{3}U_N} = \frac{4342}{\sqrt{3} \times 35} \approx 71.6\,(\text{A})$$

由表4.6查得 j_{ec}=0.9A/mm²，故

$$A_{ec} = \frac{I_{30}}{j_{ec}} = \frac{71.6}{0.9} = 79.6\,(\text{mm}^2)$$

选标准截面积 70mm²，即选 LGJ-70 型钢芯铝绞线。

（2）校验发热条件。

查附表15得 LGJ-70 的允许载流量（假设环境温度为 30℃）I_{al}=259A>I_{30}=79.6A，因此满足发热条件。

（3）校验机械强度。

查附表13得 35kV 架空钢芯铝绞线的最小截面积 A_{min}=35mm²<A_{min}=70mm²，因此所选 LGJ-70 型钢芯铝绞线也满足机械强度要求。

4.4.4　线路电压损耗的计算

1. 线路的允许电压损耗

由于线路存在着阻抗，所以通过负荷电流时就要产生电压损耗。一般线路的允许电压损耗不超过 5%（对线路额定电压）。如果线路的电压损耗值超过允许值，则应适当加大导线截面积，使之满足允许电压损耗的要求。

2. 集中负荷的三相线路电压损耗的计算

以图 4.2（a）所示带两个集中负荷的三相线路为例，线路图中的负荷电流都用小写 i 表示，各线段电流都用大写电流 I 表示。各线段的长度、每相电阻和电抗都用小写 l、r 和 x 表示，线路首端至各负荷点的长度、每相电阻和电抗则分别用大写 L、R 和 X 表示。

线路电压降的定义为：线路首端电压与末端电压的相量差。

线路电压损耗的定义为：线路首端电压与末端电压的代数差。

电压降在参考轴（纵轴）上的投影（如图 4.2（b）上的 ag'），称为电压降的纵分量，用 ΔU_φ 表示。在地方电网和工厂供电系统中，由于线路的电压降相对于线路电压来说很小[图 4.2（b）的电压降是放大了的]，因此可近似地认为电压降纵分量 ΔU_φ 就是电压损耗。

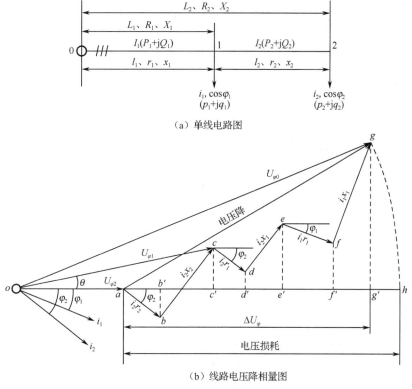

（a）单线电路图

（b）线路电压降相量图

图 4.2　带两个集中负荷的三相线路

图 4.2（b）所示线路的相电压损耗可按下式近似计算：

$$\Delta U_\varphi = \overline{ab'} + \overline{b'c'} + \overline{c'd'} + \overline{d'e'} + \overline{e'f'} + \overline{f'g'}$$
$$= i_2 r_2 \cos\varphi_2 + i_2 x_2 \sin\varphi_2 + i_2 r_1 \cos\varphi_2 + i_2 x_1 \sin\varphi_2 + i_1 r_1 \cos\varphi_1 + i_1 x_1 \sin\varphi_1$$
$$= i_2 (r_1 + r_2)\cos\varphi_2 + i_2 (x_1 + x_2)\sin\varphi_2 + i_1 r_1 \cos\varphi_1 + i_1 x_1 \sin\varphi_1$$
$$= i_2 R_2 \cos\varphi_2 + i_2 X_2 \sin\varphi_2 + i_1 R_1 \cos\varphi_1 + i_1 X_1 \sin\varphi_1 \tag{4-40}$$

将式（4-40）中的相电压损耗 ΔU_φ 换算为线电压损耗 ΔU，并以带任意个集中负荷的一般公式来表示，即得电压损耗计算公式：

$$\Delta U = \sqrt{3}\sum (iR\cos\varphi + iX\sin\varphi) = \sqrt{3}\sum (i_a R + i_r X) \tag{4-41}$$

式中，i_a 为负荷电流的有功分量；i_r 为负荷电流的无功分量。

如果用各线段中的负荷电流来计算，则电压损耗计算公式为

$$\Delta U = \sqrt{3}\sum (Ir\cos\varphi + Ix\sin\varphi) = \sqrt{3}\sum (I_a r + I_r x) \tag{4-42}$$

式中，I_a 为线段电流的有功分量；I_r 为线段电流的无功分量。

如果用负荷功率 p、q 来计算，则将 $i = p/(\sqrt{3}U_N\cos\varphi) = q/(\sqrt{3}U_N\sin\varphi)$ 代入式（4-41），即可得电压损耗计算公式：

$$\Delta U = \frac{\sum (pR + qX)}{U_N} \tag{4-43}$$

如果用线段功率 P、Q 来计算，则利用 $I = P/(\sqrt{3}U_N\cos\varphi) = Q/(\sqrt{3}U_N\sin\varphi)$ 代入式（4-42），即可得电压损耗计算公式：

$$\Delta U = \frac{\sum (Pr + Qx)}{U_N} \tag{4-44}$$

对于"无感"线路，即线路感抗可略去不计或负荷 $\cos\varphi \approx 1$ 的线路，其电压损耗为

$$\Delta U = \sqrt{3}\sum (iR) = \sqrt{3}\sum (Ir) = \frac{\sum (pR)}{U_N} = \frac{\sum (Pr)}{U_N} \tag{4-45}$$

对于"均一无感"线路，即全线的导线型号规格一致且可不计感抗或负荷 $\cos\varphi \approx 1$ 的线路，其电压损耗为

$$\Delta U = \frac{\sum (pL)}{\gamma A U_N} = \frac{\sum (Pl)}{\gamma A U_N} = \frac{\sum M}{\gamma A U_N} \tag{4-46}$$

式中，γ 为导线的电导率；A 为导线的截面积；$\sum M$ 为线路的所有功率矩之和；U_N 为线路的额定电压。

线路电压损耗的百分值为

$$\Delta U\% = \frac{\Delta U}{U_N} \times 100\% \tag{4-47}$$

"均一无感"的三相线路电压损耗的百分值为

$$\Delta U\% = \frac{100\% \sum M}{\gamma A U_N^2} = \frac{\sum M}{CA} \tag{4-48}$$

"均一无感"单相线路及直流线路电压损耗的百分值为

$$\Delta U\% = \frac{200\%\sum M}{\gamma A U_{\mathrm{N}}^2} = \frac{\sum M}{CA} \qquad (4\text{-}49)$$

"均一无感"的两相三线线路，经过推证可得电压损耗的百分值为

$$\Delta U\% = \frac{225\%\sum M}{\gamma A U_{\mathrm{N}}^2} = \frac{\sum M}{CA} \qquad (4\text{-}50)$$

式（4-48）～式（4-50）中 C 为计算系数，如表 4.7 所示。

表 4.7　公式 $\Delta U\% = \sum M / CA$ 中的计算系数值

线路额定电压/V	线 路 类 别	C 的计算式	计算系数 $C/(\mathrm{kW\cdot m/mm^2})$	
			铜线	铝线
220/380	三相四线	$\gamma U_{\mathrm{N}}^2/100$	76.5	46.2
	两相三线	$\gamma U_{\mathrm{N}}^2/225$	34.0	20.5
220	单相及直流	$\gamma U_{\mathrm{N}}^2/200$	12.8	7.74
110			3.21	1.94

注：C 是导线工作温度为 50℃、功率矩 M 的单位为 kW·m、导线截面积 A 的单位为 mm² 时的数值。

根据式（4-48）～式（4-50）可得均一无感线路按允许电压损耗选择导线截面积的公式：

$$A = \frac{\sum M}{C\Delta U_{\mathrm{al}}\%} \qquad (4\text{-}51)$$

式（4-51）常用于照明线路导线截面积的选择。

例 4.8　试验算例 4.7 所选 LGJ-70 型钢芯铝绞线是否满足允许电压损耗 5% 的要求。已知该线路导线为水平等距排列，相邻线距为 1.6m，线路长为 4km。

解：由 $A=70\mathrm{mm}^2$（LGJ）和 $\alpha_{\mathrm{av}} = 1.26\times1.6 \approx 2$（m），查附表 19 得 $R_0=0.48\Omega/\mathrm{km}$，$X_0=0.38\Omega/\mathrm{km}$，故线路的电压损耗为

$$\Delta U = \frac{3800\mathrm{kW}\times(0.48\times4)\Omega + 2100\mathrm{kvar}\times(0.38\times4)\Omega}{35\mathrm{kV}} = 299.7\mathrm{V}$$

线路的电压损耗百分值为

$$\Delta U\% = \frac{100\%\times299.7\mathrm{V}}{35000\mathrm{V}} = 0.856\%$$

因此所选 LGJ-70 型钢芯铝绞线满足电压损耗要求。

4.4.5　母线、支柱绝缘子和穿墙套管的选择

1．母线选择

母线都用支柱绝缘子固定在开关柜上，因而无电压要求，选择方法如下。

1）型号的选择

母线的种类有矩形母线和管形母线，母线的材料有铜、铝。目前变电所的母线除大电流采用铜母线以外，一般尽量采用铝母线。变配电所高压开关柜上的高压母线，通常选用

硬铝矩形母线（LMY）。

2）母线截面积的选择

（1）按计算电流选择母线截面积，且

$$I_{al} \geq I_{30} \tag{4-52}$$

式中，I_{al} 为母线允许的载流量（A）；I_{30} 为汇集到母线上的计算电流（A）。

（2）年平均负荷、传输容量较大时，宜按经济电流密度选择母线截面积，且按式（4-39）计算。

3）硬母线动稳定度和热稳定度校验

动稳定度和热稳定度按式（2-84）、式（2-88）校验。

2. 支柱绝缘子的选择

支柱绝缘子主要用来固定导线或母线，并使导线或母线与设备或基础绝缘。支柱绝缘子有户内和户外两大类。户内支柱绝缘子（代号 Z）按金属附件的胶装方式有外胶装（代号 W）、内胶装（代号 N）、联合胶装（代号 L）3 种。表4.8列出了部分户内支柱绝缘子的技术参数。

表4.8　户内支柱绝缘子技术参数

产品型号	额定电压/kV	机械破坏负荷/kN		总高度 H/mm	瓷件最大公称直径/mm	胶装方式
		弯曲	拉伸			
ZNA-10MM ZN-10/8	10	3.75	3.75	120	82	内胶装（N） MM 表示上下附件为特殊螺母
ZA-10Y ZB-10T ZC-10F	10	3.75	3.75	190	90	外胶装（不表示） A、B、C、D 表示机械破坏负荷等级 Y、T、F 表示圆底座、椭圆底座、方形底座
ZL-10/16	10	16	16	185	120	联合胶装（L）
ZL-35/8	35	8	8	400	120	

支柱绝缘子的选择，应符合下列几个条件：

（1）按使用场所（户内、户外）选择型号；

（2）按工作电压选择额定电压；

（3）校验动稳定度。

$$F_c^{(3)} \leq K F_{al} \tag{4-53}$$

式中，F_{al} 为支柱绝缘子最大允许机械破坏负荷（见表4.8）；K 为允许负荷系数，按弯曲破坏负荷计算时，$K=0.6$，按拉伸破坏负荷计算时，$K=1$；$F_c^{(3)}$ 为短路时冲击电流作用在绝缘子上的计算力，母线在绝缘子上平放时，按 $F_c^{(3)} = F^{(3)}$ 计算，母线竖放时，则 $F_c^{(3)} = 1.4F^{(3)}$。

3. 穿墙套管的选择

穿墙套管主要用于导线或母线穿过墙壁、楼板及封闭配电装置时的绝缘支持与外部导线间连接；按其使用场所划分为户内普通型、户外–户内普通型、户外–户内耐污型、户外–户内高原型及户外–户内高原耐污型 5 类；按结构形式划分为铜导体、铝导体和不带导体（母线式）套管；按电压等级划分为 6kV、10kV、20kV 及 35kV 等电压等级。

表 4.9 列出了穿墙套管的型号及有关参数。

表 4.9　穿墙套管主要技术参数

产 品 型 号	额定电压 /kV	额定电流 /kA	抗弯破坏 负荷/kN	总长度 L/mm	安装处直 径 D/mm	说　明
CA-6/200	6	200	3.75	375	70	C 表示"瓷"套管；第二字母 A、 B、C、D 表示最大抗弯破坏负荷等 级；没有 L 表示铜导体；W 表示户外 型
CB-10/600	10	600	7.5	450	100	
CWB-35/400	35	400	7.5	980	220	
CWL-10/600	10	600	7.5	560	114	L 表示铝导体 第二个 W 表示耐污型
CWWL-10/400	10	400	7.5	520	115	

穿墙套管应按下列几个条件选择。

（1）按使用场所选择型号；

（2）按工作电压选择额定电压；

（3）按计算电流选择额定电流；

（4）动稳定度校验。

$$F_c \leqslant 0.6 F_{al} \tag{4-54}$$

$$F_c = \frac{K(l_1 + l_2)}{a} i_{sh}^{(3)2} \times 10^{-7} \tag{4-55}$$

式中，F_c 为三相短路冲击电流作用于穿墙套管上的计算力（N）；F_{al} 为穿墙套管允许的最大抗弯破坏负荷（N）；l_1 为穿墙套管与最近一个支柱绝缘子间的距离（m）；l_2 为套管本身的长度（m）；a 为相间距离；$K=0.862$。

（5）热稳定度校验

$$I_\infty^{(3)2} t_{ima} \leqslant I_t^2 t \tag{4-56}$$

式中，I_t 为热稳定电流；t 为热稳定时间。

例 4.9　某 35kV 户内型变电所变压器变比为 35/10.5，5000kV·A，三相最大短路电流为 3.5kA，冲击短路电流为 8.85kA，总降压变电所 10kV 室内母线为铝母线，已知铝母线的经济电流密度为 1.15A/mm²，假想时间为 1.5s，母线水平放置在支柱绝缘子上，型号为 ZA-10Y，跨距为 1.2m，母线中心距为 0.25m，变压器 10kV 套管引入配电室穿墙套管型号为 CWL- 10/600，相间距离为 0.22m，与最近一个支柱绝缘子间的距离为 1.6m，试选择母线、校验母线、支柱绝缘子、穿墙套管的动稳定度和热稳定度。

解：（1）按经济截面积选择 LMY 型硬铝母线。

由已知条件知变压器二次侧额定电压为

$$I_{2N} = \frac{S_N}{\sqrt{3} U_N} = \frac{5000}{\sqrt{3} \times 10.5} \approx 275（A）$$

$$A_{ec} = \frac{I_{30}}{j_{ec}} = \frac{I_{2N}}{j_{ec}} = \frac{275}{1.15} \approx 239 \, (\text{mm}^2)$$

查附表 16，选择 LMY-50×5。

（2）母线动稳定度和热稳定度校验。

① 母线动稳定度校验。

由式（2-85）知三相短路电动力

$$F^{(3)} = \sqrt{3} i_{sh}^{(3)^2} \times \frac{l}{a} \times 10^{-7} = \frac{\sqrt{3} \times (8.85 \times 10^3)^2 \times 1.2 \times 10^{-7}}{0.25} \approx 65.1 \, (\text{N})$$

弯曲力矩按母线档数大于 2 计算，即

$$M = \frac{F^{(3)} l}{10} = \frac{65.1 \times 1.2}{10} \approx 7.8 \, (\text{N} \cdot \text{m})$$

$$W = \frac{b^2 h}{6} = \frac{0.05^2 \times 0.005}{6} \approx 2.08 \times 10^{-6} \, (\text{m}^3)$$

计算应力为

$$\sigma_c = \frac{M}{W} = \frac{7.8}{2.08 \times 10^{-6}} = 3.75 \times 10^6 \, (\text{Pa}) = 3.75 \, (\text{MPa})$$

$$\sigma_{al} = 70 \text{MPa} > \sigma_c$$

故母线满足动稳定度要求。

② 母线热稳定度校验。

$$A_{min} = I_\infty^{(3)} \frac{\sqrt{t_{ima}}}{C} = 3.5 \times 10^3 \times \frac{\sqrt{1.5}}{87} \approx 49.3 \, (\text{mm}^2)$$

母线实际截面积为

$$A = 50 \times 5 \text{mm}^2 = 250 \text{mm}^2 > A_{min} = 49.3 \text{mm}^2$$

故母线也满足热稳定度要求。

（3）支柱绝缘子动稳定度校验。

查表 4.8 可得，支柱绝缘子最大允许机械破坏负荷（弯曲）为 3.75kN，则

$$KF_{al} = 0.6 \times 3.75 \times 10^3 = 2250 \, (\text{N})$$

因 $F_c^{(3)} = F^{(3)} = 65.1 \text{N} < KF_{al} = 2250 \text{N}$，故支柱绝缘子满足动稳定度要求。

（4）穿墙套管动稳定度和热稳定度校验。

① 动稳定度校验。

由表 4.9 中相关数据和式（4-55）可得：

$$F_c = \frac{K(l_1 + l_2)}{a} i_{sh}^{(3)^2} \times 10^{-7} = \frac{0.862 \times (1.6 + 0.56) \times (8.85 \times 10^3)^2 \times 10^{-7}}{0.22} \approx 66.3 \, (\text{N})$$

则有 $F_c = 66.3 \text{N} < 0.6 F_{al} = 0.6 \times 3.75 \times 10^3 = 2250 \, (\text{N})$，故穿墙套管满足动稳定度要求。

② 热稳定度校验。

额定电流为 600A 的穿墙套管 5s 热稳定电流有效值为 12kA，根据式（4-56），有

$$I_\infty^{(3)^2} t_{ima} = 8.85^2 \times 1.5 \approx 117.5 \, (\text{kA}^2 \cdot \text{s}) \leqslant I_t^2 t = 12^2 \times 5 = 720 \, (\text{kA}^2 \cdot \text{s})$$

故穿墙套管满足热稳定度要求。

任务 4.5　照明设备及供电系统的选择

4.5.1　工厂常用电光源类型的选择

工厂常用的电光源按发光原理分为热辐射光源和气体放电光源两大类。热辐射光源是利用物体受热发光的原理制成的光源，如白炽灯、卤钨灯等。气体放电光源是利用气体放电时发光的原理所制成的光源，如荧光灯、高压汞灯、高压钠灯、金属卤化物灯和氙灯等。

工厂的照明光源应根据被照场所的具体情况及对照明的要求合理地选择，通常考虑以下几点：

（1）在要求显色性高或在照明开关通断频繁，或需要及时点亮和防止电磁波干扰的场所宜采用白炽灯或卤钨灯。

（2）对于照度及显色性要求高的场所，如设计室、图书馆、教室、印刷车间等宜采用荧光灯。

（3）灯具的悬挂高度大于 4m 时考虑采用卤钨灯和高压汞灯。照度要求高、被照面积大的屋外场所（广场等）宜采用管型氙灯或金属卤化物灯。

（4）一般性生产车间、辅助车间、仓库、厂区道路等优先考虑价廉的白炽灯。但由于白炽灯发光效率低、寿命短，可使用气体放电灯取代白炽灯用于工厂的一般照明。

（5）在同一场所，当采用一种光源的显色性达不到照明要求时，可采用两种或多种光源混合照明，以提高发光效率，并保证有较好的光色。

4.5.2　工厂常用灯具类型的选择

1. 工厂常用灯具的类型

工厂常用灯具的分类方法有按灯具的配光特性分类和按灯具的结构分类两种。按灯具的配光特性分类又有两种分类方法：一种是国际照明委员会（CIE）提出的分类法，分为直接照明型、半直接照明型、均匀漫射型、半间接照明型、间接照明型五类；另一种是传统的分类法，分为正弦分布型、广照型、漫射型、配照型、深照型五类。按灯具的结构分类分为开启型、闭合型、密闭型、增安型、隔爆型五类。

2. 工厂常用灯具类型的选择

照明灯具应选用发光效率高、配光合理、保持率高的灯具。在保证照明质量的前提下，应优先采用开启型灯具，并应少采用装有格栅、保护罩等附件的灯具。

（1）空气较干燥和少尘的室内场所，可采用开启型的各种灯具。

（2）特别潮湿的场所，宜采用防潮灯或带防水灯头的开启型灯具。

（3）有腐蚀性气体和蒸汽的场所，宜采用由耐腐蚀性材料制成的密闭型灯具。如果采用开启型灯具，则其各部分应有防腐蚀和防水的措施。

（4）在高温场所，宜采用带有散热孔的开启型灯具。

（5）有尘埃的场所，应按防尘的防护等级选择合适的灯具。

（6）装有锻锤、重级工作制桥式吊车等振动、摆动较大场所的灯具，应有防振措施和防护网，防止灯泡自动松脱掉下。

（7）易受机械损伤场所的灯具，应加保护网。

（8）有爆炸和火灾危险场所使用的灯具，应遵循国家标准《爆炸危险环境电力装置设计规范》的有关规定。

4.5.3　照明供电系统的选择

1.照明供电方式的选择

我国照明供电方式一般为 220/380V 三相四线中性点直接接地的交流网络供电。

1）正常照明

一般由动力与照明共用的变压器供电，如图 4.3（a）所示，在照明负荷较大的情况下，照明也可采用单独的变压器供电。当生产厂房的动力采用"变压器-干线"供电，对外有低压联络线时，照明电源接于变压器低压侧总开关之后；对外无低压联络线时，照明电源接于变压器低压侧总开关之前，如图 4.3（b）所示；当车间变电所低压侧采用放射式配电系统时，照明电源接于低压配电的照明专用线上，如图 4.3（c）所示。对电力负荷稳定的厂房，动力与照明可合用供电线路，但应在电源进户处将动力与照明线路分开，如图 4.3（d）所示。

2）事故照明

供继续工作使用的事故照明（备用照明）应接于与正常照明不同的电源，当正常照明因事故停电时，备用照明电源应自动投入。有时为了节约照明线路，也从整个照明中分出一部分作为备用照明，但其配电线路与控制开关应分开装设。

供疏散人员用的事故照明，当只有一台变压器时，应与正常照明的供电线路自变电所低压配电屏上或母线上分开；当装设两台及以上变压器时，应与正常照明的干线分别接自不同的变压器；当室内未设变压器时，应与正常照明在进户线进户后分开，且不得与正常照明共用一个总开关；当只需要装少量事故照明灯时，可采用带有直流逆变器的应急照明灯。

3）局部照明

机床和固定工作台的局部照明可接自动力线路，移动式局部照明应接自正常照明线路。

4）室外照明

室外照明线路应与室内照明线路分开供电，道路照明、警卫照明的电源宜接自有人值班的变电所低压配电屏的专用回路，当室外照明的供电距离较远时，可由不同地区的变电所分区供电。

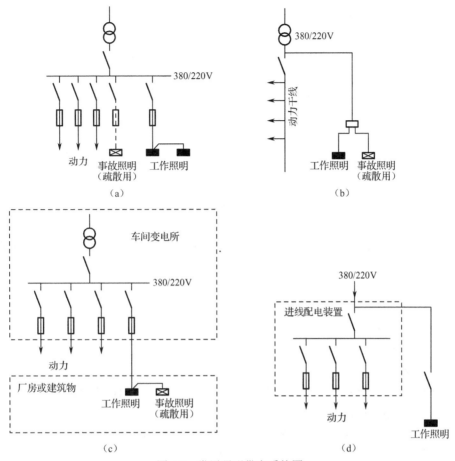

图 4.3　常用照明供电系统图

2. 照明供电系统导线截面积的选择

由于电压偏差对照明光源的影响十分显著，因此照明线路的导线截面积通常先按允许电压损耗选择，再校验发热条件和机械强度。照明线路的允许电压损耗百分值一般为 2.5%～5%。

按允许电压损耗计算导线截面积的公式为

$$A = \frac{\sum M}{C \Delta U_{\text{al}}\%} \tag{4-57}$$

式中，C 为计算系数，查表 4.7；$\sum M$ 为线路中负荷功率矩之和（单位为 kW·m）；$U_{\text{al}}\%$ 为允许电压损耗百分值。

按式（4-57）计算的导线截面积还应校验发热条件和机械强度，并应满足与该线路保护装置（熔断器或低压断路器过电流脱扣器）的配合要求。

3. 照明供电系统保护装置的选择

照明供电系统（线路）可采用熔断器或低压断路器进行短路和过负荷保护。考虑到各种电光源开启时启动电流的不同，不同电光源的保护装置电流（熔体电流或脱扣电流）也应有所区别，如表 4.10 所示。

表 4.10　照明线路保护装置电流的选择

保护装置类型	保护装置电流/照明线路计算电流/A		
	白炽灯、卤钨灯、荧光灯、金属卤化物灯	高压汞灯	高压钠灯
RL1 型熔断器	1	1.3～1.7	1.5
RC1A 型熔断器	1	1.0～1.5	1.1
带热脱扣器的低压断路器	1	1.1	1
带瞬时脱扣器的低压断路器	6	6	6

必须注意：用熔断器保护照明线路时，熔断器应安装在相线上，而在公共 PE 线和 PEN 线上，不得安装熔断器。用低压断路器保护照明线路时，过电流脱扣器也应安装在相线上。

思考与练习

4-1　电气设备选择的一般原则是什么？

4-2　选择熔断器时，为什么其熔体的额定电流要与被保护的线路相匹配？

4-3　高压断路器如何选择？

4-4　选择低压断路器时，其过电流脱扣器的动作电流与被保护的线路如何匹配？

4-5　低压断路器如何选择？

4-6　低压线路中，前后级熔断器间在选择性方面如何进行配合？

4-7　变压器的实际容量和过负荷能力是如何定义的？

4-8　主变压器的台数如何选择？

4-9　电压互感器为什么不校验动稳定度和热稳定度，而电流互感器却要校验？

4-10　电流互感器按哪些条件选择？变比又如何选择？二次绕组的负荷怎样计算？

4-11　电压互感器应按哪些条件选择？准确度级如何选用？

4-12　导线和电缆截面积的选择原则是什么？

4-13　什么是导线的允许载流量？

4-14　母线的种类及其材料分别有哪些？

4-15　室内母线有哪两种型号？如何选择它的截面积？

4-16　支柱绝缘子的作用是什么？按什么条件选择？为什么需要校验动稳定度而不需要校验热稳定度？

4-17　穿墙套管按哪些条件选择？

4-18　一条 380V 线路供电给一台额定电流为 60A 的电动机，电动机启动电流为 320A，线路最大三相短路电流为 18kA，拟采用 RT0 型熔断器进行过电流保护，环境温度为 30℃，试选择 BLV 型穿钢管暗敷的导线截面积；选择熔断器和熔体的额定电流并校验。

4-19　某 10kV 线路计算电流为 160A，三相短路电流为 9.5kA，冲击短路电流为 24kA，假想时间为 1.5s，试选择断路器，并校验其动稳定度和热稳定度。

4-20　某车间总计算负荷 P_{30}=1150kW，Q_{30}=810kvar，其中一、二级负荷为 628kV·A。

试初步确定此车间变电所的主变压器台数和容量。

4-21　有一条采用 BV 型铜芯塑料线穿钢管（SC）埋地敷设的 220/380V 的 TN-S 线路，线路计算电流为 128A，当地月平均最高气温为+35℃。试按发热条件选择此线路的导线截面积。

4-22　有一条用 LJ 型铝绞线架设的 3km 长的 35kV 架空线路，有功计算负荷为 3200kW，$\cos\varphi$=0.85，$T_{\max}$=4500h。试选择其经济截面积，并校验其发热条件和机械强度。

4-23　某 220/380V 的 TN-C 线路，如图 4.4 所示。线路采用 BX-500 型铜芯橡皮绝缘线户内明敷，环境温度为 30℃，允许电压损耗百分值为 5%。试选择该线路的导线截面积。

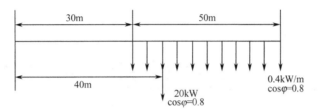

图 4.4　习题 4-23 的线路

4-24　某高压配电室采用 LMY-80×10 型硬铝母线，平放在 ZA-10Y 支柱绝缘子上，母线中心距为 0.4m，支柱绝缘子间跨距为 1.5m，与 CWL-10/600 型穿墙套管间跨距为 1.6m，穿墙套管间距为 0.3m。最大短路冲击电流为 30kA，试对母线、支柱绝缘子和穿墙套管的动稳定度进行校验。

4-25　试选择图 4.5 所示额定电压 220V 时照明线路 BLV 型铝芯塑料线的截面积。已知全线截面积一致，明敷，线路长度和负荷均标注于图上。假设全线允许电压降为 3%，该地环境温度为 30℃。

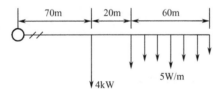

图 4.5　习题 4-25 的照明线路

项目 5

工厂供电系统继电保护、防雷与接地

继电保护的作用是防止短路故障或不正常运行状态造成电气设备或供配电系统的损坏，提高供电可靠性。继电保护是变电所二次回路的重要组成部分，也是供电设计的主要内容。本项目讲述继电保护的基本知识、常用的保护继电器，重点介绍高压线路、电力变压器的继电保护，以及工厂供电自动化技术；然后介绍了防雷及电气设备的接地相关知识。

任务 5.1　工厂供电系统继电保护

5.1.1　继电保护装置的基本知识

1. 继电保护装置的任务

继电保护装置是一种能反映电力系统中电气元件发生故障或处于异常运行状态，并动作于断路器跳闸或发出信号的自动装置。它的基本任务如下：

（1）自动、迅速、有选择地将故障元件从电力系统中切除，并保证无故障部分迅速恢复正常运行。

（2）正确反映电气设备的不正常状态，发出预告信号，以便操作人员采取措施，恢复电气设备的正常运行。

（3）与供电系统的自动装置（如自动重合闸装置、备用电源自动投入装置等）配合，提高供电系统的运行可靠性。

2. 对继电保护装置的基本要求

电力系统继电保护装置应满足选择性、可靠性、速动性和灵敏性的基本要求。

1）选择性

继电保护装置的选择性是指保护装置动作时，仅将故障元件从电力系统中切除，使停电范围尽量缩小，以保证电力系统中的无故障部分能继续安全运行。满足这一要求的动作称为选择性动作。

如图 5.1 所示，当线路 K2 点发生短路时，保护装置 6 动作跳开断路器 QF6，将故障切除，其余的设备正常运行，继电保护装置的这种动作是有选择性的。

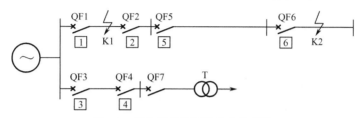

图 5.1　继电保护装置的动作选择性

2）可靠性

继电保护装置的可靠性是指在规定的保护区内发生故障时，它不应该拒绝动作；而在正常运行或保护区外发生故障时，它不应该误动作。如图 5.1 所示，当线路 K2 点发生短路时，继电保护装置 6 不应该拒绝动作，继电保护装置 1、2、5 不应该误动作。

3）速动性

发生故障时，继电保护装置应该尽快地动作，切除故障，减少故障引起的损失，提高电力系统的稳定性。

4）灵敏性

灵敏度用来表征保护装置对其保护区内发生故障或处于异常运行状态的反应能力。如果继电保护装置对其保护区内极轻微的故障都能及时地反应，就说明灵敏度高。灵敏度可表示为

$$S_\text{P} \stackrel{\text{def}}{=} \frac{I_{\text{k.min}}}{I_{\text{op.1}}} \qquad (5\text{-}1)$$

式中，$I_{\text{k.min}}$ 为继电保护装置保护区内在电力系统最小运行方式下的最小短路电流；$I_{\text{op.1}}$ 为继电保护装置动作电流换算到一次电路的值，称为一次动作电流。

以上所讲的对继电保护装置的四项基本要求，对某一个具体的继电保护装置而言，不一定同等重要，而往往有所偏重。

3. 继电保护装置的构成

继电保护装置的构成原理虽然很多，但是在一般情况下，整套继电保护装置是由测量部分、逻辑部分和执行部分组成的，构成原理如图 5.2 所示。

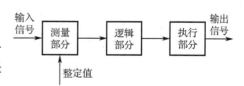

图 5.2　继电保护装置的构成原理

1）测量部分

测量部分用来测量被保护设备的某物理量，并将测量结果与给定的整定值进行比较，根据比较的结果，判断继电保护装置是否应该动作。

2）逻辑部分

逻辑部分是根据测量部分各输出量的大小、性质、输出的逻辑状态、出现的顺序或它们的组合，使保护装置按一定的逻辑关系工作，然后确定是否应该使断路器跳闸或发出信号，并将有关命令传给执行部分。

3）执行部分

执行部分根据逻辑部分传送的信号，最后完成继电保护装置所担负的任务，如发生故障时动作于跳闸，异常运行时发出信号，正常运行时不动作等。

5.1.2 常用的保护继电器

继电器是各种继电保护装置的基本组成元件。其工作特点是当外界的输入量达到整定值时，输出电路中的电气量将发生预定的变化。继电器按其结构原理划分为电磁式、感应式、微机式等继电器；按其反映的物理量划分为电流继电器、电压继电器、功率方向继电器、气体继电器等；按其反映的物理量的变化划分为过量继电器和欠量继电器；按其在保护装置中的功能划分为启动继电器、时间继电器、信号继电器和中间继电器等。

供电系统中常用的继电器主要是电磁式继电器和感应式继电器。现代化的大用户已开始使用微机保护。

1. 电磁式继电器

电磁式继电器的结构形式主要有三种：螺管线圈式、吸引衔铁式及转动舌片式，如图 5.3 所示。

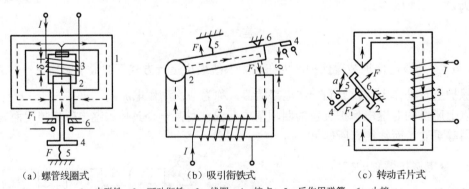

| (a) 螺管线圈式 | (b) 吸引衔铁式 | (c) 转动舌片式 |

1—电磁铁；2—可动衔铁；3—线圈；4—接点；5—反作用弹簧；6—止挡

图 5.3　电磁式继电器的三种基本结构形式

电磁式电流继电器和电压继电器在继电保护装置中均为启动元件，属于测量继电器。电磁式电流继电器的文字和图形符号如图 5.4（a）所示。

1）电磁式电流继电器

常用的 DL 系列电磁式电流继电器的基本结构如图 5.3（c）所示。继电器线圈中的电流增大到使其常开触点闭合、常闭触点断开，称为继电器动作；过电流继电器动作后电流减小到一定值，可使触点返回起始位置，称为继电器返回。

过电流继电器线圈中的使继电器动作的最小电流，称为继电器的动作电流（用 I_{op} 表示）；使继电器由动作状态返回起始位置的最大电流，称为继电器的返回电流（用 I_{re} 表示）。继电器的返回电流与动作电流的比值称为继电器的返回系数，用 K_{re} 表示，即：

$$K_{re} = \frac{I_{re}}{I_{op}} \tag{5-2}$$

对于过量继电器（如过电流继电器），K_{re} 总小于 1。

2）电磁式电压继电器

电磁式电压继电器的基本结构与 DL 系列电磁式电流继电器基本相同。电压继电器分为过电压继电器和欠电压继电器两种，其中欠电压继电器在工厂供电系统应用较多。过电压继电器返回系数小于 1；欠电压继电器的返回系数大于 1，一般在 1～1.2 之间。

3）电磁式时间继电器

电磁式时间继电器在继电保护装置中用来使继电保护装置获得所要求的延时（时限）。电磁式时间继电器的文字和图形符号如图 5.4（b）所示。电力系统中常用的 DS-110、DS-120 系列电磁式时间继电器中，DS-110 系列用于直流，DS-120 系列用于交流。电磁式时间继电器主要由电磁部分、时钟部分（钟表延时机构）和触点组成。电磁部分主要起到锁住和释放钟表延时机构的作用，钟表延时机构起到准确延时的作用，触点实现电路的通断。电磁式时间继电器的线圈按短时工作设计。

4）电磁式信号继电器

电磁式信号继电器用于装置动作的信号指示，标示装置所处的状态或接通灯光信号（音响）回路。电磁式信号继电器的触点为自保持触点，应由值班人员手动复归或电动复归。电磁式信号继电器的文字和图形符号如图 5.4（c）所示。

供电系统常用的 DX11 型电磁式信号继电器，有电流型和电压型两种，电流型（串联型）信号继电器的线圈为电流线圈，其阻抗小，串联在二次回路内不影响其他元件的动作。电压型信号继电器的线圈为电压线圈，其阻抗大，必须并联使用。当线圈加入的电流大于继电器动作值时，衔铁被吸起，信号牌失去支持，靠自重落下，且保持于垂直位置，通过窗口可以看到掉牌。与此同时，常开触点闭合，接通光信号和声信号回路。

5）电磁式中间继电器

电磁式中间继电器触点容量大、触点数目多，用以弥补主继电器触点数量和容量的不足。它通常装设在继电保护装置的出口，用以接通断路器跳闸线圈。通常电磁式中间继电器采用吸引衔铁式结构，线圈为快速继电器的线圈。电力系统中常用的 DZ10 系列电磁式中间继电器，其工作原理与电磁式电流继电器基本相同。其文字和图形符号如图 5.4（d）所示。

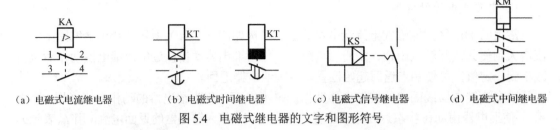

（a）电磁式电流继电器　　　（b）电磁式时间继电器　　　（c）电磁式信号继电器　　　（d）电磁式中间继电器

图 5.4　电磁式继电器的文字和图形符号

2. 感应式电流继电器

在工厂供电系统中，广泛采用感应式电流继电器进行电流保护兼电流速断保护，因为感应式电流继电器兼有上述电磁式电流继电器、电磁式时间继电器、电磁式信号继电器、电磁式中间继电器的功能，故可大大简化继电保护装置。而且采用感应式电流继电器的保护装置采用交流操作，可进一步简化二次系统，减少投资，因此它在中小型变配电所中应用非常普遍。

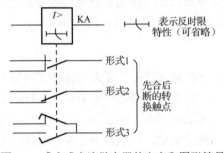

图 5.5　感应式电流继电器的文字和图形符号

感应式电流继电器由感应元件和电磁元件构成，感应元件实现反时限过电流保护功能，电磁元件实现速断保护功能。同时，继电器本身带有信号牌，接点容量大，可直接接通断路器的跳闸线圈。其文字和图形符号如图 5.5 所示。

工厂常用的感应式电流继电器有 GL-10、GL-20、GL$-\frac{15,16}{25,26}$ 型，GL$-\frac{15,16}{25,26}$ 型还具有两对相连的常开和常闭触点，构成一组先合后断的转换触点，如图 5.6 所示。

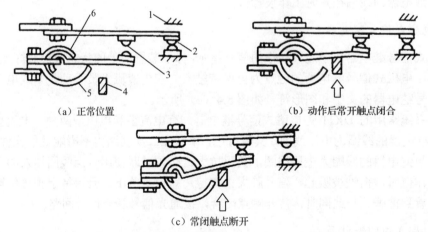

（a）正常位置　　　（b）动作后常开触点闭合

（c）常闭触点断开

1—上止挡；2—常闭触点；3—常开触点；4—衔铁；5—下止挡；6—簧片

图 5.6　GL$-\frac{15,16}{25,26}$ 型电流继电器先合后断的转换触点的动作说明

5.1.3　高压线路的继电保护

按国家标准《电力装置的继电保护和自动装置设计规范》规定：对 3kV～66kV 电力线

路，应装设相间短路保护、单相接地保护和过负荷保护。

线路的相间短路保护，主要采用带时限的过电流保护和瞬时动作的电流速断保护，动作于断路器的跳闸。如果过电流保护动作时限不大于 0.7s，可不装设电流速断保护。

线路的单相接地保护，有绝缘监视装置（零序电压保护）或单相接地保护（零序电流保护），保护动作于信号，但是当单相接地故障危及人身和设备安全时，则动作于跳闸。

对可能经常过负荷的电缆线路，应设过负荷保护，动作于信号。

1. 带时限过电流保护

带时限的过电流保护，按其动作时间特性分为定时限过电流保护和反时限过电流保护两种。定时限就是指保护装置的动作时间是固定的，与短路电流大小无关；反时限就是指保护装置的动作时间与继电器中短路电流的大小成反比，短路电流越大，动作时间越短。

1）定时限过电流保护的原理接线图

定时限过电流保护的原理接线图如图 5.7 所示。图 5.7（a）中，所有元件的组成部分都集中表示，称为接线图；图 5.7（b）中，所有元件的组成部分按所属回路分开表示，称为展开图。从原理分析的角度来说，展开图简明清晰，在二次回路中应用最为普遍。

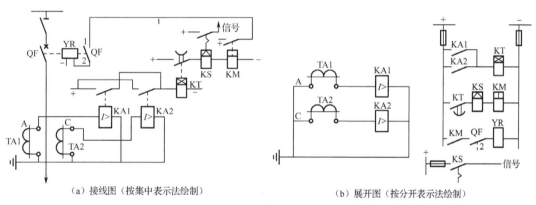

(a) 接线图（按集中表示法绘制）　　　　　(b) 展开图（按分开表示法绘制）

图 5.7　定时限过电流保护的原理接线图

当线路发生短路故障时，短路电流经过电流互感器流入继电器，如果短路电流大于继电器整定值时，电流继电器瞬时动作，其常开触点闭合，时间继电器 KT 线圈得电，经过整定的延时后，触点闭合，中间继电器 KM 和信号继电器 KS 动作，KM 常开触点闭合，接通断路器跳闸线圈 YR 回路，断路器 QF 跳闸，切除故障。KS 动作，其信号牌掉下，同时其常开触点闭合，启动信号回路，发出灯光和音响信号。

2）反时限过电流保护的原理接线图

反时限过电流保护的原理接线图如图 5.8 所示。它由 GL 型感应式电流继电器组成。图 5.8 采用交流操作的"去分流跳闸"原理。

当一次电路发生相间短路时，电流继电器动作，经过一定延时后（反时限特性），其常开触点闭合，紧接着其常闭触点断开，这时断路器 QF 因其跳闸线圈 YR 被"去分流"而跳闸，切除短路故障。在电流继电器去分流跳闸的同时，其信号牌掉下，指示保护装置已动作。在短路故障切除后，电流继电器自动返回，其信号牌可利用外壳上的旋钮手动复位。

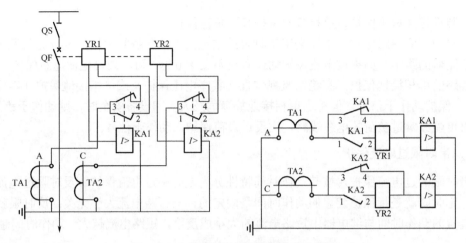

图 5.8　反时限过电流保护的原理接线图

3）过电流保护的整定

过电流保护的整定有动作电流的整定、动作时限的整定和保护灵敏度校验 3 项内容。

（1）动作电流的整定。

过电流保护的动作电流必须满足下列条件：

① 正常运行时，保护装置不动作，即保护装置的动作电流 $I_{op} > I_{L.max}$；

② 保护装置切除外部故障后，应可靠返回原始位置，即 $I_{re} > I_{L.max}$。

如图 5.9 所示电路，假设线路 WL2 的首端 k 点发生相间短路，由于短路电流远大于线路上的所有负荷电流，所以沿线路的过电流保护装置 KA1、KA2 均要动作。按照保护选择性的要求应该是靠近故障点 k 的保护装置 KA2 首先动作，断开 QF2，切除故障线路 WL2。切除故障后，保护装置 KA1 应立即返回起始状态，不致断开 QF1。这就要求 $I_{re} > I_{L.max}$。

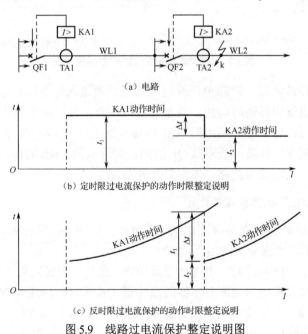

（a）电路

（b）定时限过电流保护的动作时限整定说明

（c）反时限过电流保护的动作时限整定说明

图 5.9　线路过电流保护整定说明图

由于过电流保护的 $I_{op} > I_{re}$，所以以 $I_{re} > I_{L.max}$ 作为动作电流整定依据，同时引入一个可靠系数 K_{rel}，将不等式改成等式，将保护装置的返回电流换算到动作电流，即得到过电流保护装置动作电流的计算式为

$$I_{op} = \frac{K_{rel} K_w}{K_{re} K_i} I_{L.max} \tag{5-3}$$

式中，K_{rel} 为可靠系数，DL 型继电器取 1.2，GL 型继电器取 1.3；K_w 为接线系数，对两相两继电器式接线为 1，对两相一继电器式接线（两相电流差接线）为 $\sqrt{3}$；$I_{L.max}$ 为线路上的最大负荷电流，可取 $(1.5 \sim 3) I_{30}$；K_{re} 为返回系数，DL 型电流继电器取 0.85，GL 型电流继电器取 0.8。

（2）动作时限的整定。

过电流保护的动作时限，根据"阶梯原则"进行整定，以保证前后两级保护装置动作的选择性，也就是后一级保护装置所保护的线路首端发生三相短路时，前一级保护装置的动作时间 t_1 应比后一级保护装置最长的动作时间 t_2 大一个时限级差 Δt，如图 5.9（b）、（c）所示，即

$$t_1 > t_2 + \Delta t \tag{5-4}$$

对于定时限过电流保护，$\Delta t = 0.5s$；对于反时限过电流保护，$\Delta t = 0.7s$。

定时限过电流保护的动作时限，利用时间继电器（DS 型）来整定。

反时限过电流保护的动作时限，由于 GL 型电流继电器的时限调节机构是按"10 倍动作电流的动作时限"来标度的，因此要根据前后两级保护装置 GL 型电流继电器的动作特性曲线来整定。

假定图 5.9（a）中继电器采用的是感应型电流继电器，WL2 线路上的保护继电器 KA 的 10 倍动作电流的动作时限已整定为 t_2，现在要整定前一级线路 WL1 的保护继电器 10 倍动作电流的动作时限 t_1，结合图 5.10，反时限过电流保护动作时限整定计算步骤如下。

① 计算 WL2 首端的三相短路电流 I_k 反应到 KA2 中的电流值：

$$I'_{k(2)} = \frac{K_{w(2)}}{K_{i(2)}} I_k \tag{5-5}$$

式中，$K_{w(2)}$ 为 KA2 与电流互感器相连的接线系数；$K_{i(2)}$ 为电流互感器 TA2 的变流比。

② 计算 $I'_{k(2)}$ 对 KA2 的动作电流 $I_{op(2)}$ 的倍数，即

$$n_2 = \frac{I'_{k(2)}}{I_{op(2)}} \tag{5-6}$$

③ 确定 KA2 的实际动作时间：在图 5.10 中的横坐标轴上找到 n_2，然后向上找到该曲线上 b 点，该点纵坐标对应的动作时间 t'_2 就是 KA2 在通过 $I'_{k(2)}$ 电流时的实际动作时间。

④ 计算 KA1 的实际动作时间。根据保护选择性的要求，KA1 的实际动作时间 t'_1 为

$$t'_1 = t'_2 + \Delta t = t'_2 + 0.7s \tag{5-7}$$

⑤ 计算 WL2 首端三相短路电流 I_k 反应到 KA1 中的电流值，即：

$$I'_{k(1)} = \frac{K_{w(1)}}{K_{i(1)}} I_k \tag{5-8}$$

式中，$K_{w(1)}$ 为 KA1 与电流互感器相连的接线系数；$K_{i(1)}$ 为电流互感器 TA1 的变流比。

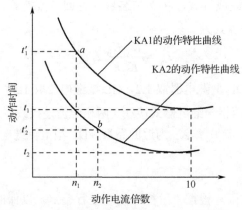

图 5.10　反时限过电流保护的动作时限整定

⑥ 计算 $I'_{k(1)}$ 对 KA1 的动作电流 $I_{op(1)}$ 的倍数，即

$$n_1 = \frac{I'_{k(1)}}{I_{op(1)}} \tag{5-9}$$

⑦ 确定 KA1 的 10 倍动作电流的动作时限。从图 5.10 中的横坐标轴上找到 n_1，从纵坐标轴上找到 t'_1，然后找到 n_1 与 t'_1 的交点 a，a 点所在曲线对应的 10 倍动作电流的动作时间 t_1 即所求。

注意：有时 n_1 与 t'_1 的交点不在给出的曲线上，而在两条曲线之间，这时根据 GL 型电流继电器动作时限特性曲线形状大致相同的特点，粗略估计其 10 倍动作电流的动作时限。

（3）灵敏度校验。

根据 $S_P = I_{k.min}/I_{op}$，可得过电流保护的灵敏度必须满足下面的条件：

$$S_P = \frac{K_w I^{(2)}_{k.min}}{K_i I_{op}} \geqslant 1.5 \tag{5-10}$$

式中，$I^{(2)}_{k.min}$ 为被保护线路末端在系统最小运行方式下的两相短路电流。

如果过电流保护作为相邻线路的后备保护，则其保护灵敏度 $S_P \geqslant 1.2$ 即可。

例 5.1　图 5.11 所示的无限大容量供电系统中，10kV 线路 WL1 上的最大负荷电流为 300A，电流互感器 TA 的变比为 400/5。k-1、k-2 点三相短路时归算至 10kV 侧的最小短路电流分别为 2680A 和 940A。变压器 T 上设置的定时限过电流保护装置 2 的动作时限为 0.6s，拟在线路 WL1 上设置定时限过电流保护装置 1，试进行整定计算。

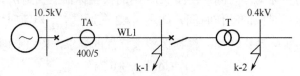

图 5.11　无限大容量供电系统示意图

解：保护装置采用两相不完全星形接线，则 $K_w = 1$。

（1）动作电流的整定。

取 $K_{\text{rel}}=1.2$，$K_{\text{re}}=0.85$，则过电流继电器的动作电流为

$$I_{\text{op}} = \frac{K_{\text{rel}}K_{\text{w}}}{K_{\text{re}}K_i}I_{\text{L.max}} = \frac{1.2\times1}{0.85\times400/5}\times300 \approx 5.29\,(\text{A})$$

整定为 $I_{\text{op}}=6\text{A}$。

则保护装置一次侧动作电流为

$$I_{\text{op(1)}} = \frac{K_i}{K_{\text{w}}}I_{\text{op}} = \frac{400/5}{1}\times6 = 480\,(\text{A})$$

（2）灵敏度校验。

① 用于线路 WL1 主保护的近后备保护时，灵敏度为：

$$S_{\text{P}} = \frac{K_{\text{w}}I_{\text{k2.min}}^{(2)}}{K_i I_{\text{op}}} = \frac{1}{400/5\times6}\times0.866\times2680 \approx 4.83 \geq 1.5$$

② 用于线路 WL1 主保护的远后备保护时，灵敏度为：

$$S_{\text{P}} = \frac{K_{\text{w}}I_{\text{k1.min}}^{(2)}}{K_i I_{\text{op}}} = \frac{1}{400/5\times6}\times0.866\times940 \approx 1.7 \geq 1.5$$

均满足要求。

（3）动作时间的整定。

由时限阶梯原则，动作时限应比下一级大一个时限级差，则

$$t_1 = t_{\text{T}} + \Delta t = 0.6\text{s} + 0.5\text{s} = 1.1\text{s}$$

由上述分析可知，定时限过电流保护的动作电流是按躲过最大负荷电流整定的，保护范围将延伸到下一级线路，其选择性是靠动作时间实现的。如此则越靠近电源的保护，动作时限越长，不满足保护的速动性，这是定时限过电流保护的一个缺点。

例 5.2　图 5.12 所示高压线路中，已知 TA1 的变比为 200/5，TA2 的变比为 160/5，WL1 和 WL2 上过电流保护装置均采用两相两继电器式接线，继电器均为 GL-15/10 型。KA1 已经整定，其动作电流为 10A，10 倍动作电流的动作时间为 $t_1=1.5\text{s}$，WL2 的最大负荷电流为 80A，其首端三相短路电流为 1200A，末端三相短路电流为 500A。试整定 KA2 的动作电流和动作时间。

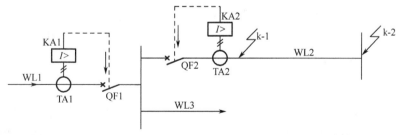

图 5.12　例 5.2 的电力线路

解：（1）整定 KA2 的动作电流。

取 $K_{\text{rel}}=1.3$，又因 $K_{\text{w}}=1$、$K_{\text{re}}=0.8$，可得

$$I_{op(2)} = \frac{K_{rel}K_w}{K_{re}K_i} I_{L.max} = \frac{1.3 \times 1}{0.8 \times 160/5} \times 80 \approx 4.06 \text{（A）}$$

整定为 4A。

（2）整定 KA2 的动作时限。

① 确定 KA1 的动作时间。

WL2 首端短路电流反应到 KA1 的电流为：$I'_{k(1)} = \frac{K_{w(1)}}{K_{i(1)}} I_k = \frac{1}{200/5} \times 1200A = 30A$

$I'_{k(1)}$ 对 KA1 动作电流的倍数为：$n_1 = \frac{I'_{k(1)}}{I_{op(1)}} = \frac{30}{10} = 3$，利用 $n_1 = 3$ 和 KA1 已整定的时间 1.5s，查附表 18，可得 KA1 的实际动作时间为 $t'_1 = 2.5s$。

② 根据保护装置的选择性，KA2 的实际动作时间：$t'_2 = t'_1 - \Delta t = 2.5s - 0.7s = 1.8s$。

③ KA2 的 10 倍动作电流的动作时间。

WL2 首端短路电流反应到 KA2 的电流为：$I'_{k(2)} = \frac{K_{w(2)}}{K_{i(2)}} I_k = \frac{1}{160/5} \times 1200A = 37.5A$

$I'_{k(2)}$ 对 KA 动作电流的倍数为：$n_2 = \frac{I'_{k(2)}}{I_{op(2)}} = \frac{37.5}{4} \approx 9.38$，利用 $n_2 = 9.38$ 和 $t_2 = 1.8s$ 查附表 18 ，可得 KA2 的 10 倍动作电流的动作时间为 $t_2 \approx 2s$。

2．电流速断保护

带时限的过电流保护，为了保证动作的选择性，其整定时限必须逐级增加，因而越靠近电源处，短路电流越大，而保护动作时限越长，短路危害越严重，这是过电流保护的不足之处。因此，国家标准《电力装置的继电保护和自动装置设计规范》规定，当过电流保护动作时间超过 0.7s 时，应设瞬动的电流速断保护装置。

1）电流速断保护的原理接线图

电流速断保护就是一种瞬时动作的过电流保护。对于采用 DL 系列电流继电器的速断保护来说，就相当于定时限过电流保护中抽去时间继电器，即在启动用的电流继电器之后，直接接信号继电器和中间继电器，最后由中间继电器触点接通断路器的跳闸回路，图 5.13 是高压线路上同时装有定时限过电流保护和电流速断保护的电路图。

如果采用 GL 系列电流继电器，则利用该继电器的电磁元件来实现电流速断保护，而其感应元件则用于反时限过电流保护，因此非常简单经济。

2）电流速断保护的整定及"死区"

为了保证前后两级瞬动的电流速断保护的选择性，电流速断保护动作电流 I_{qb} 应躲过被保护线路末端最大可能的短路电流 $I_{k.max}$，以避免后一级速断保护所保护线路的首端发生三相短路时的误跳闸。图 5.14 所示电路中，WL1 末端 k-1 点的三相短路电流与 WL2 线路首端 k-2 点的三相短路电流是近似相等的。因此，电流速断保护动作电流 I_{qb} 的整定公式为：

$$I_{qb} = \frac{K_{rel}K_w}{K_i} I_{k.max} \tag{5-11}$$

式中，K_{rel} 为可靠系数，对 DL 型电流继电器，取 1.2～1.3；对 GL 型电流继电器，取 1.4～1.5；对脱扣器，取 1.8～2。

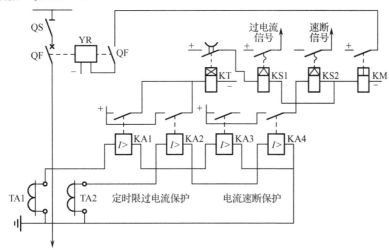

图 5.13　高压线路上同时装有定时限过电流保护和电流速断保护的电路图

由于电流速断保护动作电流躲过了被保护线路末端的最大短路电流，但当靠近末端的线路上发生的不是最大运行方式下的三相短路（比如两相短路）时，电流速断保护就不可能动作，即电流速断保护不能保护线路的全长。这种保护装置不能保护的区域就称为"死区"，如图 5.14 所示。

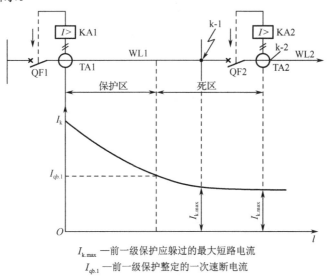

$I_{k.max}$——前一级保护应躲过的最大短路电流
$I_{qb.1}$——前一级保护整定的一次速断电流

图 5.14　线路电流速断保护的保护区和死区

为了弥补电流速断保护存在死区的缺陷，电流速断保护一般不单独使用，而是与带时限的过电流保护配合使用。且过电流保护的动作时间比电流速断保护至少长一个时间级差，同时前后级过电流保护的动作时间符合时限的"阶梯原则"，以保证选择性。

在电流速断保护的保护区内，电流速断保护是主保护，过电流保护是后备保护；而在电流速断保护的死区内，则过电流保护为基本保护。

3）电流速断保护的灵敏度

电流速断保护的灵敏度，按其保护装置安装处的最小短路电流来校验，即

$$S_P = \frac{K_w I_k^{(2)}}{K_i I_{qb}} \geq 1.5 \sim 2 \tag{5-12}$$

式中，$I_k^{(2)}$ 为线路首端在系统最小运行方式下的两相短路电流。

例 5.3 试整定例 5.2 中装于 WL2 首端 KA2 的 GL-15/10 型电流继电器的速断电流倍数，并校验其过电流保护和电流速断保护的灵敏度。

解：（1）整定速断电流倍数。取 $K_{rel}=1.4$，则速断电流为：

$$I_{qb} = \frac{K_{rel}K_w}{K_i} I_{k.max} = \frac{1.4 \times 1}{160/5} \times 500 \approx 21.88（A）$$

整定为 21A，因此，KA2 速断电流倍数为 $n_{qb} = \dfrac{I_{qb}}{I_{op(2)}} = \dfrac{21}{4} = 5.25$

（2）过电流保护灵敏度的校验：

$$S_P = \frac{K_w I_{k.min}^{(2)}}{K_i I_{op(2)}} = \frac{1 \times 0.866 \times 500}{160/5 \times 4} \approx 3.38 > 1.5$$

因此，KA2 整定的动作电流满足灵敏度的要求。

（3）电流速断保护灵敏度的校验：

$$S_P = \frac{K_w I_k^{(2)}}{K_i I_{qb}} = \frac{1 \times 0.866 \times 1200}{160/5 \times 21} \approx 1.55 > 1.5$$

因此，KA2 整定的速断电流也满足灵敏度要求。

3．线路的过负荷保护

线路的过负荷保护，只针对可能经常过负荷的电缆线路装设，一般延时动作于信号。线路过负荷保护电路如图 5.15 所示。

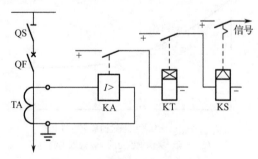

图 5.15 线路过负荷保护电路

过负荷保护的动作电流 $I_{op(OL)}$ 按躲过线路的计算电流来整定 I_{30}，整定公式为：

$$I_{op(OL)} = \frac{1.2 \sim 1.3}{K_i} I_{30} \tag{5-13}$$

动作时间一般取 10～15s。

4．单相接地保护装置和绝缘监察装置

工业企业 6kV～10kV 小接地电流系统发生单相接地故障时，只有很小的电容电流，而且相间电压不变，可暂时继续运行。但由于非故障相的电压升高为原对地电压的 $\sqrt{3}$ 倍，对线路绝缘增加了威胁，长此下去还可能导致两相接地短路，引起线路跳闸，造成停电。因此在 6kV～10kV 的供电系统中，一般应装设单相接地保护装置或绝缘监察装置，用来发出信号，通知值班人员及时发现并处理故障。

1）单相接地保护

单相接地保护又称零序电流保护，是指利用单相接地所产生的零序电流使保护装置动作，发出信号。图 5.16 是用于单相接地保护的零序电流互感器 TAN 的结构和接线图。系统正常运行和三相对称短路时，在 TAN 二次侧由三相电流产生的三相磁通向量和为零，即没有感应出零序电流，继电器不动作；如果发生单相接地，将有接地电容电流通过，此电流在 TAN 二次侧感应出零序电流，使继电器动作并发出信号。

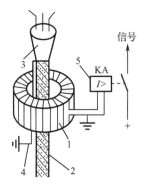

1—零序电流互感器；2—电缆；3—电缆头；4—接地线；5—电流继电器

图 5.16　用于单相接地保护的零序电流互感器的结构和接线图

该单相接地保护装置能够相当灵敏地监视小电流接地系统的对地绝缘状况，而且能具体判断发生单相接地故障的线路。

注意：电缆头的接地线必须穿过零序电流互感器的铁芯，否则接地保护装置不起作用。

架空线路的单相接地保护，一般由三个相装设同型号规格的电流互感器同极性并联组成的零序电流过滤器实现，但一般工厂的高压架空线路不长，很少装设。

2）单相接地保护装置动作电流的整定及其灵敏度校验

当系统中某一线路发生单相接地故障时，其他线路上也会出现不平衡的电容电流，但这些线路本身是正常的，其保护装置不应该动作。因此，单相接地保护的动作电流 $I_{op(E)}$ 应该躲过其他线路上发生单相接地时在本线路上引起的电容电流，即

$$I_{op(E)} = \frac{K_{rel}}{K_i} I_C \tag{5-14}$$

式中，I_C 为其他线路发生单相接地时，在保护线路上产生的电容电流，按式（1-3）计算，式中线路的长度 $l_{oh}(l_{cab})$ 采用本身线路的长度；K_{rel} 为可靠系数。保护装置不带时限时，取 4～5，以躲过本身线路发生两相短路时出现的不平衡电流；保护装置带时限时取 1.5～2，接地保

护的动作时间应比相间短路的过电流保护动作时间大一个时间级差，以保证选择性。

单相接地保护的灵敏度，按被保护线路末端发生单相接地故障时流过电缆头接地线的不平衡电容电流来校验，该电流为与被保护线路有电的联系的总电网电容电流 $I_{C\Sigma}$ 与该线路本身的电容电流 I_C 之差，$I_{C\Sigma}$ 和 I_C 均按式（1-3）计算，式中线路的长度 $l_{oh}(l_{cab})$ 前者取与被保护线路有电的联系的所有架空线路和电缆线路的总长度，而后者取被保护线路本身线路长度。因此，单相接地保护的灵敏度校验公式为：

$$S_P = \frac{I_{C\Sigma} - I_C}{K_i I_{op(E)}} \geqslant 1.5 \tag{5-15}$$

3）绝缘监察装置

绝缘监察装置的作用，就是在小电流接地系统中监视该系统相对地的绝缘状况。当系统发生一相接地或电气设备、母线等对地绝缘降低到一定值时，绝缘监察装置发出预告信号，通知运行值班人员采取相应措施，以维护电气设备的正常绝缘水平，确保其安全运行。

图 5.17（a）所示为用于低压系统的绝缘监察装置电路图。系统正常工作时，电压表的读数相同；当系统发生一相接地时，接地相电压表读数下降甚至为零，正常相电压升高。因此，通过电压表的读数就可以判断哪一相接地。

图 5.17（b）所示为采用三个单相三绕组电压互感器，或一个三相五柱三绕组电压互感器构成的 6kV～10kV 系统绝缘监察装置的电路图。正常运行时，系统三相电压对称，没有零序电压，三相对地电压表的读数相等，均为相电压。电压互感器 TV 辅助二次绕组的各相电压对称，大小为 $\frac{100}{3}$ V，开口三角形两端电压近似为零，过电压继电器 KV 不动作。当变电所 6kV～10kV 母线上任一条出线发生一相接地故障时，接地相的电压表读数降低或为零，而其他两相对地电压升高到线电压，开口三角形两端的电压相量和不再为零，其大小为正常运行时的 3 倍，即 $3 \times \frac{100}{3} = 100$（V），使过电压继电器 KV 动作，发出系统一相接地预告信号。

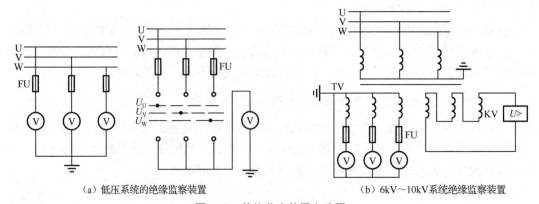

（a）低压系统的绝缘监察装置　　（b）6kV～10kV系统绝缘监察装置

图 5.17　绝缘监察装置电路图

值班人员根据预告信号及电压表的指示可知道发生了接地故障以及故障相别，但是不能判断是哪一条线路接地。这时可采用依次断开各条线路的方法来寻找接地点。

绝缘监察装置一般适用于线路数目不多，允许短时一相接地，且负荷可以中断供电的系统中，而工厂供电系统大多数符合上述要求，故得到广泛应用。

5.1.4　电力变压器的继电保护

1．电力变压器的常见故障和保护配置

（1）变压器的短路故障按发生在变压器油箱内外，分为内部故障和外部故障。内部故障有匝间短路、相间短路和单相碰壳故障；外部故障有套管及其引出线的相间短路、单相接地故障。

（2）变压器的不正常运行状态有过负荷、油面降低和变压器温度升高等。

对高压侧为 6kV～10kV 的车间变电所主变压器来说，通常装设过电流保护和电流速断保护，用于相间短路保护，如果过电流保护的动作时间不大于 0.5s，也可不装设电流速断保护。容量在 800kV·A 及以上和车间内容量在 400kV·A 及以上的油浸式变压器，还需装设瓦斯保护，用于在变压器内部故障和油面降低时进行保护。容量在 400kV·A 及以上的变压器，当数台并列运行或者单台运行并作为其他负荷的备用电源时，应根据可能过负荷的情况装设过负荷保护。过负荷保护和轻瓦斯保护动作时只作用于信号，而其他保护一般作用于跳闸。

对于高压侧为 35kV 及以上的工厂总降压变电所主变压器来说，一般应装设过电流保护、电流速断保护和瓦斯保护。在有可能过负荷时，也装设负荷保护。但是如果单台运行的变压器容量在 10000kV·A 及以上或两台并列运行的变压器容量（单台）在 6300kV·A 及以上，则应装设纵联差动保护来取代电流速断保护。

2．变压器的过电流保护、电流速断保护、过负荷保护

1）变压器的过电流保护

变压器过电流保护的组成和原理与电力线路的过电流保护完全相同。

变压器过电流保护的动作电流整定计算公式，也与电力线路过电流保护基本相同，只是公式（5-3）中的 $I_{\text{L·max}}$ 应取$(1.5\sim3)I_{\text{1N·T}}$，这里的 $I_{\text{1N·T}}$ 为变压器的额定一次电流。

变压器过电流保护的动作时间，也按"阶梯原则"整定。但对车间变电所来说，由于它属于电力系统的终端变电所，因此变压器过电流保护的动作时间可整定为最小值 0.5s。

变压器过电流保护的灵敏度，按变压器低压侧母线在系统最小运行方式时发生两相短路换算到高压侧的电流值来校验。其灵敏度的要求也与线路过电流保护相同，即 $S_{\text{p}} \geqslant 1.5$，个别情况可以 $S_{\text{p}} \geqslant 1.2$。

2）变压器的电流速断保护

变压器电流速断保护的组成、原理，也与电力线路的电流速断保护完全相同。

变压器电流速断保护的动作电流（速断电流）的整定计算公式，也与电力线路的电流速断保护基本相同，只是公式（5-11）中的 $I_{\text{k·max}}$ 应取变压器二次侧母线三相短路电流周期分量有效值换算到一次侧的短路电流值，即变压器电流速断保护的动作电流按躲过二次侧母线三相短路电流来整定。

变压器速断保护的灵敏度，按保护安装处在系统最小运行方式时发生两相短路的短路电流以 $I_k^{(2)}$ 来校验，要求 $S_p \geq 1.5 \sim 2$。

变压器的电流速断保护，与电力线路的电流速断保护一样，也有死区。弥补死区的措施也是配备带时限的过电流保护。

考虑到变压器在空载投入或突然恢复电压时将出现一个冲击性的励磁涌流，为避免速断保护误动作，可在速断保护整定后，将变压器空载试投若干次，以检验速断保护是否误动作。

3）变压器的过负荷保护

变压器过负荷保护的组成、原理，也与电力线路的过负荷保护完全相同。

变压器过负荷保护的动作电流 $I_{op(OL)}$ 的整定计算公式也与电力线路过负荷保护基本相同，只是将式（5-13）中的 I_{30} 改为 $I_{1N \cdot T}$。

动作时间一般取 $10 \sim 15s$。

例 5.4　某厂降压变电所装有一台 $10/0.4kV$、$1250kV \cdot A$ 的电力变压器。已知变压器低压母线三相短路电流 $I_k^{(3)} = 15kA$，高压侧继电保护用电流互感器的电流比为 $100/5$，继电器采用 GL-25 型，接成两相两继电器式。试整定该继电器的反时限过电流保护的动作电流、动作时间及电流速断保护的速断电流倍数。

解：（1）过电流保护的动作电流整定：取 $K_{rel} = 1.3$，而 $K_w = 1$，$K_{re} = 0.8$，$K_i = 100/5 = 20$，

$$I_{L \cdot max} = 2I_{1N \cdot T} = \frac{2 \times 1250kV \cdot A}{(\sqrt{3} \times 10kV)} \approx 144.3A$$

则

$$I_{op} = \frac{1.3 \times 1}{0.8 \times 20} \times 144.3A \approx 11.72A$$

动作电流 I_{op} 整定为 12A。

（2）过电流保护动作时间的整定。

考虑此为终端变电所的过电流保护，故其 10 倍动作电流的动作时间整定为最小值 0.5s。

（3）电流速断保护速断电流的整定。

取 $K_{rel} = 1.5$，而 $I_{k \cdot max} = 15kA \times \dfrac{0.4kV}{10kV} = 600A$

$$I_{qb} = \frac{1.5 \times 1}{20} \times 600A = 45A$$

因此，速断电流倍数整定为

$$n_{qb} = \frac{45}{12} \approx 3.75$$

3. 变压器低压侧的单相短路保护

1）低压侧装设三相均带过电流脱扣器的低压断路器保护

这种措施在工厂和车间变电所中得到广泛的应用。这种低压断路器，既可作为低压侧的主开关，操作方便，便于自动投入，提高供电可靠性，又可用于低压侧的相间短路保护

和单相短路保护。例如，DW16 型低压断路器就具有所谓"第四段保护"，专门用于单相接地保护。

2）低压侧三相装设熔断器保护

这种措施既可以用于变压器低压侧的相间短路，也可以用于单相短路保护，但由于熔断器熔断后更换熔体需耽误一定的时间，所以它主要适用于供电给不太重要负荷的小容量变压器。

3）在变压器低压侧中性点引出线上装设零序电流保护

如图 5.18 所示，这种零序电流保护的动作电流，按躲过变压器低压侧最大不平衡电流来整定，其整定计算公式为

$$I_{op(0)} = \frac{K_{rel}K_{dsq}}{K_i}I_{2N.T} \tag{5-16}$$

式中，$I_{2N.T}$ 为变压器的额定二次电流；K_{dsq} 为不平衡系数，一般取 0.25；K_{rel} 为可靠系数，一般取 1.2～1.3；K_i 为零序电流互感器的电流比。

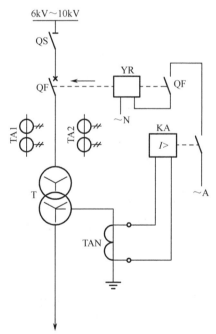

QF—高压断路器；TAN—零序电流互感器；KA—电流继电器；YR—断路器跳闸线圈

图 5.18　变压器的零序电流保护

零序电流保护的动作时间一般取 0.5～0.7s。

零序电流保护的灵敏度，按低压干线末端发生单相短路校验。对架空线，$S_p \geq 1.5$；对电缆线，$S_p \geq 1.2$。这一措施保护灵敏度较高，但欠经济，一般工厂较少采用。

4）采用两相三继电器式接线或三相三继电器式接线的过电流保护

如图 5.19 所示，这两种接线既能实现相间短路保护，又能实现低压侧的单相短路保护，

且保护灵敏度较高。

变压器过电流保护的接线方式有两相两继电器式和两相一继电器式两种，但均不宜用于低压侧的单相短路保护，原因如下：

（1）两相两继电器式接线如图 3.21（b）所示，如果是装设电流互感器的那一相（A 相或 C 相）所对应的低压相发生单相短路，继电器中的电流反映的是整个单相短路电流，这当然是符合要求的。但如果是未装有电流互感器的那一相（B 相）所对应的低压相（b 相）发生单相短路，继电器的电流仅仅反映单相短路电流的 1/3，这就达不到保护灵敏度的要求，因此这种接线不适于低压侧单相短路保护。

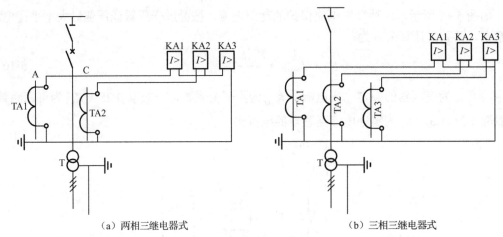

（a）两相三继电器式　　　　　　　　　　　　　　（b）三相三继电器式

图 5.19　适用于变压器低压侧单相短路保护的两种过电流保护方式

而采用两相三继电器式或三相三继电器式接线，公共线上所接继电器的电流比其他两继电器的电流增大了一倍，因此使原来两相两继电器接线对低压单相短路保护的灵敏度也提高了一倍。

（2）两相一继电器式接线如图 3.21（c）所示，采用这种接线方式时，如果未装电流互感器的那一相对应的低压相发生单相短路，继电器中无电流通过，因此这种接线也不能用于低压侧的单相短路保护。

4. 变压器的瓦斯保护

变压器的瓦斯保护又称为气体继电保护，是油浸式变压器内部故障的一种基本的保护。按国家标准《电力装置的继电保护和自动装置设计规范》规定，800kV·A 及以上的油浸式变压器和 400kV·A 及以上的车间内油浸式变压器均应装设气体保护。

气体保护装置主要由瓦斯继电器构成。瓦斯继电器装设在变压器油箱和油枕之间的连通管上，在变压器的油箱内发生短路故障时，绝缘油和其他绝缘材料受热分解而产生气体，然后利用这种气体的变化情况使继电器动作来进行变压器内部故障的保护。

1）瓦斯继电器的结构和工作原理

瓦斯继电器主要有浮筒式和开口杯式两种结构，现在一般采用开口杯式结构。图 5.20 为 FJ$_3$-80 型开口杯式瓦斯继电器的结构示意图。

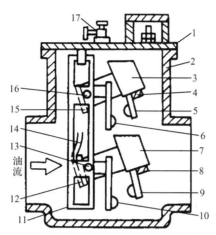

1—盖板；2—容器；3—上油杯；4、8—永久磁铁；5—上动触点；6—上静触点；7—下油杯；9—下动触点；10—下静触点；11—支架；12—下油杯平衡锤；13—上油杯转轴；14—挡板；15—上油杯平衡锤；16—上油杯转轴；17—放气阀

图 5.20 FJ₃-80 型瓦斯继电器的结构示意图

当变压器正常工作时，瓦斯继电器内的上下油杯都是充满油的，油杯因其平衡锤的作用而升高，如图 5.21（a）所示，它的上下两对触点都是断开的。

当变压器内发生轻微故障时，由故障产生的少量气体慢慢升起，沿着连通管进入并积聚于瓦斯继电器内，当气体积聚到一定程度时，气体的压力使油面下降，上油杯因盛有残余的油而使其力矩大于另一端平衡锤的力矩而降落，如图 5.21（b）所示，从而使上触点接通变电所控制室的信号回路，发出轻瓦斯信号（轻瓦斯动作）。

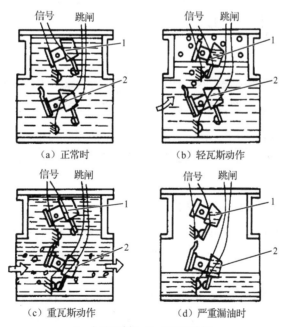

1—上开口油杯；2—下开口油杯

图 5.21 瓦斯继电器动作说明图

当变压器内部发生严重故障时，被分解的变压器油和其他有机物将产生大量气体，使得变压器内部压力剧增，迫使大量气体带动油流迅速从连通管通过瓦斯继电器进入油枕。在油流的冲击下，继电器下部的挡板被掀起，使下油杯降落，如图 5.21（c）所示，从而使下触点接通跳闸回路。同时通过信号继电器发出灯光和音响信号（重瓦斯动作）。

如果变压器的油箱漏油，使得瓦斯继电器内的油慢慢流尽，如图 5.21（d）所示，则先是上油杯降落，发出报警信号，最后下油杯降落，使断路器跳闸，切除变压器。

2）变压器瓦斯保护的接线

图 5.22 是变压器瓦斯保护的接线原理图。当变压器内部发生轻微故障时，瓦斯继电器 KG 的上触点 1～2 闭合，作用于报警信号。当变压器内部发生严重故障时，KG 的下触点 3～4 闭合，经中间继电器 KM 作用于断路器 QF 的跳闸线圈 YR，使断路器跳闸，同时 KS 发出跳闸信号。KG 的下触点 3～4 闭合时，也可以用切换片 XB 切换位置，串接限流电阻 R，只给出报警信号。

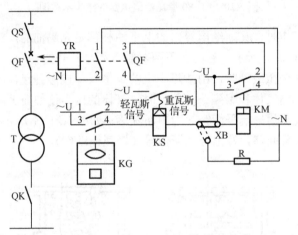

T—电力变压器；KG—瓦斯继电器；KS—信号继电器；KM—中间继电器；YR—跳闸线圈；XB—切换片

图 5.22　变压器瓦斯保护的接线原理图

由于瓦斯继电器 KG 的下触点 3～4 在发生严重故障时可能有"抖动"（接触不稳定）现象，因此，为使断路器可靠跳闸，利用中间继电器 KM 的触点 1～2 作"自保持"触点，以保证断路器可靠跳闸。

3）变压器瓦斯继电器的安装和运行

为了保证油箱内产生的气体能够顺畅地通过瓦斯继电器排向油枕，除连通管对变压器油箱顶盖已有 2%～4% 的倾斜度外，在安装时变压器对地平面应保持 1%～1.5% 的倾斜度，如图 5.23 所示。

变压器瓦斯保护装置动作后，运行人员应立即对变压器进行检查，查明原因，可在瓦斯继电器顶部打开放气阀，用干净的玻璃瓶收集蓄积的气体（注意：人体不得靠近带电部分），通过分析气体的性质来分析和判断故障的原因及处理要求，如表 5.1 所示。

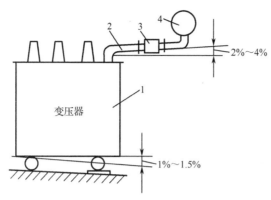

1—变压器油箱；2—连通管；3—瓦斯继电器；4—油枕

图 5.23　瓦斯继电器在变压器上安装的示意图

表 5.1　瓦斯继电器动作后的气体分析和处理要求

气体的性质	故 障 原 因	处 理 要 求
无色、无臭、不可燃	油箱内含有空气	允许继续运行
灰白色、极臭、可燃	纸质绝缘烧毁	应立即停电检修
黄色、难燃	木质绝缘烧毁	应立即停电检修
深灰黑色、易燃	油内闪络、油质碳化	分析油样，必要时停电检修

5. 变压器的差动保护

电流速断保护虽然动作迅速，但它有保护"死区"，不能保护整个变压器。过电流保护虽然能保护整个变压器，但动作时间较长。瓦斯保护虽然动作灵敏，但它也只能保护变压器油箱内部故障。国家标准《电力装置的继电保护和自动装置设计规范》规定 10000kV·A 及以上的单独运行变压器和 6300kV·A 及以上的并列运行变压器，应设差动保护；6300kV·A 及以下的单独运行的重要变压器，也可设差动保护；当电流速断保护灵敏度不符合要求时，宜装设差动保护。

变压器的差动保护分为纵联差动保护和横联差动保护。本节主要简介变压器的纵联差动保护。

变压器纵联差动保护的原理电路如图 5.24 所示。在变压器两侧安装电流互感器，其二次绕组串联成环路，继电器 KA（或差动继电器 KD）并联在环路上，流入继电器的电流等于变压器两侧电流互感器二次绕组电流之差，即 $I_{dsp} = I_1' - I_2'$，I_{dsp} 为变压器一、二次侧的不平衡电流。

当变压器正常运行或在差动保护的保护区外 k-1 点短路时，流入 KA 的不平衡电流小于继电器的动作电流，保护不动作。在保护区内 k-2 点发生短路时，对于单端供电的变压器，$I_2' \approx 0$，因此 $I_{KA} = I_1'$，超过继电器 KA（或 KD）所整定的动作电流，使 KA（或 KD）瞬时动作，通过中间继电器 KM 接通断路器跳闸线圈，使 QF 跳闸，切除短路故障，同时信号继电器 KS 发出信号。

变压器差动保护的保护范围是变压器两侧电流互感器安装地点之间的区域。它可以保护变压器内部及两侧绝缘套管以及进行引出线上的相间短路保护，保护反应灵敏，动作无时限。

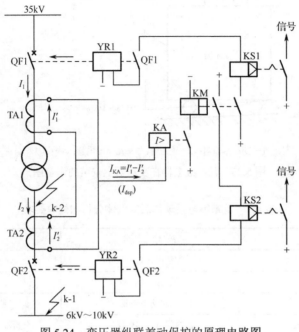

图 5.24 变压器纵联差动保护的原理电路图

5.1.5 工厂供电自动化技术

随着工业生产技术的发展，自动化程度越来越高，生产工艺要求也越来越严，因而对供电质量和供电可靠性提出了更高要求。为了提高工业企业管理水平，工厂供电系统引进了不少新技术、新装置。本节简介工厂供电自动化技术中的变电所的微机保护、自动重合闸装置、备用电源自动投入装置。

1．工厂供电系统的微机保护

1）微机保护概述

我国工厂供电系统的继电保护装置，主要由机电型继电器构成。机电型继电保护属于模拟式保护，多年来对其已具有丰富的运行和维护经验，基本上能满足系统的要求。随着电力系统的发展，对继电保护的要求也越来越高，现有的模拟式继电保护将难以满足要求。随着计算机硬件水平的不断提高，微机控制的继电保护应运而生。20 世纪 90 年代以来，微机保护开始得到广泛的应用。

2）微机继电保护的功能

配电系统微机保护装置除保护功能外，还有测量、自动重合闸、事件记录、自检和通信等功能。

（1）保护功能。微机保护装置的保护有定时限过电流保护、反时限过电流保护、带时限电流速断保护、瞬时电流速断保护。反时限过电流保护还有标准反时限保护、强反时限保护和极强反时限保护等几类。以上各种保护方式可供用户自由选择，并进行数字设定。

（2）测量功能。配电系统正常运行时，微机保护装置不断测量三相电流，并在液晶显示器上显示。

（3）自动重合闸功能。当断路器跳闸后，该装置能自动发出合闸信号，即自动重合闸，以提高供电可靠性。自动重合闸功能为用户提供自动重合闸的重合次数、延时时间及自动重合闸是否投入运行的选择和设定。

（4）人-机对话功能。通过液晶显示器和键盘，提供良好的人-机对话界面：

● 保护功能和保护定值的选择和设定；

● 正常运行时各相电流显示；

● 自动重合闸功能和参数的选择和设定；

● 发生故障时，故障性质及参数的显示；

● 自检通过或自检报警。

（5）自检功能。为了保证装置可靠工作，微机保护装置具有自检功能，即对装置的有关硬件和软件进行开机自检和运行中的动态自检。

（6）事件记录功能。发生事件的所有数据如日期、时间、电流有效值、保护动作类型等都保存在存储器中，事件包括事故跳闸事件、自动重合闸事件、保护定值设定事件等，可保存多达 30 个事件，并不断更新。

（7）报警功能。报警功能包括自检报警、故障报警等。

（8）断路器控制功能。各种保护动作和自动重合闸的开关量输出，控制断路器的跳闸和合闸。

（9）通信功能。微机保护装置能与中央控制室的监控微机通信，接收命令和发送有关数据。

（10）实时时钟功能。实时时钟功能自动生成年、月、日和时、分、秒，最小分辨率为毫秒，有对时功能。

3）微机继电保护装置的构成

微机继电保护装置主要由硬件系统和软件系统两部分构成。

（1）硬件系统。

典型微机继电保护装置的硬件系统框图如图 5.25 所示，包括输入信号、数据采集系统、微机、键盘、打印机、输出信号等。

① 输入信号。

输入信号由继电保护算法的要求决定。通常输入信号有电压互感器二次电压、电流互感器二次电流、数据采集系统自检用标准直流电压及有关开关量等。

② 数据采集系统。

数据采集系统包括辅助变换器、低通滤波器、采样保持器、多路开关、模/数转换器等。

③ 微机。

微机是整个继电保护装置的主机部分，主要包括 CPU、RAM、EPROM、时钟、控制器及各种接口等。

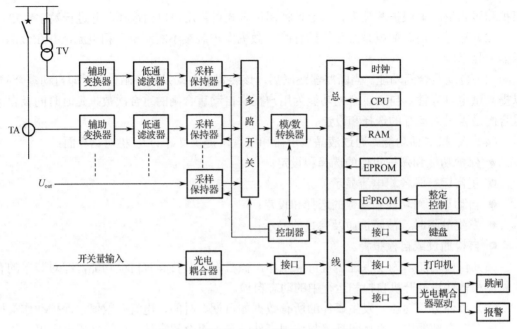

图 5.25 微机继电保护装置硬件系统框图

④ 输出信号。

输出信号主要有微机接口输出的跳闸信号和报警信号。这些信号必须经驱动电路才能使有关设备执行。为了防止执行电路对微机的干扰，采用光电耦合器进行隔离。输出信号经光电耦合器放大，驱动小型继电器，该继电器接点作为微机保护的输出。

（2）软件系统。

微机继电保护装置的软件系统一般包括调试监控程序、运行监控程序、中断继电保护程序三部分。其原理框图如图 5.26 所示。

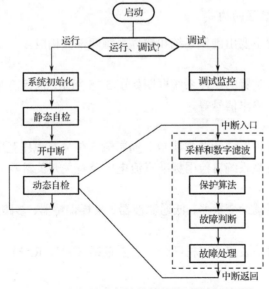

图 5.26 微机继电保护装置软件系统原理框图

调试监控程序对微机保护系统进行检查、校核和设定；运行监控程序对系统进行初始化，对 EPROM、RAM、数据采集系统进行静态自检和动态自检；中断继电保护程序完成整个继电保护功能。微机以中断方式在每个采样周期执行一次继电保护程序。

4）微机保护的有关程序

（1）自检程序。

静态自检是指微机在系统初始化后，对系统 ROM、RAM、数据采集系统等各部分进行一次全面的检查，确保系统良好，才允许数据采集系统工作。在静态自检过程中其他程序一律不执行。若静态自检发现系统某部分不正常，则打印自检故障信息，程序转向调试监控程序，以等待运行人员检查。

动态自检是在执行继电保护程序的间隙重复进行的，即主程序一直在动态自检中循环，每隔一个采样周期中断一次。动态自检的方式和静态自检相同，但处理方式不同。若连续三次动态自检不正常，整个系统软件重投，程序从头开始执行。若连续三次重投后检查依然不能通过，则打印自检故障信息，各出口信号被屏蔽，程序转向调试监控程序以待查。

（2）继电保护程序。

继电保护程序主要由采样及数字滤波、保护算法、故障判断和故障处理四部分组成。

采样及数字滤波部分对输入通道的信号进行采样，进行模/数转换，并存入内存，进行数字滤波。

保护算法用于根据采样和数字滤波后的数据，计算有关参数的幅值、相位角等。

故障判断是指根据保护判据，判断故障发生、故障类型、故障相别等。

故障处理是指根据故障判断结果，发出报警信号和跳闸命令，启动打印机，打印有关故障信息和参数。

5）微机保护系统的运行

当微机保护系统复位或加电源后，首先根据面板上的"调试运行"开关的位置判断目前系统处于运行还是调试状态。当系统处于调试状态时，程序转向调试监控程序。此时运行人员可通过键盘、显示器、打印机对有关的内存、外设进行检查、校核和设定。当系统处于运行状态时，程序执行运行监控程序，进行系统初始化，静态自检，然后打开中断，不断重复进行动态自检。若两种自检检查出故障，则转向有关处理程序。中断打开后，每当采样周期一到，定时器发出采样脉冲，向 CPU 申请中断，CPU 响应后，执行继电保护程序。

2. 工厂供电系统自动重合闸与备用电源自动投入装置

1）自动重合闸装置

（1）供电线路自动重合闸装置的作用。

电气运行经验表明，供电系统的故障，特别是架空线路上的故障大多是瞬时性的。例如雷云放电、潮湿闪络、导线受风吹动而搭线、鸟兽或树枝跨接导线而短路等。这些故障在断路器跳闸后，多数能很快地自行消除，如果将断路器重新合闸，线路一般能恢复正常运行。当断路器因继电保护动作或其他原因跳闸后，能自动重新合闸的装置，称为自动重合闸装置（ARD）。ARD 利用线路故障多数是瞬时性的这一特点，当线路故障时在继电保护的作用下，将断路器跳闸；当故障自行消除后，ARD 将断路器重新合闸，迅速恢复供电，从而大大提高了供电的可靠性和连续性，避免停电给工厂生产带来巨大损失。

ARD 在大多数情况下，能做到不间断供电，因此在国内一些大中型工厂的配电系统中得到广泛应用。ARD 本身所需费用是较少的，而它给工厂在经济上及保证完成生产任务上都带来很大好处，因此在 6kV 及以上的架空线路或电缆与架空混合线路上装有断路器时，一般应装设自动重合闸装置。

（2）自动重合闸装置与继电保护装置的配合。

如果供电线路上装设带时限的过电流保护和电流速断保护，则在该线路末端发生短路时，应该是带时限的过电流保护动作使断路器跳闸，而电流速断保护是不会动作的，因为线路末端属于电流速断保护的"死区"。过电流保护使断路器跳闸后，ARD 动作，使断路器重新合闸。如果短路故障是永久性的，则过电流保护又要动作，使断路器再次跳闸。但过电流保护带有时限，使故障存在的时间延长，危害加剧。为了减轻危害，缩短故障时间，因此要求采取措施缩短保护装置的动作时间。在工厂供电系统中一般采用重合闸后加速保护装置动作的方案。

2）备用电源自动投入装置（APD）

（1）APD 的作用。

在工厂供电系统中，为了提高供电可靠性和连续性，常采用备用电源自动投入装置（APD），当工作电源无论因什么原因失电时，APD 便启动，将备用电源自动投入，迅速恢复供电。

（2）APD 的分类。

工厂供电系统中的 APD，有以下三类。

① 备用线路自动投入装置。图 5.27（a）所示为备用线路 APD。正常运行时由工作线路供电，当工作线路因故障或误操作而失电时，APD 便启动将备用线路自动投入。这种方式常用于具有两条电源进线，但只有一台变压器的变电所。

② 分段断路器自动投入装置。图 5.27（b）所示为母线分段断路器 APD。正常运行时一台变压器带一段母线上的负荷，分段断路器 QF_5 是断开的。当任一段母线因电源进线或变压器故障，而使其电压消失（或降低）时，APD 动作，将故障电源的断路器 QF_2（或 QF_4）断开，然后合上 QF_5 恢复供电。这种接线的特点是两个线路的变压器正常时都在供电，故障时又互为备用（热备用）。

③ 备用变压器自动投入装置。图 5.27（c）所示为备用变压器 APD。正常时 T_1 和 T_2 工作，T_3 备用。当任一台工作变压器发生故障时，APD 启动将故障变压器的断路器跳开，然后将备用变压器投入。这种接线的特点是备用元件平时不投入运行，只有当工作元件发生故障时才将备用元件投入（冷备用）。

3）对 APD 的基本要求

（1）工作电源不论何种原因（故障或误操作）消失时，APD 应动作。

（2）备用电源的电压必须正常，且只有在工作电源已经断开的条件下，才能投入备用电源。

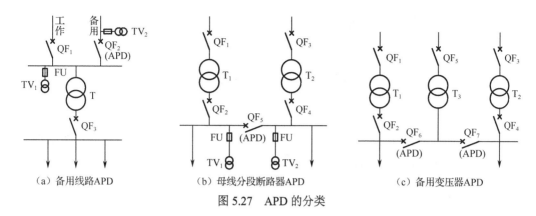

（a）备用线路APD　　　　　（b）母线分段断路器APD　　　　　（c）备用变压器APD

图 5.27　APD 的分类

（3）APD 只允许动作一次。这是为了防止备用电源投入永久性故障而造成断路器损坏或使事故扩大。

（4）APD 的动作时间应尽量短，以利于电动机的自启动和减少停电 对生产的影响。

（5）电压互感器二次回路断线时，APD 不应误动作。

4）备用电源自动投入的基本原理

图 5.28 为备用电源自动投入原理图。假设电源进线 WL1 工作，WL2 备用，其断路器 QF2 断开，但其两侧隔离开关是闭合的（图上未绘出）。当工作电源断电引起失电压保护动作使 QF1 跳闸时，其常开触点 QF13-4 断开，使原来通电动作的时间继电器 KT 断电，但其延时断开触点尚未断开，这时 QF1 的另一常闭触点 1-2 闭合，从而使合闸接触器 K0 通电动作，使断路器 QF2 的合闸线圈 Y0 通电，QF2 合闸，投入备用电源，恢复对变配电所的供电。备用电源投入后，KT 的延时断开触点断开，切断 K0 的回路，同时 QF2 的联锁触点 1-2 断开，防止 Y0 长时间通电。

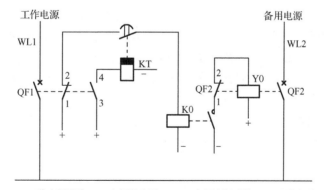

QF1—工作电源进线 WL1 上的断路器；QF2—备用电源进线 WL2 上的断路器；

KT—时间继电器；K0—合闸接触器；Y0—QF2 的合闸线圈

图 5.28　备用电源自动投入原理图

由此可见，双电源进线又配以 APD 时，供电可靠性大大提高。但是当母线发生故障时，整个变配电所仍要停电，因此对某些重要负荷，可由两段母线同时供电。

任务 5.2 防雷

工厂供电系统正常运行，首先必须保证安全性，防雷、接地是电气安全的主要措施。下面介绍有关雷电方面的知识、防雷设备和防雷措施。

5.2.1 雷电及其危害

雷电是带有电荷的雷云之间或雷云对大地（或地上物体）之间产生急剧放电的一种自然现象。有关雷电形成过程的学说较多，随着高电压技术及快速摄影技术的发展，对雷电现象的科学研究取得了很大进步。常见的一种说法是：在闷热的天气里，地面的水汽蒸发上升，在高空低温影响下，水汽凝成冰晶。冰晶受到上升气流的冲击而破碎分裂，气流挟带一部分带正电的小冰晶上升，形成"正雷云"，而另一部分较大的带负电的冰晶则下降，形成"负雷云"，随着电荷的积累，雷云电位逐渐升高。由于高空气流的流动，正、负雷云均在空中飘浮不定，当带不同电荷的雷云或雷云与大地凸出物相互接近到一定距离时，就会发生强烈放电，放电瞬间出现耀眼的闪光和震耳的轰鸣，这就是电闪与雷鸣。

1. 雷电种类

雷电大体可以分为直击雷、感应雷、雷电侵入波、球雷等。

直击雷是指雷电直接击中电气设备、线路或建筑物，强大的雷电流通过其流入大地，在被击物上产生的较高电压降。

感应雷是指雷电未直接击中电力系统中的任何部分而是由雷对设备、线路或其他物体的静电感应或电磁感应所产生的过电压。这种雷电过电压又称雷电感应。

雷电侵入波是由于直击雷或感应雷而产生的高电压雷电波，它沿架空线路或金属管道侵入变配电所或用户。据我国几个大城市统计数据，供电系统中由雷电侵入波造成的雷害事故，占所有雷害事故的 50%～70%。

球雷一般为一团发红光或发白光的带静电火球。球雷可从门、窗、烟囱等通道侵入室内。其存在时间为数秒钟，碰到适当物体即放电。

2. 雷电危害

雷电形成伴随着巨大的电流和极高的电压，在它的放电过程中会产生极大的破坏力。雷电的危害主要有以下几个方面。

（1）雷电的热效应。

雷电产生强大的热能，使金属熔化，烧断输电导线，摧毁用电设备，甚至引起火灾和爆炸。

（2）雷电的机械效应。

雷电产生强大的电动力，可以击毁杆塔，破坏建筑物，人畜也不能幸免。

（3）雷电的闪络放电。

雷电产生的高电压会引起绝缘子损坏、断路器跳闸，导致供电线路停电。

5.2.2　防雷设备

一个完整的防雷装置包括接闪器或避雷器、引下线和接地装置。

避雷针、避雷线、避雷网、避雷带均是接闪器，而避雷器是一种专门的防雷设备；避雷针主要用来保护露天变配电设备及建（构）筑物；避雷线主要用来保护输电线路；避雷网和避雷带主要用来保护建（构）筑物；避雷器主要用来保护电力设备。

1．接闪器

接闪器的功能为引雷。它们利用其高出被保护物的特点，把雷电引向自身，然后通过引下线和接地装置把雷电流导入大地，使被保护物免受雷击。

1）避雷针

避雷针一般采用镀锌圆钢（针长 1m 以下时直径不小于 12mm，针长 1～2m 时直径不小于 16mm）或镀锌钢管（针长 1m 以下时内径不小于 20mm，针长 1～2m 时内径不小于 25mm）制成。它通常安装在电杆（支柱）或构架、建筑物上，它的下端要经引下线与接地装置连接。

避雷针的保护范围，以它能防护直击雷的空间来表示。按国家标准《建筑物防雷设计规范》规定，采用 IEC 推荐的"滚球法"来确定避雷针的保护范围。

所谓"滚球法"，就是选择一个以 h_r（滚球半径）为半径的球体，沿需要防护直击雷的部位滚动，当球体只接触到避雷针（线）或避雷针（线）与地面，而没有触及被保护物（需要保护的部位），则该部位就在避雷针（线）的保护范围之内。h_r 按表 5.2 确定。

表 5.2　按建筑物防雷类别确定滚球半径和避雷网格尺寸（国家标准《建筑物防雷设计规范》）

建筑物防雷类别	滚球半径/m	避雷网网格尺寸/m
第一类防雷建筑物	30	≤5×5 或≤6×4
第二类防雷建筑物	45	≤10×10 或≤12×8
第三类防雷建筑物	60	≤20×20 或≤24×16

（1）单支避雷针的保护范围。

单支避雷针的保护范围如图 5.29 所示，按下列方法确定。

当避雷针高度 $h \leq h_r$ 时：

① 距地面 h_r 处作一平行于地面的平行线；

② 以针尖为圆心，h_r 为半径，作弧线交于平行线的 A、B 两点；

③ 以 A、B 为圆心，h_r 为半径作弧线，该弧线与针尖相交，并与地面相切。从此弧线起到地面止的整个锥形空间，就是避雷针的保护范围。

④ 避雷针在 h_x 高度的 xx' 平面上和在地面上的保护半径，按下列计算式确定：

$$r_x = \sqrt{h(2h_r - h)} - \sqrt{h_x(2h_r - h_x)} \qquad (5\text{-}17)$$

$$r_0 = \sqrt{h(2h_r - h)} \qquad (5\text{-}18)$$

式中，r_x 为避雷针在 h_x 高度的 xx' 平面上的保护半径；h_x 为被保护物的高度；r_0 为避雷针在地面上的保护半径。

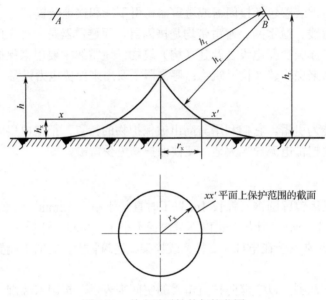

图 5.29 单支避雷针的保护范围

当避雷针高度 $h > h_r$ 时，在避雷针上取高度 h_r 的一点代替单支避雷针针尖作为圆心。其余的做法同 $h \leqslant h_r$。计算式中的 h 用 h_r 代入。

例 5.5 某厂有一座第三类防雷建筑物，高 15m，其屋顶最远一角距离高 50m 的烟囱 16m 远，烟囱上装有一根 2.5m 高的避雷针。试校验此避雷针能否保护该建筑物。

解：查表 5.2 得 $h_r = 60$m，而 $h_x = 15$m，$h = 50 + 2.5 = 52.5$m。由式（5-17）得避雷针的保护半径为

$$r_x = \sqrt{h(2h_r - h)} - \sqrt{h_x(2h_r - h_x)}$$
$$= \sqrt{52.5 \times (2 \times 60 - 52.5)} - \sqrt{15 \times (2 \times 60 - 15)} \approx 19.83\text{m} > 16\text{m}$$

由此可见，此避雷针能保护该建筑物。

（2）两支避雷针之间的保护范围。

两支等高避雷针的保护范围。在避雷针高度 $h \leqslant h_r$ 的情况下，当两支避雷针的距离 $D \geqslant 2\sqrt{h(2h_r - h)}$ 时，应各按单支避雷针保护范围的方法确定；$D < 2\sqrt{h(2h_r - h)}$ 时，应按图 5.30 的方法确定。

① $AEBC$ 外侧的保护范围，按照单支避雷针的方法确定。

② C、E 点位于两避雷针间的垂直平分线上。在地面每侧的最小保护宽度 b_0 按下式计算：

$$b_0 = \sqrt{h(2h_r - h) - \left(\frac{D}{2}\right)^2} \qquad (5\text{-}19)$$

在 AOB 轴线上，距中心线任一距离 x 处，其在保护范围上边线上的保护高度 h_x 按下式确定：

$$h_x = h_r - \sqrt{(h_r - h)^2 + \left(\frac{D}{2}\right)^2 - x^2} \qquad (5\text{-}20)$$

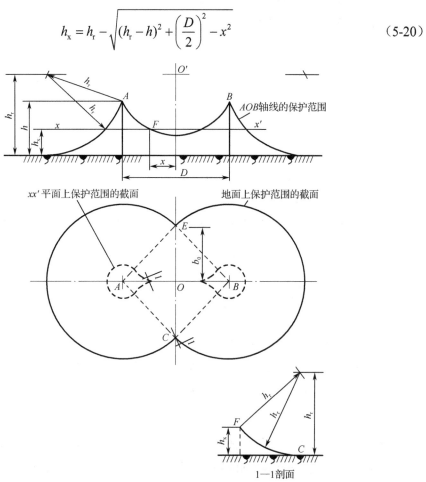

图 5.30　两支等高避雷针的保护范围

该保护范围上边线是以中心线距地面 h_r 的一点 O' 为圆心，以 $\sqrt{(h_r - h)^2 + \left(\frac{D}{2}\right)^2}$ 为半径所作的圆弧 AB。

③ 两针间 $AEBC$ 内的保护范围，ACO 部分的保护范围按以下方法确定：在任一保护高度 h_x 和 C 点所处的垂直平面上，以 h_r 作为假想避雷针，按单支避雷针的方法逐点确定，如图 5.30 的 1—1 剖面图。确定 BCO、AEO、BEO 部分的保护范围的方法与 ACO 部分的相同。

④ 确定 xx' 平面上保护范围。以单支避雷针的保护半径 r_x 为半径，以 A、B 为圆心作弧线与四边形 $AEBC$ 相交；以单支避雷针的 $(r_0 - r_x)$ 为半径，以 E、C 为圆心作弧线与上述弧线相接，如图 5.30 中的粗虚线。

两支不等高避雷针的保护范围。在 h_1、h_2 小于或等于 h_r 的情况下，当 $D \geqslant \sqrt{h_1(2h_r - h_1)} + \sqrt{h_2(2h_r - h_2)}$ 时，应各按单支避雷针所规定的方法确定。

2）避雷线

避雷线一般采用截面积不小于 $35mm^2$ 的镀锌钢绞线，架设在架空电力线路的上方，以保护架空线路或其他物体如建筑物等，使之免遭直接雷击。

当避雷线的高度 $h \geqslant 2h_r$ 时，无保护范围。

当避雷线的高度 $h < 2h_r$ 时，应按图 5.31 所示方法确定保护范围。

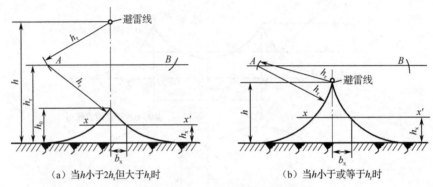

(a) 当 h 小于 $2h_r$ 但大于 h_r 时　　　　　(b) 当 h 小于或等于 h_r 时

图 5.31　单根架空避雷线的保护范围

当 $h_r < h < 2h_r$ 时，保护范围最高点的高度 h_0 按下式计算：

$$h_0 = 2h_r - h \tag{5-21}$$

避雷线在 h_x 高度的 xx' 平面上的保护宽度，按下式计算：

$$b_x = \sqrt{h(2h_r - h)} - \sqrt{h_x(2h_r - h_x)} \tag{5-22}$$

式中，h 为避雷线的高度；h_x 为被保护物的高度。

3）避雷带和避雷网

避雷带和避雷网主要用来保护建筑物特别是高层建筑物免遭直击雷和感应雷。

避雷带和避雷网宜采用圆钢或扁钢，优先采用圆钢。圆钢直径应不小于 8mm；扁钢截面积应不小于 $48mm^2$，其厚度应不小于 4mm。当烟囱上采用避雷环时，其圆钢直径应不小于 12mm；扁钢截面积应不小于 $100mm^2$，其厚度应不小于 4mm。避雷网的网格尺寸要求如表 5.2 所示。

2. 避雷器

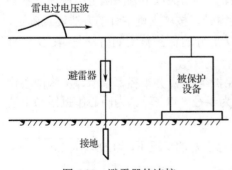

图 5.32　避雷器的连接

避雷器是用来防止雷电产生的过电压波沿线路侵入变配电所或其他建筑物内，危及被保护设备的绝缘。避雷器应与被保护设备并联，装在被保护设备的电源侧，如图 5.32 所示。

正常时，避雷器的间隙保持绝缘状态，不影响系统的运行。当因雷击，有高压冲击波沿线路袭来时，避雷器间隙击穿而接地，从而强行切断冲击波。这时，能够进入被保护设备的电压，仅为雷电流通过避雷器及其引下线和接地装置产生的所谓残压。

雷电流通过以后,避雷器间隙又恢复绝缘状态,使系统正常运行。

避雷器的类型有保护间隙避雷器、阀型避雷器、金属氧化物避雷器等。

保护间隙避雷器是一种简单的避雷器,由镀锌圆钢制成的主间隙和辅助间隙组成,如图5.33所示。主间隙做成角形,水平安装,以便灭弧。为了防止主间隙被外来的物体短路,引起误动作,在主间隙的下方串联辅助间隙。因为保护间隙灭弧能力弱,所以只适用于无重要负荷的线路。保护间隙避雷器,一般要求与自动重合闸装置配套使用,以提高供电可靠性。

阀型避雷器由火花间隙和阀片组成,装在瓷套内。图5.34为用于10kV额定电压的FS-10阀型避雷器,高压冲击波袭来时,避雷器的火花间隙被击穿,巨大的雷电流通过电阻阀片只遇到很小的电阻而泄入大地,进入被保护设备的只是不大的残压,被保护设备可免遭危害,而尾随雷电流而来的工频电流在电阻阀片上将遇到很大的电阻,有限的工频电流很快被火花间隙阻断熄灭,恢复正常工作状态。

金属氧化物避雷器是20世纪70年代出现的一种新型的避雷器。最常见的一种是无火花间隙只有压敏电阻片的避雷器。压敏电阻片是由氧化锌或氧化铋等金属氧化物烧结而成的多晶半导体陶瓷元件,具有理想的阀电阻特性:工频电压下,呈现极大的电阻,有效地抑制工频电流;而在雷电波过电压下,它又呈现极小的电阻,能很好地泄放雷电流。金属氧化物避雷器具有保护特性好、通流能力强、残压低、体积小、安装方便等优点。目前金属氧化物避雷器已广泛地应用于高低压电气设备的保护。

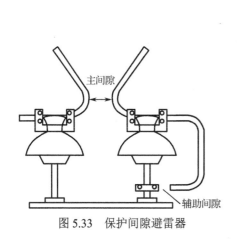

图5.33 保护间隙避雷器

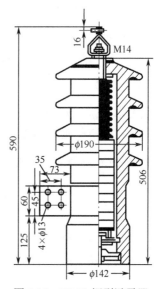

图5.34 FS-10 阀型避雷器

3. 电离防雷装置

电离防雷装置是一种新技术,由顶部的电离装置、地下的地电流收集装置及中间的连接线组成。

电离防雷装置与传统避雷针的防雷原理完全不同,它不是通过控制雷击点来防止雷击事故的,而是利用雷云的感应作用或采取专门的措施,在电离装置附近形成强电场,使空气电离。如用放射性元素使空气电离，以产生向雷云移动的离子流，使雷云所带电荷得以缓慢中和，从而保持空间电场强度不超过空气的击穿强度，消除落雷条件，抑制雷击发生。

电离防雷装置的高度不应低于被保护物高度，并应保持在 30m 以上。感应式电离装置可以制成不同的形状，如圆盘形、圆锥形等，但必须有多个放电尖端。其有针端部分的半径越大，则消雷效果越好，但该半径与电离防雷装置高度的比值不宜超过 0.15。地电流收集装置应采用水平延伸式，以利于收集地电流。雷云电量一般不超过数库仑，电离防雷装置工作时，连接线只通过毫安级的小电流，所以导线只需要满足机械强度的要求即可。

5.2.3　工厂供电系统防雷保护措施

1．架空线路的防雷保护

电力线路的防雷保护措施，应综合考虑负荷性质、电压等级、系统运行方式和当地雷电的多少和强弱，另外还应考虑土壤电阻率高低，经过经济、技术比较，正确确定保护措施。

1）架设避雷线

一般 66kV 以上线路沿全线路（全长）装设避雷线；35kV 以下线路仅在变配电所的引入、引出线上装设一段避雷线。

2）装设自动重合闸装置

利用自动重合闸装置，雷击造成的瞬时性短路故障（断路器跳闸）的线路经 0.5s 左右时间自动重合即可恢复供电，从而提高供电可靠性。

3）提高线路的绝缘水平

可采用木横担、瓷横担或高一级电压的绝缘子，以提高线路的防雷水平。这是 10kV 及以下架空线防雷的基本措施。

4）个别绝缘薄弱点加装避雷器或保护间隙避雷器

线路上个别绝缘薄弱点，如跨越杆、转角杆、电缆头、开关等处，可装设排气式避雷器或保护间隙避雷器。

2．变电所防雷保护

变配电所的防雷有两个重要方面，一是防直击雷；二是防雷电波侵入。

1）防直击雷

一般采用装设避雷针（线）的方法来防直击雷。如果变配电所位于附近的高大建筑（物）上的避雷针保护范围内，或者变配电所本身是在室内的，则不必考虑直击雷的防护。

2）防雷电波侵入

（1）安装避雷线、避雷器。

对 35kV 进线，一般在沿进线 500～600m 的这一段距离安装避雷线并可靠接地，同时在进线上安装避雷器，即可满足要求。对 6kV～10kV 进线可以不装避雷线，只要在线路上装设 FZ 型或 FS 型阀型避雷器即可，如图 5.35 所示。接在母线上的避雷器主要保护变压器不受雷电波危害，在安装时尽量靠近主变压器，其接地线应与变压器低压侧接地的中性点及金属外壳一起接地，如图 5.36 所示。

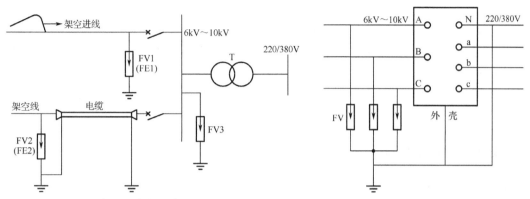

图 5.35　高压配电装置中避雷器的装设　　　图 5.36　电力变压器的防雷保护及其接地系统

（2）安装防雷变压器。

在多雷区域的变配电所内，应采用防雷变压器，防雷变压器与普通电力（或配电）变压器的原理一样，只是联结组别采用的是 Yzn11 联结组。如图 5.37（a）所示，其结构特点是每一铁芯柱上的二次绕组都分为两半个匝数相等的绕组，而且采用曲折形（Z 形）联结。

如图 5.37（b）所示，正常工作时，一次线电压 $\dot{U}_{AB}=\dot{U}_A-\dot{U}_B$，二次线电压 $\dot{U}_{ab}=\dot{U}_a-\dot{U}_b$，此时 $\dot{U}_a=\dot{U}_{a1}-\dot{U}_{b2}$，$\dot{U}_b=\dot{U}_{b1}-\dot{U}_{c2}$，$\dot{U}_c=\dot{U}_{c1}-\dot{U}_{a2}$，$\dot{U}_{ab}$ 与 $\dot{U}_B$ 反相，而 $-\dot{U}_B$ 滞后 $\dot{U}_{AB}$ 330°，即 $\dot{U}_{ab}$ 超前 $\dot{U}_{AB}$ 30°。

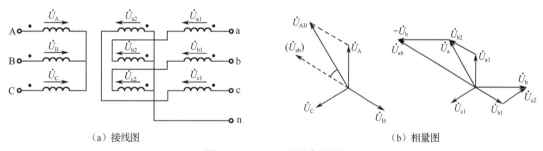

（a）接线图　　　　　　　　　　　　　　　　　（b）相量图

图 5.37　Yzn11 防雷变压器

当雷电波沿变压器二次侧线路侵入时，由于变压器二次侧同一铁芯柱上两半个绕组的电流方向正好相反，过电压产生的磁动势在铁芯上相互抵消，不会感应到变压器一次侧线路上。同样地，如果雷电波沿变压器一次侧线路侵入时，变压器二次侧同一铁芯柱上两半个绕组的感应电动势相互抵消，二次侧也不会出现过电压。所以，采用 Yzn11 联结变压器有利于防雷。在多雷区的变配电所，除设置避雷针（线）、避雷器外，还应选用防雷变压器。

3．建筑物的防雷

建筑物按其防雷要求，可分为如下三类：

（1）第一类建筑物。凡存放爆炸性物品，或在正常情况下能形成爆炸性混合物，因电火花而爆炸的建筑物，称为第一类建筑物。这类建筑物应装设独立避雷针（或消雷器），防止直击雷，为防感应过电压和雷电波侵入，对非金属屋面应敷设避雷网并可靠接地。室内的一切金属设备和管道，均应良好接地并不得有开口环形，电源进线处也应装设避雷器并可靠接地。

（2）第二类建筑物。条件同第一类，但电火花不易引起爆炸或不至于造成巨大破坏和人身伤亡。这类建筑物的防雷措施基本与第一类相同，即要有防直击雷、感应雷和雷电波侵入的保护措施。

（3）第三类建筑物。凡不属于第一、第二类建筑物又需要进行防雷保护的建筑物，属于第三类建筑物。这类建筑物应有防直击雷和雷电波侵入的保护措施。

5.2.4　防雷装置的安全要求

1．防雷装置的接地要求

避雷针宜装设独立的接地装置。防雷的接地装置及避雷针（线、网）引下线的结构尺寸，见表 5.3 注②。

防雷装置承受雷击时，在雷电流通道上呈现很高的冲击电压，可能击穿与邻近的导体之间的绝缘，发生剧烈放电，这就称为反击。反击可能导致火灾爆炸事故。

为了防止反击事故，必须保证接闪器、引下线、接地装置与邻近的设施之间保持一定的距离。此距离与设施的防雷等级有关，但空气中的安全距离为 $S_0 \geqslant 5\text{m}$，地下安全距离为 $S_E \geqslant 3\text{m}$。

为降低跨步电压，保障人身安全，按国家标准《建筑物防雷设计规范》规定，防直击雷的人工接地体距建筑物出入口或人行道的距离不应小于 3m。当小于 3m 时，则：

（1）水平接地体局部埋深不应小于 1m。

（2）水平接地体局部应包绝缘物，可采用 50～80mm 厚的沥青层。

（3）采用沥青碎石地面或在接地体上面敷设 50～80mm 厚的沥青层，其宽度应超过接地体 2m。

2．防雷装置的检查

防雷装置的检查包括外观检查和测量检查两个方面。10kV 以下的防雷装置每三年检查一次。但每次雷雨后，应注意对防雷装置的巡视。避雷器应在每年雷雨季节前检查一次。

外观检查主要包括检查接闪器、引下线等各部分的连接是否牢固可靠；检查各部分腐蚀和锈蚀情况，若腐蚀和锈蚀面积超过 30%，应予更换。对于阀型避雷器，应检查瓷套管有无裂纹、破损以及表面是否清洁等。

测量检查是指对避雷器的测试和对接地电阻的测量。对避雷器的测试包括：绝缘电阻的测量、泄漏电流的测量、工频交流放电电压的测试（只对 FS 型避雷器进行）。

任务 5.3　电气设备的接地

5.3.1　接地概述

1．接地和接地装置

埋入大地与土壤的金属物体，称为接地体或接地极。连接接地体及设备接地部分的导线，称为接地线。接地线又可分为接地干线和接地支线，接地线与接地体总称为接地装置。由若干接地体在大地中互相连接而组成的总体称为接地网。接地网示意图如图 5.38 所示。

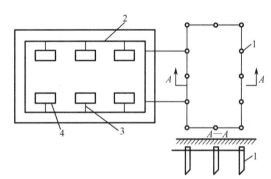

1—接地体；2—接地干线；3—接地支线；4—电气设备

图 5.38　接地网示意图

2．接地电流和对地电压

当发生接地故障时，其故障电流经接地装置进入大地是以半球面形状向大地散开的，这一电流称为接地电流。离接地体越远的地方，呈半球形的散流表面积越大，散流电阻也就越小。一般情况下，离接地体 20m 处，散流电阻趋近于零，该处的电位也趋近于零，我们通常将电位为零的点称为电气上的"地"。电气设备接地部分与"地"之间的电位差称为电气设备接地部分的对地电压 U_E，接地体与"地"之间的电阻称为接地体的散流电阻。

3．接触电压和跨步电压

电气设备发生接地故障时，人站在地面上，手触及设备带电外壳的某一点，此时手与脚所站的地面上的那一点之间所呈现的电位差称为接触电压 U_{tou}。由接触电压引起的触电称为接触电压触电。人在接地故障点周围行走，两脚之间的电位差，称为跨步电压 U_{step}，由跨步电压引起的触电称为跨步电压触电。上述两种电压示意图，如图 5.39 所示。

4．接地类型

接地按其功能可分为保护接地、工作接地、重复接地。

保护接地是指将电气设备的金属外壳、配电装置的构架、线路的塔杆等正常情况下不带电，但可能因绝缘损坏而带电的所有部分接地。因为这种接地的目的是保护人身安全，故称为保护接地或安全接地。

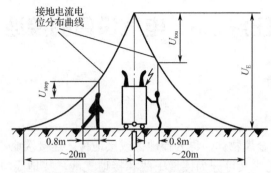

图 5.39　接触电压与跨步电压示意图

工作接地是为了保证电气设备在正常情况下可靠地工作而进行的接地。各种工作接地都有其各自的功能。例如，变压器、发电机的中性点直接接地，能在运行中维持三相系统中相线对地电压不变；电源中性点经消弧线圈接地能防止系统出现过电压等；至于防雷装置的接地，是为了泄放雷电流，实现防雷的要求。

在中性点直接接地 TN 系统中，为确保公共 PE 线或 PEN 线安全可靠，除在中性点进行工作接地外，还必须在 PE 线或 PEN 线的一些地方进行多次接地，这就是重复接地。图 5.40 为工作接地、保护接地、重复接地示意图。

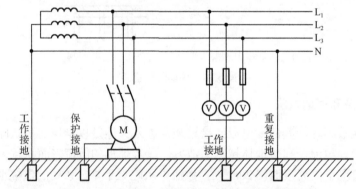

图 5.40　工作接地、保护接地、重复接地示意图

5.3.2　接地装置

接地体是接地装置的主要部分，其选择与装设是能否取得合格接地电阻的关键。接地体可分为自然接地体与人工接地体。

1．自然接地体

利用自然接地体不但可以节约钢材，节省施工费用，还可以降低接地电阻，因此有条件的应当优先利用自然接地体。经实地测量，可利用的自然接地体，如果其接地电阻能满足要求，又满足热稳定条件，就不必装设人工接地装置，否则应增加人工接地装置。

凡是与大地有可靠而良好接触的设备或构件，大都可用作自然接地体，如：

（1）与大地有可靠连接的建筑物的钢结构、混凝土基础中的钢筋；

（2）敷设于地下而数量不少于两根的电缆金属外皮；

（3）敷设在地下的金属管道及热力管道。输送可燃性气体或液体（如煤气、石油）的金属管道除外。

要利用自然接地体，必须保证良好的电气连接，在建筑物钢结构接合处凡是用螺栓连接的，只有在采取焊接与加跨接线等措施后方可利用。

2．人工接地体

自然接地体不能满足接地要求或无自然接地体时，应装设人工接地体。人工接地体大多采用钢管、角钢、圆钢和扁钢制作。一般情况下，人工接地体都垂直敷设，特殊情况如多岩石地区，可水平敷设。

最常用的垂直接地体为直径 50mm、长 2.5m 的钢管。若钢管的直径小于 50mm，则因钢管的机械强度较小，易弯曲，不适于采用机械方法打入土中；若钢管的直径偏大，则钢材耗用大，而散流电阻减小甚微，不经济。接地体的长度若小于 2.5m，散流电阻增加很多；若偏长，则难以打入地中，而且散流电阻减小不显著。

水平敷设的接地体，常采用厚度不小于 4mm、截面积不小于 100mm^2 的扁钢或直径不小于 10mm 的圆钢，长度宜为 5～20m。

如果接地体敷设处土壤有较强的腐蚀性，则接地体应镀锌或镀锡并适当增大截面积，不准采用涂漆或涂沥青的方法防腐。

按国家标准《电气装置安装工程 接地装置施工及验收规范》规定，钢接地体和接地线的截面积不应小于表 5.3 所列的规格。对于 110kV 及以上变电所的接地装置，应采用热镀锌钢材，或者适当增大截面积。

表 5.3　钢接地体和接地线的最小规格

种类、规格及单位		地　上		地　下	
		室内	室外	直流回路	交流回路
圆钢直径/mm		5	8	10	12
扁钢	截面/mm	60	100	100	100
	厚度/mm	3	4	4	6
角钢厚度/mm		2	2.5	4	6
钢管管壁厚度/mm		2.5	2.5	3.5	4.5

注：①电力线路杆塔的接地体引出截面积不应小于 50mm^2，引出线应热镀锌。

②防雷接地装置，圆钢直径不应小于 10mm；扁钢截面积不应小于 100mm^2，厚度不应小于 4mm；角钢厚度不应小于 4mm；钢管壁厚不应小于 3.5mm。作为引下线，圆钢直径不应小于 8mm；扁钢截面积不应小于 48mm^2，其厚度不应小于 4mm。

为减少自然因素（如环境温度）对接地电阻的影响，接地体顶部距地面应不小于 0.6m。

多根接地体相互靠近时，入地电流将相互排斥，影响入地电流流散，这种现象称为屏蔽效应。屏蔽效应使得接地体的利用率下降。因此，安排接地体位置时，为减小相邻接地体间的屏蔽效应，垂直接地体的间距应不小于接地体长度的两倍，水平接地体的间距，一般不小于 5m。

3. 变配电所和车间的接地装置

由于单根接地体周围地面电位分布不均匀，在接地电流或接地电阻较大时，容易使人受到危险的接触电压或跨步电压的威胁。特别是在采用接地体埋设点距被保护设备较远的外引式接地时，情况就更严重。此外，单根接地体或外引式接地的可靠性也较差，万一引线断开就极不安全。针对上述情况，可采用环路式接地装置，如图 5.41 所示。

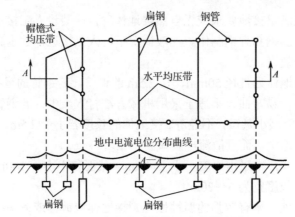

图 5.41　加装均压带的环路式接地网

在变配电所及车间内，应尽可能采用环路式接地装置，即在变配电所和车间建筑物四周，距墙脚 2～3m 处打入一圈接地体，再用扁钢连成环路。这样，接地体间的散流电场将相互重叠而使地面上的电位分布较为均匀。因此，跨步电压及接触电压就很低。当接地体之间的距离为接地体长度的 1～3 倍时，这种效应就更明显。若接地区域范围较大，可在环路式接地装置范围内，每隔 5～10m 增加一条水平接地带作为均压连接线，该均压连接线还可作为接地干线使用，以使各被保护设备接地线的连接更为方便可靠。在经常有人出入的地方，应加装帽檐式均压带或采用高绝缘路面。

5.3.3　接地电阻

1. 接地电阻及要求

接地电阻是接地体的散流电阻与接地线和接地体的电阻的总和。由于接地线和接地体的电阻相对较小，因此接地电阻可认为就是接地体的散流电阻。

工频（50Hz）接地电流流经接地装置所呈现的接地电阻，称为工频接地电阻，用 R_E（或 R）表示。

雷电流流经接地装置所呈现的接地电阻，称为冲击接地电阻，用 R_{sh}（或 R_i）表示。

我国有关规程规定的部分电力装置所要求的工作接地电阻（包括工频接地电阻和冲击接地电阻）值，如附表 19 所列，供参考。

关于 TT 系统和 IT 系统中电气设备外露可导电部分的保护接地电阻 R_E，按规定应满足这样的条件，即在接地电流 I_E 通过保护接地时（其接地电阻为 R_E）产生的对地电压不应高于安全特低电压 50V。因此，保护接地电阻应为：

$$R_{\mathrm{E}} \leqslant \frac{50\mathrm{V}}{I_{\mathrm{E}}} \tag{5-23}$$

如果漏电保护断路器的动作电流 $I_{\mathrm{op(E)}}$ 取 30mA（安全电流值），则 $R_{\mathrm{E}} \leqslant 50\mathrm{V}/0.03\mathrm{A}=1667\Omega$。此电阻相当大，很容易满足要求，一般取 $R_{\mathrm{E}} \leqslant 100\Omega$，以确保安全。

TN 系统中电气设备的外露可导电部分均接在公共 PE 线或 PEN 线上，因此无所谓保护接地电阻问题。

2．接地电阻的计算

在已知接地电阻要求值的前提下，所需接地体根数的计算可按下列步骤进行。

① 按设计规范要求，确定允许的接地电阻值 R_{E}。

② 实测或估算可以利用的自然接地体的接地电阻 $R_{\mathrm{E(nat)}}$。

③ 计算需要补充的人工接地体的接地电阻

$$R_{\mathrm{E(man)}} = \frac{R_{\mathrm{E(nat)}} R_{\mathrm{E}}}{R_{\mathrm{E(nat)}} - R_{\mathrm{E}}} \tag{5-24}$$

若不考虑自然接地体，则 $R_{\mathrm{E(nat)}} = R_{\mathrm{E}}$。

④ 根据设计经验，初步进行接地体的布置，确定接地体和连接导线的尺寸。

⑤ 计算单根接地体的接地电阻 $R_{\mathrm{E(1)}}$。

⑥ 用逐步渐近法计算接地体的数量：

$$n = \frac{R_{\mathrm{E(1)}}}{\eta_{\mathrm{E}} R_{\mathrm{E(man)}}} \tag{5-25}$$

⑦ 校验短路热稳定度。对于大电流接地系统中的接地装置，应进行单相短路热稳定度校验。由于钢线的热稳定系数 $C=70$，因此接地钢线的最小允许截面积（单位为 mm^2）为

$$A_{\min} = I_{\mathrm{k}}^{(1)} \frac{\sqrt{t_{\mathrm{k}}}}{70} \tag{5-26}$$

例 5.6　某车间变电所变压器容量为 630kV·A。电压为 10/0.4kV，接线组为 Yyn0，与变压器高压侧有电联系的架空线路长 100km，电缆线路长 10km，装设地土质为黄土，可利用的自然接地体的接地电阻实测为 20Ω，试确定此变电所公共接地装置的垂直接地钢管和连接扁钢。

解：（1）确定接地电阻要求值。

接地电流为：$I_{\mathrm{E}} = I_{\mathrm{C}} = \dfrac{10 \times (100 + 35 \times 10)}{350} = 12.9（\mathrm{A}）$

按附表 19 可确定，此变电所公共接地装置的接地电阻应满足以下两个条件：

$$R_{\mathrm{E}} \leqslant 120/I_{\mathrm{E}} = 120/12.9 = 9.3（\Omega）$$

$$R_{\mathrm{E}} \leqslant 4\Omega$$

比较上面两式，总接地电阻应满足 $R_{\mathrm{E}} \leqslant 4\Omega$。

（2）计算需要补充的人工接地体的接地电阻：

$$R_{\mathrm{E(man)}} = \frac{R_{\mathrm{E(nat)}} R_{\mathrm{E}}}{R_{\mathrm{E(nat)}} - R_{\mathrm{E}}} = \frac{20 \times 4}{20 - 4} = 5（\Omega）$$

（3）接地装置方案初选。

采用环路式接地网，初步考虑围绕变电所建筑四周，打入一圈钢管接地体，钢管直径为50mm，长度为2.5m，间距为7.5m，管间用$40×4mm^2$的扁钢连接。

（4）计算单根钢管接地电阻。

查相关手册得，黄土的电阻率$\rho=200\Omega/m$。

单根钢管接地电阻$R_{E(1)}\approx200/2.5=80$（$\Omega$）。

（5）确定接地钢管数和最后接地方案。

根据$R_{E(1)}/R_{E(man)}=80/5=16$，同时考虑到管间屏蔽效应，初选24根钢管作为接地体。以$n=24$和$a/l=3$去查附表20，得$\eta_E\approx0.70$。因此

$$n=\frac{R_{E(1)}}{\eta_E R_{E(man)}}=\frac{80}{0.70×5}\approx23$$

考虑到接地体的均匀对称布置，最后确定用24根直径为50mm、长度为2.5m的钢管作为接地体，管间距为7.5m，用40mm×4mm的扁钢连接，环形布置，附加均压带。

3. 接地工程图示例

常用的接地工程图是接地装置布置图。它是表示接地体和接地线的具体布置与安装的图样。图5.42是图1.2所示高压配电所及其附设2号车间变电所的接地装置平面图。

在10kV变配电所中，正常情况下不带电的外露可导电部分均采用保护接地，如电力变压器、高压开关柜外壳和电缆的金属外皮等。对于中性点直接接地的220/380V系统（TN系统），电力装置一般采用接零保护。10kV变配电所中电力装置的保护接地，变压器低压侧中性点的工作接地以及阀型避雷器的接地，一般可采用一个共同的接地装置，其工频接地电阻不得大于4Ω。

在图5.42中，距建筑物3m左右，埋设10根棒形接地体（直径50mm、长度为2.5～3mm的钢管或者∟50×5的角钢），接地体之间的距离一般为5m或稍大一些。接地体之间用40mm×4mm的扁钢焊接成一个外缘闭合的接地网，要求其工频接地电阻不大于4Ω，施工后应进行实测，必要时可增加接地体的根数。

为充分利用自然接地体，将变压器的轨道以及放置高压配电柜、低压配电屏地沟上的槽钢或角钢用25mm×4mm扁钢焊接成网，并与室外的接地网多处焊接。

为防止腐蚀，用作棒形接地体的钢管或角钢以及构成接地网的扁钢都应镀锌或进行其他防腐处理。

为便于测量接地电阻和移动式设备的临时接地电阻，图5.42中适当处装有临时接地端子。

4. 接地电阻的测量

接地装置施工完成后，使用之前应测量接地电阻的实际值，以判断其是否符合要求。若不符合要求，则需补打接地体。每年雷雨季到来之前还需要重新检查测量。接地电阻的测量有电桥法、补偿法、电流-电压表法和接地电阻测量仪法，这里介绍接地电阻测量仪法。

接地电阻测量仪，俗称接地摇表，其自身能产生交变的接地电流，使用简单，携带方便，而且抗干扰性能较好，应用十分广泛。

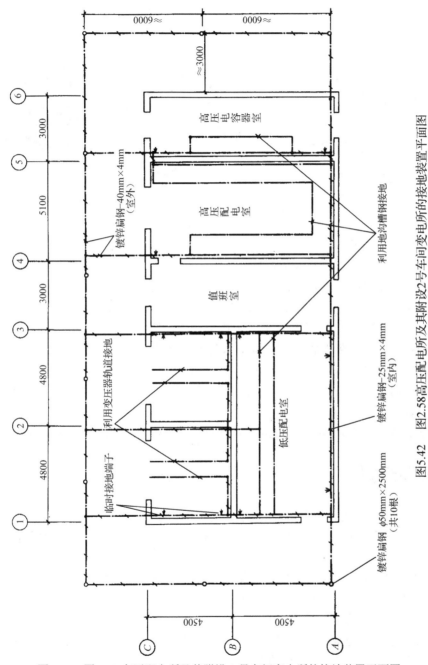

图 5.42　图 2.58 高压配电所及其附设 2 号车间变电所的接地装置平面图

以常用的国产接地电阻测量仪 ZC-8 型为例，如图 5.43 所示，三个接线端子 E、P、C 分别接于被测接地体（E′）、电压极（P′）和电流极（C′）。以大约 120r/min 的速度转动手柄时，接地电阻测量仪内产生的交变电流将沿被测接地体和电流极形成回路，调节粗调旋钮及细调拨盘，使指针指在中间位置，这时便可读出被测接地电阻值。

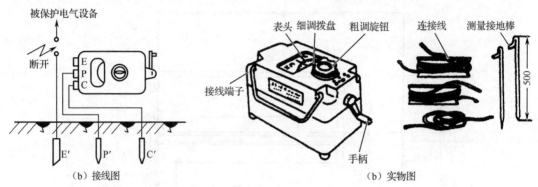

（b）接线图　　　　　　　　　　　　　　　　（b）实物图

图 5.43　ZC-8 型接地电阻测量仪

具体测量步骤如下：

（1）拆开接地干线与接地体的连接点；

（2）将两支测量接地棒分别插入离接地体 20m 与 40m 远的地中，深度约 400mm；

（3）把接地电阻测量仪放置于接地体附近平整的地方，然后用最短的一根连接线连接接线端子 E 和被测接地体 E′，用较长的一根连接线连接接线端子 P 和 20m 远处的接地棒 P′，用最长的一根连线连接接线端子 C 和 40m 远处的接地棒 C′；

（4）根据被测接地体的估计电阻值，调节好粗调旋钮；

（5）以大约 120r/min 的转速摇动手柄，当指针偏离中心时，边摇动手柄边调节细调拨盘，直至指针居中稳定；

（6）细调拨盘的读数×粗调旋钮倍数所得的结果即被测接地体的接地电阻。

思考与练习

5-1　试说明继电保护的四个基本要求和继电保护装置的任务。

5-2　选择熔断器时应考虑哪些条件？为什么熔断器保护要考虑与被保护线路相配合？

5-3　试述定时限过电流保护的构成原理及时限特性，其时限阶梯是如何确定的？

5-4　试述定时限过电流保护的动作电流整定原则。

5-5　如何确定电流速断保护的保护范围？

5-6　电力变压器通常有哪些故障和不正常的运行状态？相应的需要装设哪些继电保护装置？它们的保护范围是怎么样的？

5-7　电力变压器的瓦斯保护与纵联差动保护的作用有何区别？如果变压器内部发生故障，两种保护是否都会动作？

5-8　简述变压器瓦斯保护的工作原理以及轻瓦斯与重瓦斯保护的区别。

5-9　在单相接地保护中，电缆头的接地线为什么一定要穿过零序电流互感器的铁芯后接地？

5-10　工厂供电系统中的小电流接地系统，为什么要装设绝缘监察装置？

5-11　对变压器低压侧的单相短路，可采用哪几种保护措施？最常用的单相短路保护措施是哪一种？

5-12　高压电动机常见的故障和不正常运行状态有哪些？相应的需要装设哪些保护装置？各种保护装置的动作电流是如何整定的？

5-13　微机保护的基本结构是怎样的？

5-14　微机保护有什么优点和缺点？

5-15　备用电源自动投入装置在什么情况下应该投入工作？在什么情况下应该闭锁？

5-16　自动重合闸装置在什么情况下应该投入工作？在什么情况下应该闭锁？

5-17　图5.44所示的无限大容量供电系统，6.3kV线路WL2上的最大负荷电流为130A，电流互感器变比为150/5。k-1、k-2点三相短路时最小短路电流分别为400A、600A。线路WL1上设置定时限过电流保护装置1的动作时限为1s。拟在线路WL2上设置定时限过电流保护装置2，试进行整定计算。

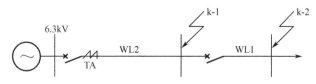

图5.44　无限大容量供电系统示意图

5-18　图5.44所示供电系统中，已知线路WL2的最大负荷电流为280A，k-1、k-2点在最大运行方式下的短路电流分别为960A、1300A；在最小运行方式下短路电流分别为800A、1000A。拟在线路WL2的始端装设反时限过电流保护装置2，电流互感器变比为400/5，反时限过电流保护装置1在线路WL1首端短路时动作时限为0.6s，试进行整定计算。

5-19　某小型工厂10/0.4kV、630kV·A配电变压器的高压侧，拟装设由GL-15型电流继电器组成的两相一继电器式反时限过电流保护。已知变压器高压侧 $I_{k-1}^{(3)} = 1.7\text{kA}$，低压侧 $I_{k-2}^{(3)} = 13\text{kA}$；高压侧电流互感器变比为200/5。试整定反时限过电流保护的动作电流及动作时限，并校验其灵敏度（变压器最大负荷电流取变压器额定一次电流的2倍）。

5-20　何谓直击雷、雷电感应、雷电侵入波？

5-21　什么是滚球法？如何用滚球法确定避雷针、避雷线的保护范围？

5-22　什么是避雷器？其工作原理是什么？

5-23　一般工厂6kV～10kV架空线路应采取哪些防雷措施？

5-24　一般工厂变配电所应采取哪些防雷措施？

5-25　建筑物按防雷要求分为哪几类？各类防雷建筑物应采取哪些防雷措施？

5-26　什么是接地？什么是接地装置？什么是人工接地体和自然接地体？

5-27　什么是工作接地、保护接地和重复接地？

5-28　最常用的垂直接地体是哪一种？其常用规格尺寸是怎样的？为什么？

5-29　什么是接触电压？什么是跨步电压？如何降低接触电压和跨步电压？

5-30　有一避雷针高 32m，在它下面建设一个 6m 高的变电所（外墙 15m 的变电所距避雷针 18m），问该避雷针能否保护这一变电所？

5-31　某车间变电所的主变压器容量为 500kV·A，电压为 10/0.4kV，接线组为 Yyn0。试确定此变电所公共接地装置的垂直接地钢管和连接扁钢的规格和数量。已知装设地点的土质为砂质黏土，10kV 侧有电联系的架空线路长度为 150km，电缆线路长度为 10km。

项目 6

工厂供电系统的设计、运行与维护

任务 6.1　工厂供电系统电气设计

工厂供电系统的电气设计是现代化工厂设计中的重要内容之一。作为从事工厂供电工作的人员，有必要了解工厂供电系统电气设计的有关知识，以便适应设计工作的需要。本项目首先介绍工厂供电系统的设计原则、设计内容、设计程序和要求及设计说明书的编写；然后介绍工厂供电系统的电气设计示例，将前面各项目讲述内容综合应用于 10/0.4kV 变电所的设计中；最后介绍工厂供电系统和工厂电力线路的运行和维护。

6.1.1　工厂供电系统电气设计概述

1. 工厂供电系统电气设计原则

按照国家标准的有关规定，进行工厂供电系统电气设计必须遵循以下原则。

（1）工厂供电系统电气设计必须遵循国家的各项方针政策，设计方案须符合国家标准中的有关规定，并应做到保障人身和设备安全，供电可靠，电能质量合格，技术先进和经济合理。

（2）应根据工程特点、规模和发展规划，正确处理近期建设和远期发展的关系，做到远、近期结合，适当考虑扩建的可能。

（3）必须从全局出发，统筹兼顾，按照负荷性质、用电容量、工程特点和地区供电条件，合理确定设计方案，以满足供电的要求。

2. 工厂供电系统电气设计内容

工厂供电系统电气设计包括变配电所设计、配电线路设计和电气照明设计等。

1）变配电所设计

无论是工厂总降压变电所还是车间变电所，其设计的内容都是相同的。工厂高压配电所，除没有主变压器的选择外，其余部分的设计内容也与变配电所基本相同。变配电所的设计内容包括：变（配）电所负荷的计算及无功功率的补偿，变（配）电所所址的选择，变电所主变压器台数、容量、形式的确定，变（配）电所主接线方案的选择，进出线的选择；短路电流计算和开关设备的选择，二次回路方案的确定及继电保护的选择与整定，防雷保护与接地装置的设计，变（配）电所电气照明的设计等。最后需编制设计说明书、设备材料清单及工程概预算表，绘制变（配）电所主接线图、平剖面图、二次回路图及其他施工图样。

2）配电线路设计

工厂配电线路设计分为厂区配电线路设计和车间配电线路设计。

厂区配电线路设计，包括厂区高压供配电线路设计及车间外部低压配电线路设计。其设计内容包括：配电线路路径及线路结构形式（架空线路还是电缆线路）的确定；线路的导线或电缆及其配电设备和保护设备的选择，架空线路杆位的确定及电杆与绝缘子、金具的选择，架空线路的防雷保护及接地装置的设计等。最后需编制设计说明书、设备材料清单及工程概预算表、绘制厂区配电线路系统图和平面图、电杆总装图及其他施工图样。

车间配电线路设计的内容应包括：车间配电线路布线方案的确定；线路导线及其配电设备和保护设备的选择等。最后编制设计说明书、设备材料清单及工程概预算表、绘制车间配电线路系统图和平面图及其他施工图样。

3）电气照明设计

工厂电气照明设计，包括厂区室外照明系统的设计和车间（建筑）内照明系统的设计。其内容均应包括：照明光源和灯具的选择，灯具布置方案的确定和照度计算，照明线路导线的选择，保护与控制设备的选择等。最后编制设计说明书、设备材料清单及工程概预算表，绘制照明系统图和平面图及其他施工图样。

3. 工厂供电系统电气设计程序和要求

工厂供电系统电气设计，通常分为扩大初步设计和施工设计两个阶段。对于用电量大的大型工厂，在建厂可行性研究报告阶段，可增加工厂供电采用方案意见书。对用电量较小的工厂，经技术论证许可后，也可将两个阶段合并为一个阶段进行。

1）扩大初步设计

扩大初步设计的任务主要是根据设计任务书的要求，进行负荷的统计计算，确定工厂的需要用电容量，选择工厂供电系统的原则性方案及主要设备，提出主要设备、材料清单，并编制工程投资概预算表，报上级主管部门审批。因此，扩大初步设计资料包括设计说明书和工程投资概预算表两部分。

在设计前必须收集以下资料。

（1）工厂的总平面图，各车间（建筑）的土建平、剖面图。

（2）全厂的工艺和给水、排水、通风、取暖及动力等的用电设备平面布置图和主要剖面图，并附有各用电设备的名称及其有关技术数据。

（3）用电负荷对供电可靠性的要求及工艺允许停电的时间。

（4）全厂的年产量或年产值与年最大负荷利用小时数，用以估算全厂的年用电量和最高耗电量。

（5）从当地供电部门获取下列资料：

● 可供电的电源容量和备用电源容量；

● 供电电源的电压、供电方式（架空线还是电缆线，专用线还是公用线）、供电电源线路的回路数、导线型号、规格、长度以及进入工厂的方向和具体位置；

● 电力系统的短路数据或供电电源线路首端的开关断流容量；

● 供电电源线路首端的继电保护方式及动作电流和动作时限的整定值，电力系统对工厂进线端继电保护方式及动作时限配合的要求；

● 对工厂功率因数的要求；

● 电源线路厂外部分设计与施工的分工及工厂应负担的投资费用等。

（6）从当地气象、地质及建筑安装部门获取当地气温、地质、土壤、主导风向、地下水位及最高洪水位、最高地震烈度、当地电气工程的技术经济指标及电气设备材料的生产供应情况等资料。

2）施工设计

施工设计的任务是在扩大初步设计经上级主管部门批准后，为满足安装施工要求而进行的技术设计，主要是绘制安装施工图和编制施工说明书。

施工设计必须对初步设计的原则性方案进行全面的技术经济分析和必要的计算和修订，以使设计方案更加完善和精确，有助于安装施工图的绘制。安装施工图是进行安装施工所必需的全套图表资料。安装施工图应尽量采用国家规定的标准图样。

施工设计资料应包括施工说明书，各项工程平、剖面图，各种设备的安装图，各种非标准件的安装图，设备与材料明细表以及工程预算表等。

施工设计由于是即将付诸安装施工的最后决定性设计，因此设计时更有必要深入实际，调查研究，核实资料，精心设计，以确保工厂供电系统工程的质量。

6.1.2   设计说明书的编写

设计说明书是课程设计和毕业设计结束时必须提交的重要设计文件。在工程设计中，初步设计阶段结束时也必须编写设计说明书，而施工设计阶段则不要求编写系统的设计说明书，必要的文字说明只作为施工图样的补充。

1. 设计说明书编写的一般要求

1）必须阐明设计主题

（1）必须说明设计的项目名称（设计题目）、任务要求及分工情况。

（2）简要说明设计的依据，包括设计原始资料的摘要。

（3）整个设计说明书要反映设计的指导思想或遵循的设计原则。

2）应突出阐述设计方案

（1）要突出设计方案的选择比较。例如，对变配电所的主接线方案，一般要求选2～3个比较合理的方案来进行技术经济分析比较，从中选择一个最佳方案。

（2）设计方案的比较要简明，分析要全面，论述要科学有据。

3）文字要精练，计算要简明

（1）说明书的文字叙述要开门见山，不要滥用修饰词；特别是写"摘要"，要实事求是，切忌虚夸。

（2）文字说明要精练、准确，要符合现代汉语规范，讲究标点、符号的用法，避免出现语法、修辞和逻辑错误。字迹要清楚，力求工整，切忌写错别字。

（3）计算要简明，力戒烦琐，尽量采用一目了然的图表形式。

4）条理要清楚，层次要分明

（1）除"摘要"或"结语"外，设计说明书的主体部分应尽量采用条款的形式罗列叙述，或采用图表格式，力求做到条理清晰，叙述清楚。

（2）要按照设计的顺序，安排好说明书的层次结构。前后之间既要层次分明，又要有逻辑联系。

（3）设计说明书要统一编写页码，前面要编写"目录"。目录中的章节序号、标题及页码，均应与正文一致。作为课程设计和毕业设计的说明书，后面须列出"参考书目"。参考书目的格式，应为编著者·书名·出版地：出版者，出版年。例：刘介才主编.工厂供电设计指导.北京：机械工业出版社，1998.

2. 设计说明书常用的层次格式

设计说明书常用的层次格式，如表6.1所示。

表6.1 设计说明书常用的层次格式

第一种层次格式	第二种层次格式
摘要	摘要
目录	目录
一.×××××	1.×××××
（一）×××××	1.1×××××
1.×××××	（1）×××××
（1）×××××	1)×××××
二.×××××	2.×××××
...	...
附录　参考文献	附录　参考文献

6.1.3　工厂供电系统电气设计示例

1. 设计任务

1）设计题目

某机械厂 10/0.4kV 降压变电所的电气设计。

2）设计要求

要求根据本厂所能取得的电源及本厂用电负荷的实际情况，并适当考虑工厂生产的发展，按照安全可靠、技术先进、经济合理的要求，确定变电所的位置与形式，确定变电所主变压器的台数与容量、类型，选择变电所主接线方案及高低压设备和进出线，确定二次回路方案，选择继电保护装置，确定防雷和接地装置，最后按要求写出设计说明书，绘出设计图样。

3）设计依据

（1）工厂总平面图，如图 6.1 所示。

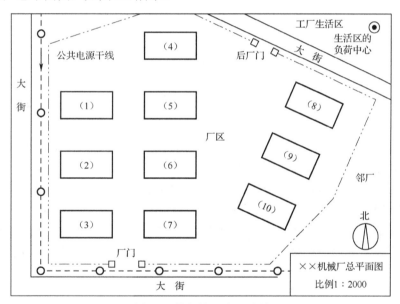

图 6.1　某机械厂总平面图

（2）工厂负荷情况。本厂多数车间为两班制，年最大负荷利用小时为 4600h，日最大负荷持续时间为 6h。本厂除铸造车间、电镀车间和锅炉房属于二级负荷外，其余均属于三级负荷。本厂的负荷统计资料如表 6.2 所示。

表 6.2　工厂负荷统计资料

厂房编号	厂房名称	负荷类别	设备容量/kW	需要系数	功率因数
1	铸造车间	动力	300	0.3	0.7
		照明	6	0.8	1.0

厂房编号	厂房名称	负荷类别	设备容量/kW	需要系数	功率因数
2	锻压车间	动力	350	0.3	0.65
		照明	8	0.7	1.0
3	热处理车间	动力	150	0.6	0.80
		照明	5	0.8	1.0
4	电镀车间	动力	250	0.5	0.80
		照明	5	0.8	1.0
5	仓库	动力	20	0.4	0.80
		照明	1	0.8	1.0
6	工具车间	动力	360	0.3	0.60
		照明	7	0.9	1.0
7	金工车间	动力	400	0.2	0.65
		照明	10	0.8	1.0
8	锅炉房	动力	50	0.7	0.80
		照明	1	0.8	1.0
9	装配车间	动力	180	0.3	0.70
		照明	6	0.8	1.0
10	机修车间	动力	160	0.2	0.65
		照明	4	0.8	1.0
	生活区	照明	350	0.7	0.9

（3）供电电源情况。按照工厂与当地供电部门签订的供电协议规定，本厂可由附近一条 10kV 的公用电源干线取得工作电源。该干线的走向参见工厂总平面图。该干线的导线型号为 LGJ-150，导线为等边三角形排列，线距为 2m；干线首端距离本厂约 8km。干线首端所装设的高压断路器的断流容量为 500MV·A。此断路器配备定时限电流保护和电流速断保护，定时限过电流保护整定的动作时间为 1.7s。为满足工厂二级负荷的要求，可采用高压联络线由邻近的单位取得备用电源。已知本厂高压侧有电联系的架空线路的总长度为 80km，电缆线路的总长度为 25km。

（4）气象资料。本厂所在地区的年最高气温为 38℃，年平均气温为 23℃，年最低气温为-8℃，年最热月平均最高气温为 33℃，年最热月平均气温为 26℃，年最热月地下 0.8m 处平均温度为 25℃。当地主导风向为东北风，年雷暴数为 20。

（5）地质水文资料。本厂所在地区平均海拔 500m，地层以砂黏土为主，地下水位为 2m。

（6）电费制度。本厂与当地供电部门达成协议，在工厂变电所高压侧计量电能，设专用计量柜，按两部电费制交纳电费。每月基本电费按主变压器容量计为 18 元/(kV·A)，动力电费为 0.20 元/(kW·h)，照明电费为 0.50 元/(kW·h)。工厂最大负荷时的功率因数不得低于 0.90。此外，电力用户需按新装变压器容量计量，一次性向供电部门交纳供电贴费：6kV～10kV 为 800 元/(kV·A)。

4）设计任务

要求在规定时间内独立完成下列工作：

（1）设计说明书需包括：

① 摘要。

② 目录。

③ 负荷计算和无功功率补偿。

④ 变电所位置和形式的选择。

⑤ 变电所主变压器台数和容量、类型的选择。

⑥ 变电所主接线方案的设计。

⑦ 短路电流的计算。

⑧ 变电所一次设备的选择与校验。

⑨ 变电所进出线的选择与校验。

⑩ 变电所二次回路方案的选择及继电保护的整定。

⑪ 防雷保护和接地装置的设计。

⑫ 附录——参考文献。

（2）设计图样需包括：

① 变电所主接线图 1 张（A2 图样）。

② 变电所平、剖面图 1 张（A2 图样）。

2. 设计说明书（示例）

摘要（略）

目录（略）

1）负荷计算和无功功率补偿

（1）负荷计算。各厂房和生活区的负荷计算如表 6.3 所示。

表 6.3 某机械厂负荷计算表

编号	名称	类别	设备容量 P_e/kW	需要系数 K_d	$\cos\varphi$	$\tan\varphi$	计算负荷			
							P_{30}/kW	Q_{30}/kvar	S_{30}/(kV·A)	I_{30}/A
1	铸造车间	动力	300	0.3	0.7	1.02	90	91.8	—	—
		照明	6	0.8	1.0	0	4.8	0	—	—
		小计	306	—	—	—	94.8	91.8	132	201
2	锻压车间	动力	350	0.3	0.65	1.17	105	123	—	—
		照明	8	0.7	1.0	0	5.6	0	—	—
		小计	358	—	—	—	110.6	123	165	251
3	热处理车间	动力	150	0.6	0.8	0.75	90	67.5	—	—
		照明	5	0.8	1.0	0	4	0	—	—
		小计	155	—	—	—	94	67.5	116	176

续表

编号	名称	类别	设备容量 P_e/kW	需要系数 K_d	$\cos\varphi$	$\tan\varphi$	计算负荷			
							P_{30}/kW	$Q_{30}/kvar$	$S_{30}/(kV\cdot A)$	I_{30}/A
4	电镀车间	动力	250	0.5	0.8	0.75	125	93.8	—	—
		照明	5	0.8	1.0	0	4	0	—	—
		小计	255	—	—	—	129	93.8	160	244
5	仓库	动力	20	0.4	0.8	0.75	8	6	—	—
		照明	1	0.8	1.0	0	0.8	0	—	—
		小计	21	—	—	—	8.8	6	10.7	16.2
6	工具车间	动力	360	0.3	0.6	1.33	108	144	—	—
		照明	7	0.9	1.0	0	6.3	0	—	—
		小计	367	—	—	—	114.3	144	184	280
7	金工车间	动力	400	0.2	0.65	1.17	80	93.6	—	—
		照明	10	0.8	1.0	0	8	0	—	—
		小计	410	—	—	—	88	93.6	128	194
8	锅炉房	动力	50	0.7	0.8	0.75	35	26.3	—	—
		照明	1	0.8	1.0	0	0.8	0	—	—
		小计	51	—	—	—	35.8	26.3	44.4	67
9	装配车间	动力	180	0.3	0.7	1.02	54	55.1	—	—
		照明	6	0.8	1.0	0	4.8	0	—	—
		小计	186	—	—	—	58.8	55.1	80.6	122
10	机修车间	动力	160	0.2	0.65	1.17	32	37.4	—	—
		照明	4	0.8	1.0	0	3.2	0	—	—
		小计	164	—	—	—	35.2	37.4	51.4	78
11	生活区	照明	350	0.7	0.9	0.48	245	117.6	272	413
总计（380V 侧）		动力	2220	—	—	—	1015.3	856.1	—	—
		照明	403							
		计入 $K_{\Sigma p}=0.8$ $K_{\Sigma q}=0.85$		0.75	—	812.2	727.6	1090	1656	

（2）无功功率补偿。由表 6.3 可知，该厂 380V 侧最大负荷时的功率因数只有 0.75。而供电部门要求该厂 10kV 进线侧最大负荷时功率因数不低于 0.90。考虑到主变压器的无功损耗远大于有功损耗，因此 380V 侧最大负荷时功率因数应稍大于 0.90，暂取 0.92 来计算 380V 侧所需无功功率补偿容量：

$$Q_C = Q_{30} - Q'_{30} = P_{30}(\tan\varphi_1 - \tan\varphi_2)$$
$$= 812.2 \times [\tan(\arccos 0.75) - \tan(\arccos 0.92)] = 370\,(kvar)$$

参照相关设计手册，选 PGJ1 型低压自动补偿屏*，并联电容器为 BW0.4-14-3 型，采用其方案 1（主屏）1 台与方案 3（辅屏）4 台相组合，总共容量为 84kvar×5=420kvar。因此无功补偿后工厂 380V 侧和 10kV 侧的负荷计算如表 6.4 所示。（注：*补偿屏形式甚多，有资料的话，可选其他形式。）

表 6.4 无功补偿后工厂的计算负荷

项　　　目	$\cos\varphi$	计　算　负　荷			
		P_{30}/kW	Q_{30}/kvar	S_{30}/(kV·A)	I_{30}/A
380V 侧补偿前负荷	0.75	812.2	727.6	1090	1656
380V 侧无功补偿容量			−420		
380V 侧补偿后负荷	0.935	812.2			
主变压器功率损耗		$0.15S_{30}$=13	$0.06S_{30}$=52		
10kV 侧负荷总计	0.92	825.2	359.6	900	52

2）变电所位置和形式的选择

变电所的位置应尽量接近工厂的负荷中心。工厂的负荷中心按功率矩法来确定，计算公式为式（3-7）。限于本书篇幅，计算过程从略。

由计算结果可知，工厂的负荷中心在 5 号厂房（仓库）的东南角（参见图 6.1）。考虑到进出线方便及周围环境情况，决定在 5 号厂房（仓库）的东侧紧靠厂房修建工厂变电所，其形式为附设式。

3）变电所主变压器和主接线方案的选择

（1）变电所主变压器的选择。根据工厂的负荷性质和电源情况，工厂变电所的主变压器可有下列两种方案：

① 装设一台主变压器，形式采用 S9，容量根据式（4-24），选 $S_{N·T}=1000$kV·A ≥ S_{30} = 900kV·A，即选一台 S9-1000/10 型低损耗配电变压器。至于工厂二级负荷的备用电源，由与邻近单位相连的高压联络线来承担。（注意：由于二级负荷达 335.1kV·A，380V 侧电流达 509A，距离又较长，因此不能采用低压联络线作为备用电源。）

② 装设两台主变压器，型号也采用 S9，而每台容量按式（4-25）和式（4-26）选择，即

$$S_{N·T} = (0.6{\sim}0.7)S_{30} = (0.6{\sim}0.7)\times 900 = (540{\sim}630)\text{kV·A}$$

而且 $S_{N·T} \geq S_{30(I+II)} = 335.1$kV·A

因此选两台 S9-630/10 型低损耗配电变压器。工厂二级负荷的备用电源也由与邻近单位相连的高压联络线来承担。主变压器的联结组别均采用 Yyn0。

（2）变电所主接线方案的选择　按上面考虑的两种主变压器的方案可设计下列两种主接线方案：

① 装设一台主变压器的主接线方案，如图 6.2 所示（低压侧主接线从略）。

② 装设两台主变压器的主接线方案，如图 6.3 所示（低压侧主接线从略）。

③ 两种主接线方案的技术经济比较如表 6.5 所示。

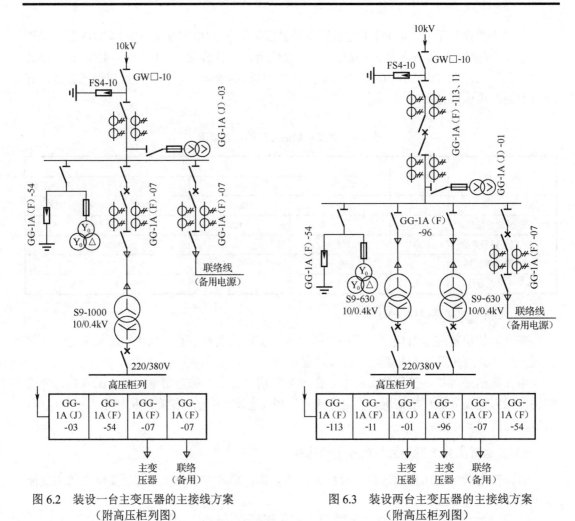

图 6.2　装设一台主变压器的主接线方案　　　图 6.3　装设两台主变压器的主接线方案
　　　　　（附高压柜列图）　　　　　　　　　　　　　（附高压柜列图）

表 6.5　两种主接线方案的比较

比 较 项 目		装设一台主变压器的方案	装设两台主变压器的方案
技术指标	供电安全性	满足要求	满足要求
	供电可靠性	基本满足要求	满足要求
	供电质量	由于只有一台主变压器，电压损耗略大	由于两台主变压器并列，电压损耗略小
	灵活方便性	只有一台主变压器，灵活性稍差	由于有两台主变压器，灵活性较好
	扩建适应性	稍差一些	更好一些
经济指标	电力变压器的综合投资额	查相关技术资料得 S9-1000 型变压器的单价为 10.76 万元，而变压器综合投资额约为其单价的 2 倍，因此其综合投资额为 2×10.76 万元 =21.52 万元	查相关技术资料得 S9-630 型变压器的单价为 7.47 万元，因此两台主变压器综合投资额为 4×7.47 万元=29.88 万元，比一台主变压器方案多投资 8.36 万元
	高压开关柜（含计量柜）的综合投资额	查相关技术资料 GG-1A（F）型柜按每台 3.5 万元计，其综合投资按设备价的 1.5 倍计，因此其综合投资额约为 4×1.5×3.5 万元=21 万元	本方案要用 6 台 GG-1A（F）柜，其综合投资约为 6×1.5×3.5 万元=31.5 万元，比一台主变压器的方案多投资 10.5 万元

续表

比 较 项 目		装设一台主变压器的方案	装设两台主变压器的方案
经济指标	电力变压器和高压开关柜的年运行费	主变压器和高压开关柜的折旧费和维修管理费每年为 4.893 万元（其余略）	主变压器和高压开关柜的折旧费和维修管理费每年为 7.067 万元，比 1 台主变压器的方案多耗费 2.174 万元
	交供电部门的一次性供电贴费	按 800 元/(kV·A)，贴费为 1000×0.08 万元=80 万元	贴费为 2×630×0.08 万元=100.8 万元，比 1 台主变压器的方案多交 20.8 万元

从表 6.5 可以看出，按技术指标，装设两台主变压器的主接线方案（见图 6.3）略优于装设一台主变压器的主接线方案（见图 6.2），但按经济指标，则装设一台主变压器的方案（见图 6.2）远优于装设两台主变压器的方案（见图 6.3），因此决定采用装设一台主变压器的方案（见图 6.2）。（说明：如果工厂负荷近期可有较大增长的话，则宜采用装设两台主变压器的方案。）

4）短路电流的计算

绘制计算电路（见图 6.4）。

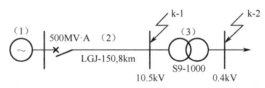

图 6.4 短路计算电路

根据项目二中介绍的欧姆法或标幺制法计算，计算结果如表 6.6 所示。

表 6.6 短路计算结果

短路计算点	三相短路电流/kA					三相短路容量/（MV·A）
	$I_k^{(3)}$	I''	$I_\infty^{(3)}$	$i_{sh}^{(3)}$	$I_{sh}^{(3)}$	$S_k^{(3)}$
k-1	1.96	1.96	1.96	5.0	2.96	35.7
k-2	19.7	19.7	19.7	36.2	21.5	13.7

5）变电所一次设备的选择校验

（1）10kV 侧一次设备的选择校验（见表 6.7）。

表 6.7 所选设备均满足要求。

（2）380V 侧一次设备的选择校验（见表 6.8）。

表 6.8 所选设备均满足要求。

表 6.7 10kV 侧一次设备的选择校验

选择校验项目		电 压	电流	断流能力	动稳定度	热稳定度	其 他
装置地点条件	参数	U_N	I_{30}	$I_k^{(3)}$	$I_{sh}^{(3)}$	$I_\infty^{(3)2} t_{ima}$	
	数据	10kV	57.7A	1.96kA	5.0kA	$1.96^2×1.9≈7.3$	

选择校验项目		电　压	电流	断流能力	动稳定度	热稳定度	其　他
	额定参数	U_N	I_N	I_{oc}	i_{max}	$I_t^2 t$	
一次设备型号规格	高压少油断路器 SN-10I/630	10kV	630A	16kA	40kA	$16^2 \times 2 = 512$	
	高压隔离开关 CN_8^6-10/200	10kV	200A	—	25.5kA	$10^2 \times 5 = 500$	
	高压熔断器 RN2-10	10kV	0.5A	50kA			
	电压互感器 JDJ-10	10/0.1kV					
	电压互感器 JDZJ-10	$\frac{10}{\sqrt{3}} / \frac{0.1}{\sqrt{3}} / \frac{0.1}{3}$kV	—	—	—	—	
	电流互感器 LQJ-10	10kV	100/5A	—	$225 \times \sqrt{2} \times$ 0.1kA≈31.8kA	$(90\times0.1)^2 \times 1 = 81$	二次负荷 0.6Ω
	避雷器 FS4-10	10kV					
	户外式高压隔离开关 GW4-15G/200	15kV	200A				

表 6.8　380V 侧一次设备的选择校验

选择校验项目		电压	电流	断流能力	动稳定度	热稳定度	其他
条件	参数	U_N	I_{30}	$I_k^{(3)}$	$i_{sh}^{(3)}$	$I_\infty^{(3)2} t_{ima}$	
	数据	380V	总 1320A	19.7kA	36.2kA	$19.7^2 \times 0.7 ≈ 272$	
一次设备型号规格	额定参数	U_N	I_N	I_{oc}	i_{max}	$I_t^2 t$	
	低压断路器 DW15-1500/3	380V	1500A	40kA			
	低压断路器 DZ20-630	380V	630A（大于 I_{30}）	一般 30kA			
	低压断路器 DZ20-200	380V	200A（大于 I_{30}）	一般 25kA			
	低压刀开关 HD13-1500/30	380V	1500A	—			
	电流互感器 LMZ1-0.5	500V	1500/5A	—			
	电流互感器 LMZ-0.5	500V	160/5A 100/5A	—			

（3）高低压母线的选择。参照变配电所高低压母线常用尺寸，10kV 母线选 LMY-3（40mm×4mm）；380V 母线选 LMY-3(120×10)+80×6。

6）变电所进出线和与邻近单位联络线的选择

（1）10kV 高压进线和引入电缆的选择。

① 10kV 高压进线的选择校验。采用 LJ 型铝绞线架空敷设，接 10kV 公用干线。

a. 按发热条件选择。由 $I_{30} = I_{1N \cdot T} = 57.7A$ 及室外环境温度 33℃，查附表 15，初选 LJ-16，

其 35℃时的 $I_{al}≈95A>I_{30}$，满足发热条件。

　　b．校验机械强度。查附表 13，最小允许截面积 $A_{min}=35mm^2$，因此 LJ-16 不满足机械强度要求，故改选 LJ-35。

　　由于此线路很短，不需要校验电压损耗。

　　② 由高压配电室至主变压器的一段引入电缆的选择校验。采用 YJL22-10000 型交联聚乙烯绝缘的铝芯电缆直接埋地敷设。

　　a．按发热条件选择。由 $I_{30}=I_{1N·T}=57.7A$ 及土壤温度 25℃查附表 17，初选缆芯为 $25mm^2$ 的交联电缆，其 $I_{al}=90A>I_{30}$，满足发热条件。

　　b．校验短路热稳定度。按式（2-84）计算满足短路热稳定度条件的最小截面积：

$$A_{min}=I_{\infty}^{(3)}\frac{\sqrt{t_{ima}}}{C}=\left(1960\times\frac{\sqrt{0.75}}{84}\right)mm^2≈20mm^2<A=25mm^2$$

式中的 C 值由附表 7 查得。

因此，YJL22-10000-3×25 电缆满足要求。

（2）380V 低压出线的选择。

　　① 馈电给 1 号厂房（铸造车间）的线路采用 VLV22-1000 型聚氯乙烯绝缘铝芯电缆直接埋地敷设。

　　a．按发热条件选择。由 $I_{30}=201A$ 及地下 0.8m 土壤温度为 25℃，查相关技术手册，初选 $120mm^2$，其 $I_{al}=212A>I_{30}$，满足发热条件。（注意：若当地土壤温度不为 25℃，则其 I_{al} 应乘以修正系数。）

　　b．校验电压损耗。由图 6.1 所示平面图，量得变电所至 1 号厂房的距离约 100m，而从附表 19 查得 $120mm^2$ 的铝芯电缆的 $R_0=0.31Ω/km$（按缆芯工作温度 75℃计），$X_0=0.07Ω/km$，又 1 号厂房的 $P_{30}=94.8kW$，$Q_{30}=91.8kvar$，因此得：

$$\Delta U=\frac{94.8kW\times(0.31\times0.1)Ω+91.8kvar\times(0.07\times0.1)Ω}{0.38kV}≈9.4V$$

$\Delta U\%=(9.4V/380V)\times100\%=2.5\%<\Delta U_{al}\%=5\%$，满足允许电压损耗 5%的要求。

　　c．短路热稳定度校验。按式（2-84）求满足短路热稳定度的最小截面积：

$$A_{min}=I_{\infty}^{(3)}\frac{\sqrt{t_{ima}}}{C}=\left(19700\times\frac{\sqrt{0.5}}{65}\right)mm^2≈214mm^2$$

式中，t_{ima} 为变电所高压侧过电流保护动作时间，按 0.5s 整定（终端变电所），因此改选缆芯为 $240mm^2$ 的聚氯乙烯电缆，即 VLV22-1000-3×240+1×120 的四芯电缆（中性线芯直径按不小于相线芯一半选择，下同）。

　　② 馈电给生活区的线路，采用 LJ 型铝绞线架空敷设。

　　a．按发热条件选择。由 $I_{30}=413A$ 及室外环境温度为 33℃，查附表 15，初选 LJ-185，其 33℃时的 $I_{al}≈445A>I_{30}$，满足发热条件。

　　b．校验机械强度。查附表 13，最小允许截面积 $A_{min}=16mm^2$，因此 LJ-185 满足机械强度要求。

　　c．校验电压损耗，由图 6.1 所示平面图量得变电所至生活区负荷中心的距离约为 200m，而由附表 6 查得 LJ-185 的 $R_0=0.18Ω/km$，$X_0=0.3Ω/km$（按线间几何均距 0.8m 计），又生活

区的 $P_{30}=245kW$，$Q_{30}=117.6kvar$，因此

$$\Delta U=\frac{245kW \times (0.18 \times 0.2)\Omega + 117.6kvar \times (0.3 \times 0.2)\Omega}{0.38kV} \approx 42V$$

$$\Delta U\%=(42V/380V)\times 100\% \approx 11.1\% > \Delta U_{al}=5\%$$

由此看来，对生活区采用一回 LJ-185 架空线路供电是不行的。为了确保生活用电（照明、家电）的电压质量，决定采用四回 LJ-120 架空线路对生活区供电。查附表 6 得 LJ-120 的 $R_0=0.28\Omega/km$，$X_0=0.3\Omega/km$（按线间几何均距 0.6m 计），因此

$$\Delta U=\frac{(245/4)kW \times (0.28 \times 0.2)\Omega + (117.6/4)kvar \times (0.3 \times 0.2)\Omega}{0.38kV} \approx 13.7V$$

$\Delta U\%=(13.7V/380V)\times 100\%=3.6\% < \Delta U_{al}=5\%$，满足要求。

中性线采用 LJ-70 铝绞线。

（3）作为备用电源的高压联络线的选择校验。

采用 YJL22-10000 型交联聚乙烯绝缘的铝芯电缆，直接埋地敷设，与相距约 2km 的邻近单位变配电所的 10kV 母线相连。

① 按发热条件选择。工厂二级负荷容量共 335.1kV·A，$I_{30}=335.1kV·A/(\sqrt{3} \times 10kV) \approx 19.3A$，最热月土壤平均温度为 25℃，因此查附表 15，初选缆芯截面积为 25mm² 的交联聚乙烯绝缘铝芯电缆，其 $I_{al}=90A>I_{30}$，满足发热条件。

② 校验电压损耗，由附表 6 可查得缆芯为 25mm² 的铝芯电缆的 $R_0=1.54\Omega/km$（缆芯温度按 80℃ 计），$X_0=0.12\Omega/km$，而二级负荷 $P_{30}=(94.8+129+35.8)kW=259.6kW$，$Q_{30}=(91.8+93.8+26.3)kvar=211.9kvar$，线路长度按 1km 计，因此

$$\Delta U=\frac{259.6kW \times (1.54 \times 2)\Omega + 211.9kvar \times (0.12 \times 2)\Omega}{10kV} \approx 85V$$

$$\Delta U\%=(85V/10000V)\times 100\%=0.85\% < \Delta U_{al}=5\%$$

由此可见，满足允许电压损耗 5% 的要求。

③ 短路热稳定度校验。按本变电所高压侧短路电流校验，由前述引入电缆的短路热稳定度校验，可知缆芯 25mm² 的交联电缆是满足热稳定度要求的。而邻近单位 10kV 的短路数据不知，因此该联络线的短路热稳定度校验计算无法进行。

综合以上所选变电所进出线和联络线所用导线或电缆的型号规格如表 6.9 所示。

表 6.9 变电所进出线和联络线所用导线或电缆的型号规格

线 路 名 称		导线或电缆的型号规格
10kV 电源进线		LJ-35 铝绞线（三相三线架空）
主变压器引入电缆		YJL22-10000-3×25 交联电缆（直埋）
380V 低压出线	至 1 号厂房	VLV22-1000-3×240+1×120 四芯塑料电缆（直埋）
	至 2 号厂房	VLV22-1000-3×240+1×120 四芯塑料电缆（直埋）
	至 3 号厂房	VLV22-1000-3×240+1×120 四芯塑料电缆（直埋）
	至 4 号厂房	VLV22-1000-3×240+1×120 四芯塑料电缆（直埋）

线　路　名　称		导线或电缆的型号规格
380V 低压出线	至 5 号厂房	BLV－1000－1×4 铝芯线 5 根穿内径 25mm 硬塑料管
	至 6 号厂房	VLV22－1000－3×240+1×120 四芯塑料电缆（直埋）
	至 7 号厂房	VLV22－1000－3×240+1×120 四芯塑料电缆（直埋）
	至 8 号厂房	VLV22－1000－3×240+1×120 四芯塑料电缆（直埋）
	至 9 号厂房	VLV22－1000－3×240+1×120 四芯塑料电缆（直埋）
	至 10 号厂房	VLV22－1000－3×240+1×120 四芯塑料电缆（直埋）
	至生活区	四回路 3×LJ-120+1×LJ-70（三相四线架空）
与邻近单位 10kV 联络线		YJL22－10000－3×25 交联电缆（直埋）

7）变电所二次回路方案的选择与继电保护的整定

（1）高压断路器的操动机构控制与信号回路，略。

（2）变电所的电能计量回路，略。

（3）变电所的测量和绝缘监察回路，略。

（4）变电所的保护装置。

装设主变压器的继电保护装置。

① 装设气体保护。当变压器油箱内故障产生轻微气体或油面下降时，瞬时动作于信号；当产生大量气体时，应动作于高压侧断路器。

② 装设反时限过电流保护。采用 GL-15 型感应式过电流继电器，两相两继电器式接线，去分流跳闸的操作方式。

过电流保护动作电流的整定。其中 $I_{L.max}=2I_{1N.T}=2×1000kV\cdot A/(\sqrt{3}×10kV)≈2×57.7A=115A$，$K_{rel}=1.3$，$K_w=1$，$K_{re}=0.8$，$K_i=100/5=20$，因此动作电流为：

$$I_{op}=\frac{1.3×1}{0.8×20}×115A≈9.3A，整定为 10A（注意：I_{op} 只能是整数，且不能大于 10A。）$$

过电流保护动作时间的整定：因本变电所为电力系统的终端变电所，故其过电流保护的动作时间（10 倍动作电流的动作时间）可整定为 0.5s。

过电流保护灵敏度校验：其中 $I_{k.min}=I_{k-2}^{(2)}/K_T=0.866×19.7kA/(10kV/0.4kV)≈0.682kA$，$I_{op.1}=I_{op}K_i/K_w=10A×20/1=200A$，因此其保护灵敏度为：

$S_P=682A/200A=3.41>1.5$，满足灵敏度要求。

③ 装设电流速断保护。利用 GL-15 型速断装置。

速断电流的整定：其中 $I_{k.max}=I_{k-2}^{(3)}=19.7kA$，$K_{rel}=1.4$，$K_w=1$，$K_i=100/5=20$，$K_T=10/0.4=25$，因此速断电流为

$$I_{qb}=\frac{1.4×1}{20×25}×19700A≈55A$$

速断电流倍数整定为

$$K_{qb}=I_{qb}/I_{op}=55A/10A=5.5$$

（注意：K_{qb} 可不为整数，但必须在 2～8 之间。）

电流速断保护灵敏度的检验：其中 $I_{k.min}=I_{k-1}^{(2)}=0.866×1.96kA≈1.7kA$，$I_{qb.1}=I_{qb}K_i/K_w=55A×20/1=1100A$，因此其保护灵敏度为

$$S_P=1700A/1100A≈1.55$$

按国家标准《建筑物防雷设计规范》规定，电流保护（含电流速断保护）的最小灵敏度为 1.5，因此这里装设的电流速断保护的灵敏度是达到要求的。但按规定，其最小灵敏度为 2，则这里装设的电流速断保护灵敏度偏低一些。

8）变电所的防雷保护与接地装置的设计

（1）变电所的防雷保护。

① 直击雷防护。在变电所屋顶装设避雷针或避雷带，并引出两根接地线与变电所公共接地装置相连。

如果变电所的主变压器装在室外或有露天配电装置，则应在变电所外面的适当位置装设独立避雷针，其装设高度应使其防雷保护范围包括整个变电所。如果变电所处在其他建筑物的直击雷防护范围以内，则可不另设独立避雷针。按规定，独立避雷针的接地装置接地电阻 $R_E≤10Ω$。通过采用 3～6 根长 2.5m、直径为 50mm 的钢管，在安装避雷针的杆塔附近进行一排或多边形排列，管间距离为 5m，打入地下，管顶距地面 0.6m。接地管间用 40mm×4mm 的镀锌扁钢焊接。引下线用 25mm×4mm 的镀锌扁钢，下与接地体焊接，并与装避雷针的杆塔及其基础内的钢筋相焊接，上与避雷针焊接。避雷针采用直径为 20mm 的镀锌圆钢，长 1～1.5m。独立避雷针的接地装置与变电所公共接地装置应有 3m 以上距离。

② 雷电侵入波的防护。

a. 在 10kV 电源进线的终端杆上装设 FS4-10 型阀式避雷器。引下线采用 25mm×4mm 的镀锌扁钢，下与公共接地网焊接，上与避雷器接地端螺栓连接。

b. 在 10kV 高压配电室内装设 GG-1A(F)-54 型开关柜，其中配有 FS4-10 型避雷器，靠近主变压器。主变压器主要靠此避雷器保护，免于雷电侵入波的危害。

c. 在 380kV 低压架空出线杆上装设保护间隙避雷器，或将其绝缘子的铁脚接地，用以防护沿低压架空线侵入的雷电波。

（2）变电所公共接地装置的设计。

① 接地电阻的要求。按附表 19，此变电所的公共接地装置的接地电阻应满足以下条件：

$$R_E≤4Ω$$
$$R_E≤120V/I_E=120V/I_E=120V/27A=4.4Ω$$

式中
$$I_E=\frac{10(80+35×25)}{350}A=270A$$

因此公共接地装置接地电阻 $R_E≤4Ω$。

② 接地装置设计。采用长 2.5m、直径为 50mm 的钢管 16 根，沿变电所三面均匀布置（变电所前面布置两排）；管距 5m，垂直打入地下，管顶离地面 0.6m；管间用 40mm×4mm 的镀锌扁钢焊接。变电所变压器室有两条接地干线，高低压配电室各有一条接地干线与室外公共接地装置焊接，接地干线均采用 25mm×4mm 的镀锌扁钢。变电所接地装置平面布置图如图 6.5 所示。

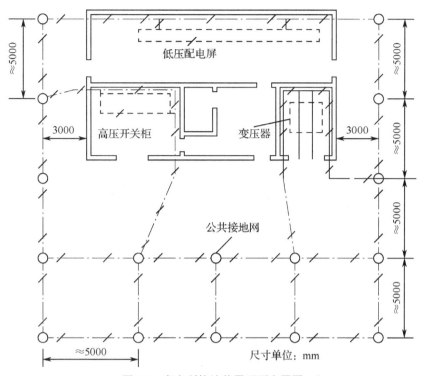

图 6.5　变电所接地装置平面布置图

接地电阻的验算：

$$R_{\mathrm{E}}=\frac{R_{\mathrm{E}(1)}}{n\eta}=\frac{40\Omega}{16\times0.65}=3.85\Omega$$

满足 $R_{\mathrm{E}}\leq4\Omega$ 的接地电阻要求。式中 η =0.65 是查附表 20 "环形敷设" 栏近似地选取的。

9）附录——主要参考文献（略）

3．设计图样

1）变电所主接线电路图

某机械厂降压变电所主接线电路图（A2 图样）如图 6.6 所示。这里略去图框和标题栏。

2）变电所平、剖面图

某机械厂降压变电所平、剖面图（A2 图样）如图 6.7 所示。这里略去图框、标题栏和比例。

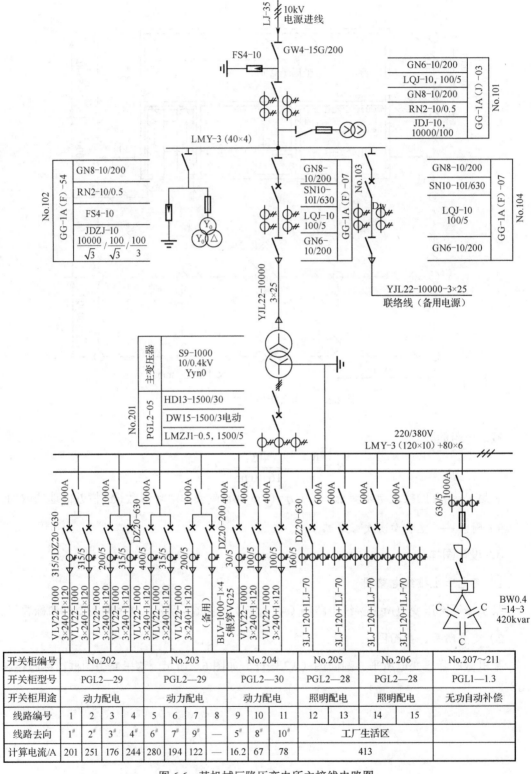

图 6.6　某机械厂降压变电所主接线电路图

开关柜编号	No.202				No.203				No.204			No.205		No.206		No.207~211
开关柜型号	PGL2—29				PGL2—29				PGL2—30			PGL2—28		PGL2—28		PGL1—1.3
开关柜用途	动力配电				动力配电				动力配电			照明配电		照明配电		无功自动补偿
线路编号	1	2	3	4	5	6	7	8	9	10	11	12	13	14	15	
线路去向	1#	2#	3#	4#	6#	7#	9#	—	5#	8#	10#	工厂生活区				
计算电流/A	201	251	176	244	280	194	122	—	16.2	67	78	413				

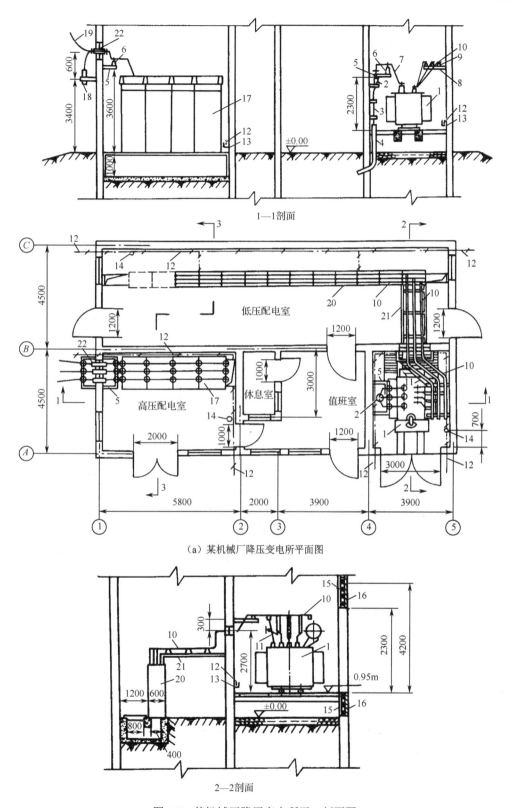

（a）某机械厂降压变电所平面图

2—2剖面

图 6.7　某机械厂降压变电所平、剖面图

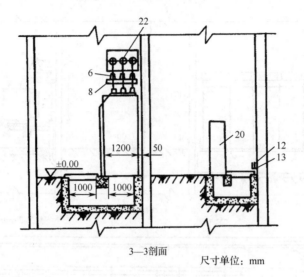

3—3剖面

尺寸单位：mm

主要设备材料表

编号	名称	型号及规格	单位	数量
1	电力变压器	S9-1000/10	台	1
2	电缆头	10kV	个	1
3	电缆	YJL22-10000-3×25	m	
4	电缆保护管	钢管	m	3
5	高压母线支架		个	2
6	高压支柱绝缘子	ZA-10	个	6
7	高压母线	LMY-40×4	m	
8	低压母线支架		个	1
9	低压母线绝缘子	WX-01	个	12
10	低压母线	LMY-120×10	m	
11	低压中性母线	LMY-80×6	m	
12	接地线	扁钢 25×4	m	
13	接地线固定钩		个	
14	临时接地端子		个	
15	通风防护罩	10×10 网孔	个	2
16	百叶风窗		个	2
17	高压开关柜	见说明书	台	4
18	避雷器	FS4-10	个	3
19	架空进线	LJ-35	m	
20	低压配电屏	见说明书	台	11
21	低压母线桥架		个	1
22	穿墙套管	CWLB-10	个	3

（b）某机械厂降压变电所剖面图

图 6.7 某机械厂降压变电所平、剖面图（续）

任务 6.2 工厂供电系统的运行与维护

本任务将重点介绍工厂供电系统的安全运行与维护管理。根据国家有关安全运行管理规范，并结合实际工作的需要和企业现实状况，介绍工厂变配电所的倒闸操作、工厂变配电设备的运行与维护，继电保护装置的运行与维护等方面内容。

6.2.1 工厂变配电所的倒闸操作

变配电所的电气设备常因周期性检修、试验或处理事故等原因，需要通过操作断路器、隔离开关等电气设备，改变运行方式。通常称这种工作过程为倒闸操作。倒闸操作既重要又复杂，若发生误操作事故，可能会导致设备的损坏，危及人身安全并造成大面积停电，给生产带来巨大损失。

为防止误操作，必须采取相应的组织措施和技术措施加以保证，以确保变配电所的安全运行。

组织措施是指电气运行人员必须树立高度的责任意识和安全意识，认真执行操作票制度和监护制度等。例如，绝不允许个人单独操作；值班人员进行倒闸操作时，必须按操作命令进行。同时，电气运行人员必须熟悉电气运行方式、电气设备相互之间的连接、负荷分配、继电保护及自动装置的整定值等。在执行倒闸操作时，注意力必须集中，严格遵守电气设备倒闸操作的规定，以避免发生误操作。

技术措施是指在断路器和隔离开关之间装设机械或电气闭锁装置。闭锁装置的作用是在断路器未断开前，不允许该电路的隔离开关断开（以防止带负荷拉隔离开关）；在断路器接通后，不允许该电路的隔离开关合上（以防止带负荷合隔离开关）。此外，在线路隔离开关与接地开关之间也装有闭锁装置，使任一开关在合闸位置时，另一开关就无法操作，以避免在设备送电或运行时误合接地开关而造成三相接地短路事故。同时避免设备检修时，误合线路隔离开关而突然送电，造成设备和人身安全事故等。

1. 倒闸操作的原则和要求

为了确保运行安全，防止误操作，电气设备运行人员必须严格执行倒闸操作票制度和监护制度。

倒闸操作票（格式示例如表 6.10 所示）应由操作人根据操作任务通知，按供配电系统一次接线模拟图的运行方式填写，设备应使用双重名称，即设备名称和编号。操作票应用钢笔或圆珠笔填写，票面应整洁，字迹应清楚，不得随意涂改。填写完毕后必须经监护人核对无误后，分别签名，然后经值班负责人（工作许可人）审核签名。操作前，应先在模拟接线图上预演，以防误操作。倒闸操作应根据安全工作规定，正确使用安全工具。倒闸操作至少由两人执行，并应严格执行监护制度，操作人和监护人都必须明确操作目的和顺序，由监护人按顺序口述操作任务，操作人按口述内容核对设备名称、编号正确无误后复诵一遍，监护人确认复诵无误即发出"对!执行"的口令，此时操作人方可执行操作。操作完毕，二人共同检查无误后，由监护人在操作票上做一个"√"记号，而后再执行下一项操作，全部操作完毕后进行复查。操作中产生疑问时，应立即停止操作，向值班负责人或上一级发令人报告并弄清问题后再进行操作。

表 6.10　倒闸操作票格式示例

编号：001

操作开始时间：2000 年 6 月 2 日 8 时 30 分		操作终了时间：2000 年 6 月 2 日 8 时 50 分

√	顺　序	操　作　项　目
		操作任务：WL₁ 电源进线送电
√	1	拆除线路端及接地端接地线；拆除标示牌
√	2	检查 WL₁、WL₂ 进线所有开关均在断开位置，合××＃母联隔离开关
√	3	依次合 No.102 隔离开关，No.101 1＃、2＃隔离开关，合 No.102 高压断路器
√	4	合 No.103 隔离开关，合 No.110 隔离开关
√	5	依次合 No.104～No.109 隔离开关；依次合 No.104～No.109 高压断路器
√	6	合 No.201 刀开关；合 No.201 低压断路器
√	7	检查低压母线电压是否正常
√	8	合 No.202 刀开关；依次合 No.202～No.206 低压断路器或刀熔开关
备注：		

操作人：×× 监护人：××× 值班负责人：××× 值长：×××

倒闸操作票应预先编号，按照编号顺序使用。作废的操作票和已执行的操作票，应明确注明。执行完的操作票应由有关负责人保管三个月，备查。

1）倒闸操作的基本原则

断路器和隔离开关是进行倒闸操作的主要电气设备。为了减少和避免断路器未断开或未合好而引起带负荷拉、合隔离开关，倒闸操作的基本原则围绕着不能带负荷拉、合隔离开关的问题。因此，在倒闸操作时，应遵循下列基本原则。

① 在拉、合闸时，必须用断路器接通或断开负荷电流或短路电流，禁止用隔离开关切断负荷电流或短路电流。

② 在合闸时，应先从电源侧进行，依次到负荷侧。如图 6.8 所示，检查断路器 QF 是否在断开位置，若已在断开位置，先合上母线（电源）侧隔离开关 QS₁，再合上线路（负荷）侧隔离开关 QS₂，最后合上断路器 QF。

这是因为在线路 WL₁ 合闸送电时，有可能断路器 QF 在合闸位置而未查出，若先合线路侧隔离开关 QS₂，后合母线侧隔离开关 QS₁，会造成带负荷合隔离开关，可能引起母线短路事故，影响其他设备的安全运行。若先合 QS₁，后合 QS₂，虽同样是带负荷合隔离开关，但由于线路断路器 QF 的继电保护动作，使其自动跳闸，隔离故障点，不致影响其他设备的安全运行。同时，线路侧隔离开关检修较简单，且只需要停用一条线路，而检修母线侧隔离开关时必须停用母线，影响面较大。

对两侧均装有断路器的双绕组变压器，在送电时，当电源侧隔离开关和负荷侧隔离开关均合上后，应先合上电源侧断路器 QF_1 或 QF_3，后合负荷侧断路器 QF_2 或 QF_4，如图 6.9 所示。T_1 及 T_2 两台变压器中，变压器 T_2 在运行，若将变压器 T_1 投入并列运行，而 T_1 负荷侧恰好存在短路点 k 未被发现，这时若先合负荷侧断路器 QF_2 时，则变压器 T_2 可能被跳闸，造成大面积停电事故；而若先合电源侧断路器 QF_1，则因继电保护动作而自动跳闸，立即切除故障点，不会影响其他设备的安全运行。

③ 在拉闸时，应先从负荷侧进行，依次到电源侧。图 6.8 所示的供电线路进行停电操作时，应先断开断路器 QF，确定其在断开位置后，先拉负荷侧隔离开关 QS_2，后拉电源侧隔离开关 QS_1，此时若断路器 QF 在合闸位置未检查出来，造成带负荷拉隔离开关，则故障发生线路上，因线路继电保护动作，使断路器自动跳闸，隔离故障点，不致影响其他设备的安全运行。若先拉开电源侧隔离开关，虽然同样是带负荷拉隔离开关，则故障发生母线上，扩大了故障范围，影响其他设备运行，甚至影响全厂供电。

同样，对图 6.9 所示两侧装有断路器的变压器而言，在停电时，应先从负荷侧进行，先断开负荷侧断路器，切断负荷电流，后断开电源侧断路器，切断变压器空载电流。

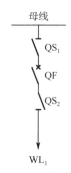

图 6.8   倒闸操作图示之一

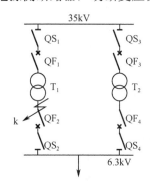

图 6.9   倒闸操作图示之二

2）倒闸操作的基本要求

（1）操作隔离开关的基本要求。

① 在手动合隔离开关时，必须迅速果断。在合闸开始时如发生弧光，则应毫不犹豫地将隔离开关迅速合上，严禁将其再行拉开。因为带负荷拉开隔离开关，会使弧光更大，造成设备的更严重损坏，这时只能用断路器切断该回路后，才允许将误合的隔离开关拉开。

② 在手动拉开隔离开关时，应缓慢而谨慎，特别是在刀片刚离开固定触头时，如果发生电弧，应立即反向重新将闸刀合上，并停止操作，查明原因，做好记录。但在切断允许范围内的小容量变压器空载电流、一定长度的架空线路和电缆线路的充电电流、少量的负荷电流时，拉开隔离开关都会有电弧产生，此时应迅速将隔离开关拉开，使电弧立即熄灭。

③ 在拉单极操作的高压熔断器刀闸时，应先拉中间相再拉两边相。因为切断第一相时弧光最小，切断第二相时弧光最大，这样操作可以减少相间短路的机会。合刀闸时顺序则相反。

④ 在操作隔离开关后，必须检查隔离开关的开合位置。因为有时可能由于操作机构的原因，隔离开关操作后，实际上未合好或未拉开。

（2）操作断路器的基本要求。在运行和操作中，断路器本身的故障一般有拒绝合/分闸、假合闸、三相不同期、操作机构不灵、短路电流切断能力不够等现象。要避免或减少这类故障，应注意以下几个方面。

① 在改变运行方式时，首先应检查断路器的断流容量是否大于该电路的短路容量。

② 在一般情况下，断路器不允许带电手动合闸。因为手动合闸的速度慢，易产生电弧，但特殊情况例外。

③ 遥控操作断路器时，扳动控制开关不能用力过猛，以防损坏控制开关；也不得使控制开关复位太快，防止断路器合闸后又跳闸。

④ 在断路器操作后，应检查有关信号灯及测量仪表（如电压表、电流表、功率表）的指示，确认断路器触头的实际位置。必要时，可到现场检查断路器的机械位置指示器来确定实际开、合位置，以防止在操作隔离开关时，发生带负荷拉、合隔离开关事故。

2. 倒闸操作实例

1）变配电所的送电操作

变配电所的送电操作，要按照母线侧隔离开关（或刀开关）→负荷侧隔离开关（或刀开关）→断路器的合闸顺序依次操作。

以图 3.58 所示的高压配电所为例，当停电检修完成后，要恢复线路 WL_1 送电，而线路 WL_2 备用。送电操作步骤如下（参见表 6.10）。

① 检查整个变配电所电气装置上确实无人工作后，拆除临时接地线和标示牌。拆除接地线时，应先拆线路端，再拆接地端。

② 检查两路进线 WL_1、WL_2 的开关均在断开位置后，合上两段高压母线 WB_1 和 WB_2 之间的联络隔离开关，使 WB_1 和 WB_2 能够并列运行。

③ 依次从电源侧合上 WL_1 上所有的隔离开关，然后合上进线断路器。如果合闸成功，则说明 WB_1 和 WB_2 是完好的。

④ 合上接于 WB_1 和 WB_2 的电压互感器回路的隔离开关，检查电源电压是否正常。

⑤ 依次合上高压出线上的隔离开关，然后依次合上所有高压出线上的断路器，对所有车间变电所的主变压器送电。

⑥ 合 No.2 车间变电所主变压器低压侧的刀开关，再合低压断路器。若合闸成功，说明低压母线是完好的。

⑦ 通过接于两段低压母线上的电压表，检查低压母线电压是否正常。

⑧ 依次合 No.2 车间变电所所有低压出线的刀开关，然后合低压断路器，或合上低压熔断器式刀开关，使所有低压输出线送电。

至此，整个高压配电所及其附设车间变电所全部投入运行。

如果变配电所是在事故停电以后恢复送电的，则倒闸操作程序与变配电所所装设的开关类型有关。

① 如果在电源进线上装设高压断路器，则高压母线发生短路故障时，断路器自动跳闸。在故障消除后，则可直接合上断路器来恢复供电。

② 如果在电源进线上装设高压负荷开关，则在故障消除后，先更换熔断器的熔体，然

后才能合上负荷开关来恢复送电。

③ 如果在电源进线上装设高压隔离开关和熔断器，则在故障消除后，须先更换熔断器熔体，并断开所有出线断路器，再合隔离开关，最后合上所有出线断路器才能恢复送电。

如果在电源进线上装设跌开式熔断器，也必须如此操作才行。

2）变配电所的停电操作

变配电所的停电操作，要按照断路器→负荷侧隔离开关（或刀开关）→母线侧隔离开关（或刀开关）的拉闸顺序依次操作。

仍以图 3.58 所示高压配电所为例，现要停电检修，停电操作步骤如下。

① 依次断开所有高压出线上的断路器，然后拉开所有出线上的隔离开关。

② 断开进线上的断路器，然后依次拉开进线上的所有隔离开关。

③ 在所有断开的高压断路器手柄上挂上"有人工作，禁止合闸"的标示牌。

④ 在电源进线末端、进线隔离开关之前悬挂临时接地线。安装接地线时，应先接接地端，再接线路端。

至此，整个高压配电所全部停电。

6.2.2　工厂变配电设备的运行与维护

1. 高压断路器的运行检查及故障处理

断路器的无事故运行与运行人员的检查和维护工作有很大的关系。运行人员在值班期间要树立高度的责任意识和安全意识，要勤检查，若发现设备有缺陷，应及时消除，使设备总是处于正常状态，保证断路器的安全运行。

1）高压断路器的运行检查

（1）检查断路器的各绝缘部分是否完好、有无损坏和闪络放电现象。

（2）各导电连接部位有无发热、变色现象，查看示温片有无熔化。

（3）应检查少油断路器油面是否在规定的标准线以内，油色应正常，无渗漏现象。

（4）应注意查看真空断路器真空室的颜色有无变化，有无裂纹现象。

（5）应查看六氟化硫断路器压力表的压力指示是否在规定的范围内。

（6）在线路发生故障，油断路器跳闸后，重点查看油断路器有无喷油现象，油色有无变化，是否有沉淀物出现。

（7）检查操动机构指示灯指示是否正常。

（8）检查操动机构的分、合闸线圈有无发热现象。

（9）操动机构的分、合闸机械指示器的指示应与断路器的实际位置相符。

2）高压断路器的异常运行及故障处理

（1）运行检查中发现断路器油面过低，严重缺油。

产生这种情况的主要原因有：放油阀门的密封损坏或螺栓不紧，油标的玻璃损坏、破裂，基座上有"砂眼"或密封损坏等造成渗漏油。

处理工作：少油断路器的灭弧主要靠油，如果严重缺油，在切断电流时，弧光可能冲出油面，使游离气体混入空气中燃烧，造成断路器爆炸。为了防止发生上述严重事故，应将该断路器操作回路的熔断器取下，或打开保护跳闸连接片，以防断路器跳闸，并报值班调度员将负荷倒出（此时断路器只能作为隔离开关使用），并迅速使此断路器退出运行，补充油面。

（2）断路器的油色由原来的浅黄色变成灰黑色，并有喷油现象。此种现象说明断路器已多次切断故障电流或切断大的故障电流，并混进了大量的金属粉末，金属粉末在电弧的高温作用下变成金属蒸气，使断路器的灭弧能力下降。

处理工作：应将重合闸停用，以预防线路发生永久性故障，断路器跳闸后，重合闸动作。重合闸重合再跳闸，易发生断路器爆炸事故。此时，应尽快安排断路器检修。

（3）当发现断路器的支持绝缘子断裂时，应迅速将重合闸的连接片打开，防止断路器跳闸后再次重合。及时报值班调度员，将本路负荷倒出，在利用旁路母线上的备用断路器时，注意在合旁路隔离开关时，旁路断路器应在断开的位置。拉开故障断路器前，应先拉开两侧隔离开关，以防止故障断路器接地。

（4）在断路器切断故障电流的次数超过运行规定的次数或断路器的实际切断容量小于母线的短路容量时，应及时报告值班调度员，使重合闸退出运行并应尽快安排断路器检修。

（5）在巡视时若发现运行中的少油断路器内部有异常响声，如放电的"劈啪"声或"咕噜"的开水声，说明断路器的内部绝缘已损坏或动、静触头接触不良，造成电弧在油中燃烧。若出现上述现象，应尽快使断路器退出运行，并拉开断路器两侧的隔离开关。

（6）当运行的六氟化硫断路器发生爆炸或严重漏气，值班员需要接近设备时，要注意从上风方向接近，必要时戴防毒面具，穿防护衣，并应注意与带电设备的安全距离。

（7）巡视中若发现真空断路器的真空室损坏，但没有造成接地或短路时，应立即向调度员申请将此路负荷倒出，同时打开重合闸连接片。

（8）当断路器合闸时，若出现拒动现象，应从以下几方面查找原因。

① 操作不当；

② 电源问题或电气二次回路故障；

③ 断路器本体传动部分和操动机构存在问题。

处理办法：

① 用控制开关重新合一次。目的是检查前一次拒合闸是否为操作不当引起（如控制开关放手太快等）。在重合之前，应当检查是否漏装合闸熔断器，控制断路器（操作把手）是否复位过快或未扭到位，有无漏投同期并列装置（装有并列装置者），检查是否按自投装置的有关要求操作（装有自投装置者），如果是操作不当，应纠正后重新合闸。

② 检查电气回路各部位情况，以确定电气回路是否有故障。检查方法如下：

a. 检查合闸控制电源是否正常；

b. 检查合闸控制回路熔丝和合闸熔断器是否良好；

c. 检查合闸接触器的触点是否正常（如电磁操动机构）；

d. 将控制开关扳至"合闸"位置，看合闸铁芯是否动作（液压机构、气动机构、弹簧机构的检查与此相同）。若合闸铁芯动作正常，则说明电气回路正常。

③ 如果电气回路正常，断路器仍不能合闸，则说明为机械方面故障，应停用断路器，并报告有关领导安排检修处理。

（9）断路器跳闸失灵。断路器电动不能分闸时，将严重威胁系统安全运行。一旦发生事故，断路器拒动将会造成越级跳闸，从而扩大事故的范围。造成断路器跳闸失灵的主要原因如下。

① 电气回路故障。

a．直流电压过低，使分闸铁芯冲力不足；

b．操作回路有断线现象；

c．熔断器熔断或接触不良；

d．跳跃闭锁继电器断线；

e．分闸线圈内部断线或接触不良。

② 机械部分故障。

a．分闸铁芯动作正常，说明机构的三点轴调整过低或分闸锁钩，合闸托架吃度过大；

b．分闸铁芯卡死或松动脱落；

c．机械卡涩，使动连杆销子脱落等。

电动跳闸失灵，应首先判断是电气回路故障还是机械部分故障。当跳闸铁芯不动时，多属于跳闸回路故障，否则便是机械部分故障。

（10）合闸接触器故障。当断路器合闸后，合闸接触器不返回，触点打不开，这将会造成合闸线圈长期通电，致使合闸线圈严重过热、冒烟。一旦发现合闸接触器保持不释放时，应迅速断开操作回路熔断器或合闸电源，但不能用手直接断开操作回路熔断器，以防止电弧伤人；正确的方法是拉开直流盘上的总电源，然后进行查找。其原因较多，主要有：

① 合闸接触器本身卡死或触点粘连；

② 跳跃闭锁继电器失灵；

③ 操作把手触点断不开；

④ 重合闸辅助触点粘连。

当发现合闸线圈冒烟时，不应再次进行操作，应待合闸线圈温度下降后，用仪表测量合闸线圈是否合格。

2．隔离开关的运行检查及故障处理

1）隔离开关的运行检查

隔离开关结构简单，故障率低，但是隔离开关也要承受负荷电流、短路冲击电流。实践证明，如果放松对隔离开关的巡视与维护，就会发生意外事故，危及系统的运行。所以，定期巡视是必要的，巡视时应注意以下几点。

（1）隔离开关的绝缘子应完整、无裂纹、无闪络痕迹，同时无电晕和放电现象。

（2）隔离开关在合闸状态下导电部分应接触良好，尤其应注意动、静触头的接触部位应无发热现象，试验蜡片不应有熔化现象。

（3）操动机构、连杆应无损坏、锈蚀，各部件应紧固，位置正确，无歪斜、松动、脱落等现象。

（4）检查隔离开关的接触面有无烧伤、变形、脏污现象；弹簧片、弹簧应无锈蚀、折断等现象。

（5）闭锁装置应完好，机械闭锁的销子应销牢，辅助触点位置应正确，并接触良好。

（6）检查触头在合闸后是否到位，接触是否良好，有无变形情况。

（7）夜间巡视应查看触头有无烧红现象。

2）隔离开关的异常运行与故障处理

（1）正常运行的隔离开关不应出现过热现象，其温度不应超过70℃。当发现示温片已熔化，说明温度超过80℃，需要立即减少负荷，加强监视。

处理方法：

① 利用旁路母线或备用开关倒旁路母线的方法，将负荷转移，停电检修。

② 在没有停电条件的情况下，可采取带电作业进行检修的方法，也可以使用短接线的方法，临时将闸刀短接，但要在短期内安排停电。

（2）当发现绝缘子严重损坏、闪络、放电，但没有造成事故时，应立即报值班调度员，申请停电。

（3）隔离开关运行中不能分、合闸时，首先应查明原因，不可强行拉合，否则会造成绝缘子断裂和其他设备损坏。

（4）若绝缘子严重损坏、断裂，或对地击穿绝缘子爆炸时，应立即报值班调度员，采取停电或带电作业进行检修。

（5）隔离开关在分闸位置时，自动掉落合闸。其原因为：操作机构的闭锁失灵，如弹簧的弹力减弱或销子行程太短、销不到位、销不牢等，当遇到较大的撞击和振动时，机械闭锁销子便会滑出，造成隔离开关自动掉落合闸，严重威胁人身和设备的安全。为防止上述情况的发生，要求闭锁装置可靠。当操作完毕后，应认真检查销子是否销牢，必要时应加锁。

3. 高压负荷开关的运行检查及故障处理

1）负荷开关的运行检查

负荷开关的巡视检查项目和要求与隔离开关相似，但应注意以下几点。

（1）巡视时应查看灭弧筒有无闪络、破损和放电现象。

（2）触头间接触是否紧密，两侧的接触压力是否均匀，有无发热现象，示温片有无熔化。

（3）灭弧触头及喷嘴有无烧损现象。

（4）负荷开关在分、合位置时，应注意检查操作机构的定位销是否可靠地锁住手柄。

（5）载流部分表面有无锈蚀及发热现象。

（6）检查绝缘子有无损坏、闪络和放电现象。

2）负荷开关的异常运行及故障处理

（1）发现灭弧装置中的有机绝缘体出现了裂纹及破损，而不能正常灭弧时，应注意此时的负荷开关只能作为隔离开关使用。

（2）发现导流体、触头、接头发热严重时应检查负荷情况，并报告值班调度员，申请将此开关的负荷转移，待有停电机会时进行处理。

（3）负荷开关在运行中不能进行正常分、合操作时，应首先检查操动机构及传动机构有无卡阻和松动脱落现象，触头有无过热熔化粘连等情况。待查明原因处理后，再拉合开关，不可强行操作，以防发生事故。

4．高、低压熔断器的运行检查及故障处理

1）高、低压熔断器的运行检查

（1）检查熔断器瓷件部位有无裂纹和损坏、闪络、放电现象。

（2）运行中的熔断器的连接处有无发热现象。

（3）检查熔断器的熔体接触是否良好，有无产生火花及放电、过热等现象。

（4）检查熔断器是否熔断及装设是否牢靠。

（5）熔断器的触头接触是否良好。

（6）熔断器的熔管有无破损、变色现象。

（7）检查负荷是否与熔体的额定值相匹配。

（8）对于有熔断信号指示器的熔断器，其指示是否保持正常状态。

（9）熔体内有无异常声响和填充物处有无渗漏现象。

2）熔断器的故障处理及注意事项

（1）当发现熔断器熔体熔断时，首先应拉开隔离开关，再判明熔断原因（过负荷、短路以及其他原因），然后更换熔体。安装熔体时，不能有机械损伤，否则会造成相应截面变小，电阻增加，从而影响保护特性。同时检查熔断器熔管损坏情况，是否开裂、烧坏，导电部分有无熔焊、烧损，上下触头处的弹簧是否有足够的弹性，接触是否紧密。

（2）处理跌落式熔断器故障，停电、送电时应注意：

① 操作时应戴上防护眼镜，以免带事故及带负荷拉、合熔断器时发生弧光灼伤眼睛。操作时要果断迅速，用力适度，要防止冲击力损伤整体。

② 拉开时应先拉中相，后拉两边相。合时应先合两侧（边相），后合中相。

③ 不允许带负荷操作。

（3）在处理低压熔断器故障时，一定要切断电源，将开关拉开，以免触电。在一般情况下，不应带电操作熔断器，若因工作需要带电更换熔断器时，必须先断开负荷，因为熔断器的触头和底座不能用来切断电流，在操作时电弧不能熄灭，会引起事故。

（4）在更换熔体、熔管时，必须保证接触良好，如果接触不良，使接触部位过热，当熔体温度升高时便会造成误动；安装熔断器及熔体时应可靠，否则当一相断路时，可能使工作人员误判断或造成保护误动。

5．电力变压器的运行维护

1）一般要求

电力变压器是变电所内最关键的设备，搞好变压器的运行维护是非常重要的。

在有人值班的变电所内，应根据控制盘或开关柜上的仪表信号来监视变压器的运行情况，并每小时抄表一次。如果变压器在过负荷下运行，则至少每半小时抄表一次。安装在变压器上的温度计，于巡视时检视和记录。

无人值班的变电所，应于每次定期巡视时，记录变压器的电压、电流和上层油温。

对变压器，应定期进行外部检查。有人值班的变电所，每天至少检查一次，每周至

少进行一次夜间检查。无人值班的变电所，变压器容量在 3150kV·A 以下的每月至少检查一次。

在下列情况下应对变压器进行特殊巡视检查：①新设备或经过检修、改造的变压器投运 72h 内；②有严重缺陷时；③气象突变时；④雷雨季节特别是雷雨后；⑤高温季节、高峰负荷期间。

2）巡视检查项目

（1）变压器的油温和温度计是否正常。上层油温一般不应超过 85℃，最高不应超过 95℃。变压器各部位有无渗油、漏油现象。

（2）变压器套管外部有无破损裂纹，有无放电痕迹及其他异常现象。

（3）变压器声响是否正常。正常的声响为均匀的嗡嗡声。若声响较平常沉重，说明变压器过负荷。若声响尖锐，说明电源电压过高。

（4）变压器各冷却器手感温度是否相近，风扇、油泵、水泵运转是否正常。吸湿器是否完好。安全气道和防爆膜是否完好无损。

（5）变压器油枕及瓦斯继电器的油位和油色如何。油面过高，可能是冷却器运行不正常或变压器内部存在故障；油面过低，可能有渗油漏油现象。变压器油正常情况下为透明略带浅黄色，若油色变深变暗，则说明油质变坏。

（6）变压器引线接头、电缆和母线有无发热迹象。有载分接开关的分接位置及电源指示是否正常。

（7）变压器的接地线是否完好无损。

（8）变压器及其周围有无影响其安全运行的异物（如易燃易爆和腐蚀性物体）和异常现象。

在巡视中发现的异常情况，应记入专用记录簿内。重要情况应及时上报，请示处理。

6.2.3 继电保护装置的运行与维护

1. 继电保护装置运行维护工作的主要内容

（1）对新投入和运行中的继电保护装置应按照《继电保护及电网安全自动装置检查条例》要求的项目进行检查。一般对 10kV～35kV 用户的继电保护装置，应每两年进行一次检查；对供电可靠性要求较高的 35kV 及以上用户，应每年进行一次检查。

（2）在交接班时应检查中央信号装置、闪光装置的完好情况，并检查直流系统的绝缘情况、电容储能装置的能量情况等。

（3）对操作电源进行定期维护。

（4）对继电器、端子排以及二次线应进行定期清扫、检查。此工作可以带电进行也可以停电进行，但应注意：

① 必须由两人在场，其中一人监护，一人工作；

② 必须严格遵守《电工安全操作规程》中的有关要求，所用的工具应有可靠的绝缘手柄；

③ 清扫二次线上的尘土时，应由盘上部往下部进行；

④ 遇有活动的线头，应将其拧紧，严禁松开再拧紧，以防止造成电流互感器二次回路

开路，而危及人身安全。

2．对继电保护装置及二次线巡视与检查的主要内容

（1）严格监视控制盘上各仪表指示，按照规定的抄表时间进行抄表。

（2）继电器外壳有无破损，整定位置是否变动。

（3）继电器触点有无卡死、脱轴、脱焊等情况，经常带电的继电器的触点有无大的抖动及磨损，感应性继电器的铝盘转动是否正常。

（4）各种信号、灯光指示是否正常。

（5）保护装置的连接片、切换开关的位置是否与运行要求一致。

（6）有无异常声响、发热、冒烟等现象。

3．继电保护装置运行注意事项

（1）继电保护装置在运行中，当发生异常情况时，应加强监视，并立即向有关部门报告。

（2）继电保护动作跳闸后，应检查保护动作情况，并查明原因。

（3）运行值班人员对装置的操作，一般只允许断开或投入连接片、切换转换开关及投、退熔断器等。

（4）运行中保护退出或变更整定值时，必须得到运行主管部门的同意。

（5）在运行中的二次回路上工作时，必须遵守《电业安全操作规程》以及《继电保护和安全自动装置现场工作保安规定》的有关要求。

4．继电保护动作后的处理

（1）继电保护动作后，运行值班人员必须沉着、迅速、准确地进行处理。

（2）检查继电保护动作情况，并记录信号继电器掉牌情况。

（3）根据继电保护动作情况，分析可能是哪些电气设备出现故障，检查巡视该保护范围内一次设备有无故障现象。

（4）恢复送电前，应将所有掉牌信号全部复归。

（5）若当地供电局调度管辖设备的继电保护动作，应迅速将继电保护动作情况和设备巡视情况汇报值班调度员，并应听从调度员的命令进行处理。

（6）事故处理过程中，应限制事故的发生，防止事故扩大，解除对人身和设备的威胁，还应尽一切可能保持设备的继续运行。

任务 6.3　工厂电力线路的运行与维护

6.3.1　架空线路的运行与维护

架空线路所经路线较长，环境复杂，线路不仅本身会自然老化，还要受空气腐蚀和各种气候及外界因素的影响，因此，必须加强架空线路的运行与维护。除定期对线路进行巡视检查外，每年还要采取一些反事故措施。

1．防止事故发生的反事故措施

（1）反污：要在春季前抓紧对绝缘子进行测试、清扫工作，防止绝缘击穿造成事故。

（2）防雷：雷雨季节前应做好防雷设备的试验、检查和安装，做好接地装置接地电阻的测试等工作。

（3）防暑度夏：在高温和雨季前，做好导线弧垂的检测工作，防止弧垂过大发生事故。对线路连接（接头）处进行检查修复，防止过热发生事故。

（4）防汛：雨季前对杆基不稳的电杆采取加固措施防止倒伏。

（5）防风：风季前做好杆基加固，清除线路附近杂物、树枝，以免碰触（挂落）导线造成事故。

（6）防寒防冻：在严冬季节前检查导线弧垂，导线过紧会使导线受冷拉断或电杆倾斜。在冰冻雨雪天气，注意加强巡查，防止线路结冰。

（7）防鸟：日常工作和巡视检查线路时，应做好防鸟害工作，防止鸟类（乌鸦或喜鹊）筑巢对线路造成的事故。

2．线路巡检期限

线路的巡检一般分为定期巡检、特殊巡检和事故巡检。定期巡检就是每隔一段时间沿线路巡视检查。一般 1～2 个月一次。

特殊巡检是在特殊天气，如大雪、大雾、雷雨、导线结冰、地震、大风等时进行的一次重点巡检（包括夜间巡检），主要对全线路或重点部位进行查看。

事故巡检是在线路发生事故后，对事故的发生、地点、原因、破坏程度、如何抢修以恢复正常供电进行的有针对性的巡检。

3．巡检内容

（1）电杆、横担、拉线等有无变形、倾斜、下陷等。

（2）各种金具是否完好，有无严重腐蚀现象或缺陷。

（3）导线接头是否接触良好，有无过热发红、严重氧化、腐蚀或断落现象，绝缘子是否完好，有无破损和放电现象，如有，应及时修复。

（4）避雷装置及接地线是否完好，接地线等有无严重锈蚀现象，接地电阻是否合格。

（5）线路下方周围地面上有无杂物，严禁堆放易燃易爆物品和化学腐蚀性物品。

（6）线路上有无悬挂杂物（如纸带、丝线、风筝等）、鸟巢，线路下方有无树枝等，如有，应及时清除。

（7）检查导线弧垂，冬季不得过紧，夏季不得太松。

（8）检查线路周围建筑物，特别是临时建筑物外侧有无危险物体。

（9）检查有无其他不利于线路安全运行的情况。

上述巡检工作应列入巡检记录并存档。

6.3.2　电缆线路的运行与维护

为了保证电缆线路安全、可靠运行，必须全面了解电缆的敷设方式、走向、结构等。

重点掌握电缆端头、中间接头以及转角、易受机械损伤部位等。

1．定期巡检

对电缆全线，一般每季度全面巡视检查一次；对户外电缆头，应每月检查一次。电缆线路同样分为特殊巡检和事故巡检（同架空线路）。

2．巡检内容

（1）电缆头及瓷套管是否清洁，无损伤和放电痕迹；电缆头有填充物时不应有熔化和流出现象。

（2）电缆接头处连接牢固，导电性能良好，无过热现象。

（3）对于地下电缆（无论直埋或缆沟敷设），应检查沿线有无挖掘和机械损伤痕迹，路标和保护物是否完整齐全、牢固可靠。

（4）对地下电缆线路，地面上有无易燃物、化学腐蚀性物质。

（5）电缆引入、引出户内、外，保护沟、管口应采取措施，防止小动物进入和漏水。

（6）对于明敷电缆，应检查电缆外皮有无损伤，支持物是否牢固、可靠。

（7）电缆线路上各种接地装置（措施）是否良好，安全可靠。

（8）电缆线路与高温或发热物体的距离是否符合要求，隔离设施是否齐全有效。

（9）对于有中间接头的电缆线路，应定期进行预防性测试。

（10）检查有无其他不利于电缆线路安全运行的情况。

上述巡检工作应列入巡检记录并存档。

6.3.3　车间配电线路的运行与维护

车间配电线路及设备是保证车间供电的重要设施，一般由车间电工负责维护。

1．定期巡检

车间配电线路，一般每周巡视检查一次。对于易燃、易爆、有腐蚀性物质的场所，还应增加巡检次数。

2．巡检内容

（1）车间内配电箱（柜）内不得存放杂物，配电箱周围不得堆放杂物。

（2）导线连接处有无过热现象，绝缘导线有无变色老化现象。

（3）检查三相负荷平衡情况，记录零线电流与三相电流数值，分析设备运行状态，提出整改意见。

（4）检查配电箱（柜）、金属套管、线槽及用电设备金属外壳保护接地（零）情况，保护线必须牢固可靠。

（5）巡视检查线路绝缘情况，绝缘子应完整无损，导线应绑扎牢固，线皮应绝缘良好。检查线路上有无悬挂物，周围有无易燃易爆和化学腐蚀性物品。

（6）对长期不用的电路或设备，应及时拆除或采取安全措施。对重新启用的线路和设备必须进行全面检查，其绝缘强度必须符合要求。

6.3.4　照明装置的运行与维护

照明装置无论是室内还是室外，其线路巡视检查同架空线路和车间配电线路巡检要求，不再陈述。这里只介绍照明装置的巡视检查与维护。

1．定期进行专项检查

一个季度应对照明装置进行一次专项检查。

2．巡检内容

（1）严禁私接、乱拉照明线路。

（2）检查灯具悬挂是否牢固可靠。

（3）各种场所照明装置的额定电压，应符合下列要求：

① 低于安全距离照明装置的电源电压不得大于 36V。

② 潮湿和易触及带电体场所的照明装置的电源电压不得大于 24V。

③ 特别潮湿、导电良好的金属容器、管道内的照明装置，其电源电压不得大于 12V。

（4）密闭式灯具或灯泡容量超过 150W 时，不得使用胶木灯口。

（5）照明灯具的开关应安全合格，符合使用环境要求，无机械损伤，操作安全可靠。

（6）照明线路的保护装置应齐全可靠，符合设计要求，熔断器及熔体的选配应正确合理。

（7）单相插座接线正确无误、牢固可靠。

（8）照明装置的金属外壳保护接地、保护接零安全可靠。

思考与练习

6-1　简述倒闸操作的基本原则。

6-2　简述变配电所送电和停电操作的一般顺序。

6-3　简述高压断路器运行检查中的主要内容。

6-4　隔离开关运行检查时应注意哪些事项？

6-5　高压负荷开关运行检查时应注意哪些事项？

6-6　变压器运行中外部检查的主要内容有哪些？

6-7　变压器在投入运行前或大修后应进行哪些预防性试验？

6-8　配电装置在投入运行前或大修后应进行哪些检查和试验？

附录 A

常用设备的主要技术数据

附表 1　用电设备组的需要系数、二项式系数及功率因数值

用电设备组名称	需要系数 K_d	二项式系数		最大容量设备台数 $x^{①}$	$\cos\varphi$	$\tan\varphi$
		b	c			
小批生产的金属冷加工机床电动机	0.16～02	0.14	0.4	5	0.5	1.73
大批生产的金属冷加工机床电动机	0.18～0.25	0.14	0.5	5	0.5	1.73
小批生产的金属热加工机床电动机	0.25～0.3	0.24	0.4	5	0.6	1.33
大批生产的金属热加工机床电动机	0.3～0.35	0.26	0.5	5	0.65	1.17
通风机、水泵、空气压缩机及电动发电机组电动机	0.7～0.8	0.65	0.25	5	0.8	0.75
非连锁的连续运输机械及铸造车间整砂机械	0.5～0.6	0.4	0.4	5	0.75	0.88
连锁的连续运输机械及铸造车间整砂机械	0.65～0.7	0.6	0.2	5	0.75	0.88
锅炉房和机加、机修、装配等车间的吊车（$\varepsilon=25\%$）	0.1～0.15	0.06	0.2	3	0.5	1.73
铸造车间的吊车（$\varepsilon=25\%$）	0.15～0.25	0.09	0.3	3	0.5	1.73
自动连续装料的电阻炉设备	0.75～0.8	0.7	0.3	2	0.95	0.33
实验室用的小型电热设备（电阻炉、干燥箱等）	0.7	0.7	0	—	1.0	0
工频感应电炉（未带无功补偿设备）	0.8	—	—	—	0.35	2.68
高频感应电炉（未带无功补偿设备）	0.8	—	—	—	0.6	1.33
电弧熔炉	0.9	—	—	—	0.87	0.57
点焊机、缝焊机	0.35	—	—	—	0.6	1.33
对焊机、铆钉加热机	0.35	—	—	—	0.7	1.02
自动弧焊变压器	0.5	—	—	—	0.4	2.29
单头手动弧焊变压器	0.35	—	—	—	0.35	2.68
多头手动弧焊变压器	0.4	—	—	—	0.35	2.68

续表

用电设备组名称	需要系数 K_d	二项式系数		最大容量设备台数 x[①]	$\cos\varphi$	$\tan\varphi$
		b	c			
单头弧焊电动发电机组	0.35	—	—	—	0.6	1.33
多头弧焊电动发电机组	0.7	—	—	—	0.75	0.88
生产厂房及办公室、阅览室、实验室照明[②]	0.8~1	—	—	—	1.0	0
变配电所、仓库照明[②]	0.5~0.7	—	—	—	1.0	0
宿舍（生活区）照明[②]	0.6~0.8	—	—	—	1.0	0
室外照明、应急照明[②]	1	—	—	—	1.0	0

① 如果用电设备组的设备总台数 $n<2x$ 时，则取 $x=n/2$，且按"四舍五入"的修约规则取整数。

② 这里的 $\cos\varphi$ 和 $\tan\varphi$ 值均为白炽灯照明的数值。若为荧光灯，则取 $\cos\varphi=0.9$，$\tan\varphi=0.48$；若为高压汞灯或钠灯，则取 $\cos\varphi=0.5$，$\tan\varphi=1.73$。

附表2　并联电容器的无功补偿率

补偿前的功率因数	补偿后的功率因数				补偿前的功率因数	补偿后的功率因数			
	0.85	0.90	0.95	1.00		0.85	0.90	0.95	1.00
0.60	0.713	0.849	1.004	1.333	0.76	0.235	0.371	0.526	0.85
0.62	0.646	0.782	0.937	1.266	0.78	0.182	0.318	0.473	0.80
0.64	0.581	0.717	0.872	1.206	0.80	0.130	0.266	0.421	0.75
0.66	0.518	0.654	0.809	1.138	0.82	0.078	0.214	0.369	0.69
0.68	0.458	0.594	0.749	1.078	0.84	0.026	0.162	0.317	0.64
0.70	0.400	0.536	0.691	1.020	0.86	—	0.109	0.264	0.59
0.72	0.344	0.480	0.635	0.964	0.88	—	0.056	0.211	0.54
0.74	0.289	0.425	0.580	0.909	0.90	—	0.000	0.155	0.48

附表3　部分并联电容器的主要技术数据

型　号	额定电压/kV	额定容量/kvar	额定电容/μF	相　　数
BCMJ0.23-5-3	0.23	5	300	3
BCMJ0.23-10-3	0.23	10	600	3
BCMJ0.23-20-3	0.23	20	1200	3
BCMJ0.4-10-3	0.4	10	200	3
BCMJ0.4-12-3	0.4	12	240	3
BCMJ0.4-14-3	0.4	14	280	3
BCMJ0.4-16-3	0.4	16	320	3
BKMJ0.4-12-3	0.4	12	240	3
BKMJ0.4-15-3	0.4	15	300	3
BKMJ0.4-20-3	0.4	20	400	3

续表

型　　号	额定电压/kV	额定容量/kvar	额定电容/μF	相　　数
BKMJ0.4-25-3	0.4	25	500	3
BWF6.3-22-1	6.3	22	1.76	1
BWF6.3-25-1	6.3	25	2.0	1
BWF6.3-30-1	6.3	30	2.4	1
BWF6.3-40-1	6.3	40	3.2	1
BWF6.3-50-1	6.3	50	4.0	1
BWF6.3-100-1	6.3	100	8.0	1
BWF6.3-120-1	6.3	120	9.63	1
BWF10.5-22-1	10.5	22	0.64	1
BWF10.5-25-1	10.5	25	0.72	1
BWF10.5-30-1	10.5	30	0.87	1
BWF10.5-40-1	10.5	40	1.15	1
BWF10.5-50-1	10.5	50	1.44	1
BWF10.5-100-1	10.5	100	2.89	1
BWF10.5-120-1	10.5	120	3.47	1
BWF11/$\sqrt{3}$-16-1W	11/$\sqrt{3}$	16	1.26	1
BWF11/$\sqrt{3}$-25-1W	11/$\sqrt{3}$	25	1.97	1
BWF11/$\sqrt{3}$-30-1W	11/$\sqrt{3}$	30	2.37	1
BWF11/$\sqrt{3}$-40-1W	11/$\sqrt{3}$	40	3.16	1
BWF11/$\sqrt{3}$-50-1W	11/$\sqrt{3}$	50	3.95	1
BWF11/$\sqrt{3}$-100-1W	11/$\sqrt{3}$	100	7.89	1
BWF11/$\sqrt{3}$-120-1W	11/$\sqrt{3}$	120	9.45	1

注：1. 表中并联电容器额定频率均为 50Hz。

2. 并联电容器型号的含义：

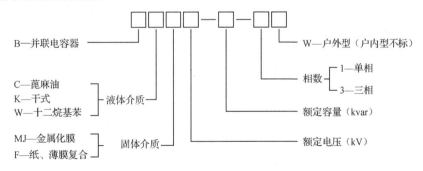

附表4 部分高压断路器的主要技术数据

类别	型号	额定电压/kV	额定电流/A	额定开断电流/kV	额定断流容量/（MV·A）	动稳定电流峰值/kA	热稳定电流有效值/kA	固有分闸时间/s	合闸时间/s	配用操动机构型号
户内少油断路器	SN10-10 I	10	630	16	300	40	16（4s）	≤.06	≤0.20	CS2、CS15、CD10、CD14、CT7、CT8、CT9 等
			1000							
	SN10-10 II		1000	31.5	500	80	31.5（4s）			
	SN10-10III		1250	40	750	125	40（4s）			
			2000							
			3000							
	SN10-35 I	35	1000	16	1000	40	16（4s）	≤0.06	≤0.25（CD）	CD10、CT7、CT10 等
	SN10-35 II		1250	20	1250	50	20（4s）		≤0.20（CT）	
户外少油断路器	SW2-35	35	1000	16.5	1000	45	16.5（4s）	≤0.06	≤0.4	CTZ-XG
			1500	24.8	1500	63.4	24.8（4s）			
	SW3-35		630	6.6	400	17	6.6（4s）		≤0.12	液压型
			1000	16.5	1000	42	16.5（4s）	≤0.06	≤0.16	
			1500	24.8	1500	63	24.8（4s）		—	
户内真空断路器	ZN2-10	10	630	11.6	200	30	11.6（4s）	≤0.06	≤0.2	CD10 等
	ZN3-10		630	8	—	20	8（4s）	≤0.07	≤0.15	
			1000	20	—	50	20（4s）	≤0.05	≤0.10	
	ZN4-10		1000	17.3	—	44	17.3（4s）	≤0.05	≤0.20	
			1250	20	—	50	20（4s）			
	ZN5-10		630	20	—	50	20（4s）	≤0.05	≤0.10	专用CD型
			1000	20	—	50	20（4s）			
			1250	25	—	63	25（4s）			
	ZN12-10		1250	25	—	63	25（4s）	≤0.06	≤0.10	CT8 等
			2000							
	ZN24-10		1250	31.5	—	80	31.5（4s）	≤0.06	≤0.10	CT8 等
			2000							
户内六氟化硫断路器	LN2-35 I	35	1250	16	—	40	16（4s）	≤0.06	≤0.15	CT12 II
	LN2-35 II		1250	25	—	63	25（4s）			
	LN2-35III		1600	25	—	63	25（4s）			
	LN2-10	10	1250	25	—	63	25（4s）	≤0.06	≤0.15	CT8 I、CT12 I

注：1. 热稳定试验时间，各厂不完全一致，有的厂为2s。

2. 断路器采用CS2等型手动操动机构时，其断流容量宜按100MV·A计。

附表5　S9、SC9和S11-M·R系列配电变压器的主要技术数据

型号	额定容量/（kV·A）	额定电压/kV		联结组标号	损耗/W		空载电流/%	阻抗电压/%
		高压	低压		空载	负载		
S9-30/10（6）	30			Yyn0	130	600	2.1	4
S9-50/10（6）	50			Yyn0	170	870	2.0	4
		11, 10.5, 10, 6.3, 6	0.4	Dyn11	175	870	4.5	4
S9-63/10（6）	63			Yyn0	200	1040	1.9	4
				Dyn11	210	1030	4.5	4
S9-80/10（6）	80			Yyn0	240	1250	1.8	4
				Dyn11	250	1240	4.5	4
S9-100/10（6）	100			Yyn0	290	1500	1.6	4
				Dyn11	300	1470	4.0	4
S9-125/10（6）	125			Yyn0	340	1800	1.5	4
				Dyn11	360	1720	4.0	4
S9-160/10（6）	160			Yyn0	400	2200	1.4	4
				Dyn11	430	2100	3.5	4
S9-200/10（6）	200			Yyn0	480	2600	1.3	4
				Dyn11	500	2500	3.5	4
S9-250/10（6）	250			Yyn0	560	3050	1.2	4
				Dyn11	600	2900	3.0	4
S9-315/10（6）	315			Yyn0	670	3650	1.1	4
				Dyn11	720	3450	3.0	4
S9-400/10（6）	400	11, 10.5, 10, 6.3, 6	0.4	Yyn0	800	4300	1.0	4
				Dyn11	870	4200	3.0	4
S9-500/10（6）	500			Yyn0	960	5100	1.0	4
				Dyn11	1030	4950	3.0	4
S9-630/10（6）	630			Yyn0	1200	6200	0.9	4.5
				Dyn11	1300	5800	3.0	5
S9-800/10（6）	800			Yyn0	1400	7500	0.8	4.5
				Dyn11	1400	7500	2.5	5
S9-1000/10（6）	1000			Yyn0	1700	10300	0.7	4.5
				Dyn11	1700	9200	1.7	5
S9-1250/10（6）	1250			Yyn0	1950	12000	0.6	4.5
				Dyn11	2000	11000	2.5	5
S9-1600/10（6）	1600			Yyn0	2400	14500	0.6	4.5
				Dyn11	2400	14000	2.5	6
S9-2000/10（6）	2000			Yyn0	3000	18000	0.8	6
				Dyn11	3000	18000	0.8	6
S9-2500/10（6）	2500			Yyn0	3500	25000	0.8	6
				Dyn11	3500	25000	0.8	6

表头上方：1. S9系列配电变压器的主要技术数据

续表

2. SC9 系列环氧树脂浇注干式铜线配电变压器

型号	额定容量 /（kV·A）	额定电压/kV		联结组 标号	损耗/W		空载电流/%	阻抗电压/%
		高压	低压		空载	负载		
SC9-30/10	30				200	560	2.8	
SC9-50/10	50				260	860	2.4	
SC9-80/10	80				340	1140	2	
SC9-100/10	100				360	1440	2	
SC9-125/10	125				420	1580	1.6	
SC9-160/10	160				500	1980	1.6	
SC9-200/10	200				560	2240	1.6	4
SC9-250/10	250	11, 10.5, 10, 6.6 6.3, 6	0.4	Yyn0 Dyn11	650	2410	1.6	
SC9-315/10	315				820	3100	1.4	
SC9-40010	400				900	3600	1.4	
SC9-500/10	500				1100	4300	1,4	
SC9-630/10	630				1200	5400	1.2	
					1100	5600	1.2	
SC9-800/10	800				1350	6600	1.2	
SC9-1000/10	1000				1550	7600	1	
SC9-1250/10	1250				2000	9100	1	6
SC9-1600/10	1600				2300	11000	1	
SC9-2000/10	2000				2700	13300	0.8	
SC9-2500/10	2500				3200	15800	0.8	

3. S11-M·R 系列全密封铜线配电变压器的主要技术数据

型号	额定容量 /（kV·A）	额定电压/kV		联结组 标号	损耗/W		空载电流/%	阻抗电压/%
		高压	低压		空载	负载		
S11-M·R-30	30				95	590	1.1	
S11-M·R-50	50				130	860	1.0	
S11-M·R-63	63				140	1030	0.95	
S11-M·R-80	80				175	1240	0.88	
S11-M·R-100	100				200	1480	0.85	
S11-M·R-125	125	11, 10.5, 10, 6.3, 6	0.4	Yyn0 Dyn11	235	1780	0.80	4
S11-M·R-160	160				280	2190	0.76	
S11-M·R-200	200				335	2580	0.72	
S11-M·R-250	250				390	3030	0.70	
S11-M·R-315	315				470	3630	0.65	
S11-M·R-400	400				560	4280	0.60	
S11-M·R-500	500				670	5130	0.55	
S11-M·R-630	630				805	6180	0.52	4.5

注：1. 以上三种变压器均为无励磁调压，高压分接头调压范围为±5%或±2×2.5%。

2. SC9 系列变压器一般无外壳；可根据用户要求加装防护等级为 IP20 或 IP23 的防护外壳。

附表6 三相线路导线和电缆单位长度每相阻抗值

类 别		导线（线芯）截面积/mm²												
		2.5	4	6	10	16	25	35	50	70	95	120	150	185	240
导线	导线温度	每相电阻/(Ω/km)													
LJ	50℃	—	—	—	—	2.07	1.33	0.96	0.66	0.48	0.36	0.28	0.23	0.18	0.14
LGJ	50℃	—	—	—	—	—	—	0.89	0.68	0.48	0.35	0.29	0.24	0.18	0.15
绝缘导线	铜芯 50℃	8.40	5.20	3.48	2.05	1.26	0.81	0.58	0.40	0.29	0.22	0.17	0.14	0.11	0.09
	铜芯 65℃	8.76	5.43	3.62	2.19	1.37	0.83	0.63	0.44	0.32	0.23	0.18	0.15	0.12	0.10
	铝芯 50℃	13.3	8.25	5.53	3.33	2.08	1.31	0.94	0.65	0.47	0.35	0.28	0.22	0.18	0.14
	铝芯 65℃	14.6	9.15	6.10	3.66	2.29	1.48	1.06	0.75	0.53	0.39	0.31	0.25	0.20	0.15
电力电缆	铜芯 55℃	—	—	—	—	1.31	0.84	0.60	0.42	0.30	0.22	0.17	0.14	0.12	0.09
	铜芯 60℃	8.54	5.34	3.56	2.13	1.33	0.85	0.61	0.43	0.31	0.23	0.18	0.14	0.12	0.09
	铜芯 75℃	8.98	5.61	3.75	3.25	1.40	0.90	0.64	0.45	0.32	0.24	0.19	0.15	0.13	0.10
	铜芯 80℃	—	—	—	—	1.43	0.91	0.65	0.46	0.33	0.24	0.19	0.15	0.13	0.10
	铝芯 55℃	—	—	—	—	2.21	1.41	1.01	0.71	0.51	0.37	0.29	0.24	0.20	0.15
	铝芯 60℃	14.4	8.99	6.00	3.60	2.25	1.44	1.03	0.72	0.52	0.38	0.30	0.24	0.20	0.16
	铝芯 75℃	15.1	9.45	6.31	3.78	2.36	1.51	1.08	0.76	0.54	0.40	0.31	0.25	0.21	0.16
	铝芯 80℃	—	—	—	—	2.40	1.54	1.10	0.77	0.56	0.41	0.32	0.26	0.21	0.17
导线	线距	每相电抗/(Ω/km)													
LJ	600mm	—	—	—	—	0.36	0.35	0.34	0.33	0.32	0.31	0.30	0.29	0.28	0.28
	800mm	—	—	—	—	0.38	0.37	0.36	0.35	0.34	0.33	0.32	0.31	0.30	0.30
	1000mm	—	—	—	—	0.40	0.38	0.37	0.36	0.35	0.34	0.33	0.32	0.31	0.31
	1250mm	—	—	—	—	0.41	0.40	0.39	0.37	0.36	0.35	0.34	0.34	0.33	0.32
	1500mm	—	—	—	—	0.42	0.41	0.40	0.38	0.37	0.36	0.36	0.35	0.34	0.33
	2000mm	—	—	—	—	0.44	0.43	0.41	0.40	0.40	0.39	0.37	0.37	0.36	0.35
LGJ	1500mm	—	—	—	—	—	—	0.39	0.38	0.37	0.36	0.35	0.34	0.33	0.33
	2000mm	—	—	—	—	—	—	0.40	0.39	0.38	0.37	0.37	0.36	0.35	0.34
	2500mm	—	—	—	—	—	—	0.41	0.41	0.40	0.39	0.38	0.37	0.37	0.36
	3000mm	—	—	—	—	—	—	0.43	0.42	0.41	0.40	0.39	0.39	0.38	0.37
	3500mm	—	—	—	—	—	—	0.44	0.43	0.42	0.41	0.40	0.40	0.39	0.38
	4000mm	—	—	—	—	—	—	0.45	0.44	0.43	0.42	0.41	0.40	0.40	0.39
绝缘导线	明敷 100mm	0.33	0.31	0.30	0.28	0.27	0.25	0.24	0.23	0.22	0.21	0.20	0.19	0.18	0.18
	明敷 150mm	0.35	0.34	0.33	0.31	0.29	0.28	0.27	0.25	0.24	0.23	0.22	0.22	0.21	0.20
	穿管敷设	0.127	0.119	0.112	0.108	0.102	0.099	0.095	0.091	0.087	0.085	0.083	0.082	0.081	0.080

续表

类　别		导线（线芯）截面积/mm²													
		2.5	4	6	10	16	25	35	50	70	95	120	150	185	240
油浸纸绝缘电缆	1kV	0.098	0.091	0.087	0.081	0.077	0.067	0.065	0.063	0.062	0.062	0.062	0.062	0.062	0.062
	6kV	—	—	—	—	0.099	0.088	0.083	0.079	0.076	0.074	0.072	0.071	0.070	0.069
电压	10kV	—	—	—	—	0.110	0.098	0.092	0.087	0.083	0.080	0.078	0.077	0.075	0.075
塑料电缆	1kV	0.100	0.093	0.091	0.087	0.082	0.075	0.073	0.071	0.070	0.070	0.070	0.070	0.070	0.070
	6kV	—	—	—	—	0.124	0.111	0.105	0.099	0.093	0.089	0.087	0.085	0.082	0.080
电压	10kV	—	—	—	—	0.133	0.120	0.113	0.107	0.101	0.096	0.095	0.093	0.090	0.087

注：表中"线距"指线间几何均距。设三相线路的线距分别为 a_1、a_2、a_3，则线间几何均距为 $a_{av}=\sqrt[3]{a_1a_2a_3}$。当三相线路为等距水平排列时，相邻线距为 a，则 $a_{av}=\sqrt[3]{2}a=1.26a$。当三相线路为等边三角形排列时，相邻线距为 a，则 $a_{av}=a$。

附表7　导体在正常和短路时的最高允许温度及热稳定系数

导体种类和材料			最高允许温度/℃		热稳定系数 C
			额定负荷时	短路时	（ $A \cdot S^{\frac{1}{2}}/mm^2$ ）
母线	铜		70	300	171
	铝		70	200	87
油浸纸绝缘电缆	铜芯	1kV～3kV	80	250	148
		6kV	65（80）	250	145
		10kV	60（65）	250	148
		35kV	50（65）	175	—
	铝芯	1kV～3kV	80	200	84
		6kV	65（80）	200	90
		10kV	60（65）	200	92
		35kV	50（65）	175	—
橡皮绝缘导线和电缆	铜芯		65	150	112
	铝芯		65	150	74
聚氯乙烯绝缘导线和电缆	铜芯		65	130	100
	铝芯		65	130	65
交联聚乙烯绝缘电缆	铜芯		90（80）	250	140
	铝芯		90（80）	250	84
含有锡焊中间接头的电缆	铜芯		—	160	—
	铝芯		—	160	—

注：1. 表中"油浸纸绝缘电缆"中加括号的数字，适于不滴流纸绝缘电缆。

2. 表中"交联聚乙烯绝缘电缆"中加括号的数字，适于 10kV 以上电压。

附表 8　RT0 型低压熔断器的主要技术数据

型　号	熔管额定电压/V	额定电流/A		最大分断电流/kA
		熔管	熔体	
RT0-100	交流 380 直流 440	100	30，40，50，60，80，100	50(cosφ=0.1～0.2)
RT0-200		200	（80，100），120，150，200	
RT0-400		400	（150，200），250，300，350，400	
RT0-600		600	（350，400），450，500，550，600	
RT0-1000		1000	700，800，900，1000	

（表上方标注：1. 主要技术数据）

附表 9　部分低压断路器的主要技术数据

型　号	脱扣器额定电流/A	长延时动作整定电流/A	短延时动作整定电流/A	瞬时动作整定电流/A	单相接地短路动作电流/A	分断能力	
						电流/kA	cosφ
DW15-200	100	64～100	300～1000	300～1000 800～2000	—	20	0.15
	150	98～150	—	—			
	200	128～200	600～2000	600～2000 1600～4000			
DW15-400	200	128～200	600～2000	600～2000 1600～4000	—	25	0.35
	300	192～300	—	—			
	400	256～400	1200～4000	3200～8000			
DW15-600	300	192～300	900～3000	900～3000 1400～6000	—	30	0.35
	400	256～400	1200～4000	1200～4000 3200～8000			
	600	384～600	1800～6000	—			
DW15-1000	600	420～600	1800～6000	6000～12000	—	40（短延时 30）	0.35
	800	560～800	2400～8000	8000～16000			
	1000	700～1000	3000～10000	10000～20000			
DW15-1500	1500	1050～1500	4500～15000	15000～30000			
DW15-2500	1500	1050～1500	4500～9000	10500～21000	—	60（短延时 40）	0.2（短延时 0.25）
	2000	1400～2000	6000～12000	14000～28000			
	2500	1750～2500	7500～15000	17500～35000			
DW15-4000	2500	1750～2500	7500～15000	17500～35000	—	80（短延时 60）	0.2
	3000	2100～3000	9000～18000	21000～42000			
	4000	2800～4000	12000～24000	28000～56000			

续表

型　号	脱扣器额定电流/A	长延时动作整定电流/A	短延时动作整定电流/A	瞬时动作整定电流/A	单相接地短路动作电流/A	分断能力	
						电流/kA	cosφ
DW16-630	100	64～100	—	300～600	50	30（380V）	0.25（380V）
	160	102～160		480～960	80		
	200	128～200		600～1200	100		
	250	160～250		750～1500	125		
	315	202～315		945～1890	158	20（660V）	0.3（660V）
	400	256～400		1200～2400	200		
	630	403～630		1890～3780	315		
DW16-2000	800	512～800	—	2400～4800	400	50	—
	1000	640～1000		3000～6000	500		
	1600	1024～1600		4800～9600	800		
	2000	1280～2000		6000～12000	1000		
DW16-4000	2500	1400～2500	—	7500～15000	1250	80	—
	3200	2048～3200		9600～19200	1600		
	4000	2560～4000		12000～24000	2000		
DW17-630（ME630）	630	200～400 350～630	3000～5000 5000～8000	1000～2000 1500～3000 2000～4000 4000～8000	50	50	0.25
DW17-800（ME800）	800	200～400 350～630 500～800	3000～5000 5000～8000	1500～3000 2000～4000 4000～8000	—	50	0.25
DW17-1000（ME1000）	1000	350～630 500～1000	3000～5000 5000～8000	1500～3000 2000～4000 4000～8000	—	50	0.25
DW17-1250（ME1250）	1250	500～1000 750～1250	3000～5000 5000～8000	2000～4000 4000～8000	—	50	0.25
DW17-1600（ME1600）	1600	500～1000 900～1600	3000～5000 5000～8000	4000～8000	—	50	0.25
DW17-2000（ME2000）	2000	500～1000 1000～2000	5000～8000 7000～12000	4000～8000 6000～12000	—	80	0.2
DW17-2500（ME2500）	2500	1500～2500	7000～12000 8000～12000	6000～12000	—	80	0.2
DW17-3200（ME3200）	3200	—	—	8000～16000	—	80	0.2
DW17-4000（ME4000）	4000	—	—	10000～20000	—	80	0.2

注：表中各断路器的额定电压：DW15—直流 220V，交流 380V、660V、1140V；DW16—交流 380V、660V；DW17（ME）—交流 380V、660V。

附表 10 绝缘导线明敷、穿钢管和穿硬塑料管时的允许载流量

芯线截面积/mm²	芯线材质	BX、BLX 型橡胶绝缘线				BX、BLX 型塑料绝缘线			
		环境温度							
		25℃	30℃	35℃	40℃	25℃	30℃	35℃	40℃
2.5	铜芯	35	32	30	27	32	30	27	25
	铝芯	27	25	23	21	25	23	21	19
4	铜芯	45	41	39	35	41	37	35	32
	铝芯	35	32	30	27	32	29	27	25
6	铜芯	58	54	49	45	54	50	46	43
	铝芯	45	42	38	35	42	39	36	33
10	铜芯	84	77	72	66	76	71	66	59
	铝芯	65	60	56	51	59	55	51	46
16	铜芯	110	102	94	86	103	95	89	81
	铝芯	85	79	73	67	80	74	69	63
25	铜芯	142	132	123	112	135	126	116	107
	铝芯	110	102	95	87	105	98	90	83
35	铜芯	178	166	154	141	168	156	144	132
	铝芯	138	129	119	109	130	121	112	102
50	铜芯	226	210	195	178	213	199	183	168
	铝芯	175	163	151	138	165	154	142	130
70	铜芯	284	266	245	224	264	246	228	209
	铝芯	220	206	190	174	205	191	177	162
95	铜芯	342	319	295	270	323	301	279	254
	铝芯	265	247	229	209	250	233	216	197
120	铜芯	400	361	346	316	365	343	317	290
	铝芯	310	280	268	245	283	266	246	225
150	铜芯	464	433	401	366	419	391	362	332
	铝芯	360	336	311	284	325	303	281	257
185	铜芯	540	506	468	428	490	458	423	387
	铝芯	420	392	363	332	380	355	328	300
240	铜芯	660	615	570	520	—	—	—	—
	铝芯	510	476	441	403	—	—	—	—

1. 绝缘导线明敷时的允许载流量/A

2. 绝缘导线穿钢管（SC、MT）时的允许载流量

导线型号	芯线截面积/mm²	2根单芯线 环境温度				2根穿管管径/mm		3根单芯线 环境温度				3根穿管管径/mm		4～5根单芯线 环境温度				4根穿管管径/mm		5根穿管管径/mm	
		25℃	30℃	35℃	40℃	SC	MT	25℃	30℃	35℃	40℃	SC	MT	25℃	30℃	35℃	40℃	SC	MT	SC	MT
BX	2.5	27	25	23	21	15	20	25	22	21	19	15	20	21	18	17	15	20	25	20	25
	4	36	34	31	28	20	25	32	30	27	25	20	25	30	27	25	23	20	25	20	25
	6	48	44	41	37	20	25	44	40	37	34	20	25	39	36	32	30	25	25	25	32
	10	67	62	57	53	25	32	59	55	50	46	25	32	52	48	44	40	25	32	32	40
	16	85	79	74	67	25	32	76	71	66	59	32	32	67	62	57	53	32	40	40	(50)
	25	111	103	95	88	32	40	98	92	84	77	32	40	88	81	75	68	40	(50)	40	—
	35	137	128	117	107	32	40	121	112	104	95	32	(50)	107	99	92	84	40	(50)	50	—
	50	172	160	148	135	40	(50)	152	142	132	120	50	(50)	135	126	116	107	50	—	70	—
	70	212	199	183	168	50	(50)	194	181	166	152	50	(50)	172	160	148	135	70	—	70	—
	95	258	241	223	204	70	—	232	217	200	183	70	—	206	192	178	163	70	—	80	—
	120	297	277	255	233	70	—	271	253	233	214	70	—	245	228	216	194	70	—	80	—
	150	335	313	289	264	70	—	310	289	267	244	70	—	284	266	245	224	80	—	100	—
	185	381	355	329	301	80	—	348	325	301	275	80	—	323	301	279	254	80	—	100	—
BLX	2.5	21	19	18	16	15	20	19	17	16	15	15	20	16	14	13	12	20	25	20	25
	4	28	26	24	22	20	25	25	23	21	19	20	25	23	21	19	18	20	25	20	25
	6	37	34	32	29	20	25	34	31	29	26	20	25	30	28	25	23	25	25	25	32
	10	52	48	44	41	25	32	46	43	39	36	25	32	40	37	34	31	25	32	32	40
	16	66	61	57	52	25	32	59	55	51	46	32	32	52	48	44	41	32	40	40	(50)
	25	86	80	74	68	32	40	76	71	65	60	32	40	68	63	58	53	40	(50)	40	—
	35	106	99	91	83	32	40	94	87	81	74	32	(50)	83	77	71	65	40	(50)	50	—
	50	133	124	115	105	40	(50)	118	110	102	93	50	(50)	105	98	90	83	50	—	70	—
	70	164	154	142	130	50	(50)	150	140	129	118	50	(50)	133	124	115	105	70	—	70	—
	95	200	187	173	158	70	—	180	168	155	142	70	—	160	149	138	126	70	—	80	—
	120	230	215	198	181	70	—	210	196	181	166	70	—	190	177	164	150	70	—	80	—
	150	260	243	224	205	70	—	240	224	207	189	70	—	220	205	190	174	80	—	100	—
	185	295	275	255	233	80	—	270	252	233	213	80	—	250	233	215	197	80	—	100	—
BV	2.5	26	23	21	19	15	15	23	21	19	18	15	15	19	18	16	14	15	15	15	20
	4	35	32	30	27	15	15	31	28	26	23	15	15	28	26	23	21	15	20	20	20
	6	45	41	39	35	15	20	41	37	35	32	15	20	36	34	31	28	20	25	25	25
	10	63	58	54	49	20	25	57	53	49	44	20	25	49	45	41	39	25	25	25	32
	16	81	75	70	63	25	25	72	67	62	57	25	32	56	59	55	50	25	32	32	40
	25	103	95	89	81	25	25	90	84	77	71	32	32	84	77	72	66	32	40	32	(50)
	35	129	120	111	102	32	40	116	108	99	92	32	40	103	95	89	81	40	(50)	40	—
	50	161	150	139	126	40	50	142	132	123	112	40	(50)	120	120	111	102	50	(50)	50	—

续表

导线型号	芯线截面积/mm²	2 根单芯线 环境温度				2 根穿管管径/mm		3 根单芯线 环境温度				3 根穿管管径/mm		4～5 根单芯线 环境温度				4 根穿管管径/mm		5 根穿管管径/mm	
		25℃	30℃	35℃	40℃	SC	MT	25℃	30℃	35℃	40℃	SC	MT	25℃	30℃	35℃	40℃	SC	MT	SC	MT
BV	70	200	186	173	157	50	50	184	172	159	146	50	(50)	164	152	141	129	50	—	70	—
	95	245	228	212	194	50	(50)	219	204	190	173	50	—	196	183	169	155	70	—	70	—
	120	284	264	245	224	50	(50)	252	235	217	199	50	—	222	206	191	175	70	—	80	—
	150	323	301	279	254	70	—	290	271	250	228	70	—	258	241	223	204	70	—	80	—
	185	368	343	317	290	70	—	329	307	284	259	70	—	297	277	255	233	80	—	100	—
BLV	2.5	20	18	17	15	15	15	18	16	15	14	15	15	15	14	12	11	15	15	15	20
	4	27	25	23	21	15	15	24	22	20	18	15	15	22	20	19	17	15	20	20	20
	6	35	32	30	27	15	20	32	29	27	25	15	20	28	26	24	22	20	25	25	25
	10	49	45	42	38	20	25	44	41	38	34	20	25	38	35	32	30	25	25	25	32
	16	63	58	54	49	25	25	56	52	48	44	25	32	50	46	43	39	25	32	32	40
	25	80	74	69	63	25	32	70	65	60	55	32	32	65	60	56	51	32	40	40	(50)
	35	100	93	86	79	32	40	90	84	77	71	32	40	80	74	69	63	40	(50)	40	—
	50	125	116	108	98	40	50	110	102	95	87	40	(50)	100	93	86	79	50	(50)	50	—
	70	155	144	134	122	50	50	143	133	123	113	50	(50)	127	118	109	100	50	—	70	—
	95	190	177	164	150	50	(50)	170	158	147	134	50	—	152	142	131	120	70	—	70	—
	120	220	205	190	174	50	(50)	195	182	168	154	50	—	172	160	148	136	70	—	80	—
	150	250	233	216	197	70	—	225	210	194	177	70	—	200	187	173	158	70	—	80	—
	185	285	266	246	225	70	—	255	238	220	201	70	—	230	215	198	181	80	—	100	—

注：穿线管"SC"表示焊接钢管（Welded Steel Conduit），旧符号"G"；"MT"表示电线管（Electrical Metallic Tubing），旧符号"DG"。

3. 绝缘导线穿硬塑料管（PC）时的允许载流量

导线型号	芯线截面/mm²	2 根单芯线 环境温度				2 根穿管管径/mm	3 根单芯线 环境温度				3 根穿管管径/mm	4～5 根单芯线 环境温度				4 根穿管管径/mm	5 根穿管管径/mm
		25℃	30℃	35℃	40℃	PC	25℃	30℃	35℃	40℃	PC	25℃	30℃	35℃	40℃	PC	PC
BX	2.5	25	22	21	19	15	22	19	18	17	15	19	18	16	14	20	25
	4	32	30	27	25	20	30	27	25	23	20	26	23	22	20	20	25
	6	43	39	36	34	20	37	35	32	28	20	34	31	28	26	25	32
	10	57	53	49	44	25	52	48	44	40	25	45	41	38	35	32	32
	16	75	70	65	58	32	67	62	57	53	32	59	55	50	46	32	40
	25	99	92	85	77	32	88	81	75	68	32	77	72	66	61	40	40
	35	123	114	106	97	40	108	101	93	85	40	95	89	83	75	40	50
	50	155	145	133	121	40	139	129	120	111	50	123	114	106	97	50	65

续表

导线型号	芯线截面/mm²	2根单芯线 环境温度				2根穿管管径/mm	3根单芯线 环境温度				3根穿管管径/mm	4～5根单芯线 环境温度				4根穿管管径/mm	5根穿管管径/mm
		25℃	30℃	35℃	40℃	PC	25℃	30℃	35℃	40℃	PC	25℃	30℃	35℃	40℃	PC	PC
BX	70	197	184	170	156	50	174	163	150	137	50	155	144	133	122	65	75
	95	237	222	205	187	50	213	199	183	168	65	194	181	166	152	75	80
	120	271	253	233	214	65	245	228	212	194	65	219	204	190	173	80	80
	150	323	301	277	254	65	293	273	253	231	75	264	246	228	209	80	90
	185	364	339	313	288	80	329	307	284	259	80	299	279	258	236	100	100
BLX	2.5	19	17	16	15	15	17	15	14	13	15	15	14	12	11	20	25
	4	25	23	21	19	20	23	21	19	18	20	20	18	17	15	20	25
	6	33	30	28	26	20	29	27	25	22	20	26	24	22	20	25	32
	10	44	41	38	34	25	40	37	34	31	25	35	32	30	27	32	32
	16	58	54	50	45	32	52	48	44	41	32	46	43	39	36	32	40
	25	77	71	66	60	32	68	63	58	53	32	60	56	51	47	40	40
	35	95	88	82	75	40	84	78	72	66	40	74	69	64	58	40	50
BLX	50	120	112	103	94	40	108	100	93	86	50	95	88	82	75	50	65
	70	153	143	132	121	50	135	126	116	105	50	120	112	103	94	65	75
	95	184	172	159	145	50	165	154	142	130	65	150	140	129	118	75	80
	120	210	196	181	166	65	190	177	164	150	65	170	158	147	134	80	80
	150	250	233	215	197	65	227	212	194	179	75	205	191	177	162	80	90
	185	282	263	243	223	80	255	238	220	201	80	232	216	200	183	100	100
BV	2.5	23	21	19	18	15	21	18	17	15	15	18	17	15	14	20	25
	4	31	28	26	23	20	28	26	24	22	20	25	22	20	19	20	25
	6	40	36	34	31	20	35	32	30	27	20	32	30	27	25	25	32
	10	54	50	46	43	25	49	45	42	39	25	43	39	36	34	32	32
	16	71	66	61	55	32	63	58	54	49	32	57	53	49	44	32	40
	25	94	88	81	74	32	84	77	72	66	40	74	68	63	58	40	50
	35	116	108	99	92	40	103	95	89	81	40	90	84	77	71	50	65
	50	147	137	126	116	50	132	123	114	103	50	116	108	99	92	65	65
	70	187	174	161	147	50	168	156	144	132	50	148	138	128	116	65	75
	95	226	210	195	178	65	204	190	175	160	65	181	168	156	142	75	75
	120	266	241	223	205	65	232	217	200	183	65	206	192	178	163	75	80
	150	297	277	255	233	75	267	249	231	210	75	239	222	206	188	80	90
	185	342	319	295	270	75	303	283	262	239	80	273	255	236	215	90	100
BLV	2.5	18	16	15	14	15	16	14	13	12	15	14	13	12	11	20	25
	4	24	22	20	18	20	22	20	19	17	20	19	17	16	15	20	25
	6	31	28	26	24	20	27	25	23	21	20	25	23	21	19	25	32
	10	42	39	36	33	25	38	35	32	30	25	33	30	28	26	32	32

续表

导线型号	芯线截面/mm²	2根单芯线 环境温度				2根穿管管径/mm	3根单芯线 环境温度				3根穿管管径/mm	4～5根单芯线 环境温度				4根穿管管径/mm	5根穿管管径/mm
		25℃	30℃	35℃	40℃	PC	25℃	30℃	35℃	40℃	PC	25℃	30℃	35℃	40℃	PC	PC
BLV	16	55	51	47	43	32	49	45	42	38	32	44	41	38	34	32	40
	25	73	68	63	57	32	65	60	56	51	40	57	53	49	45	40	50
	35	90	84	77	71	40	80	74	69	63	40	70	65	60	55	50	65
	50	114	106	98	90	50	102	95	88	80	50	90	84	77	71	65	65
	70	145	135	125	114	50	130	121	112	102	50	115	107	99	90	65	75
	95	175	163	151	138	65	158	147	136	124	65	140	130	121	110	75	75
	120	206	187	173	158	65	180	168	155	142	65	160	149	138	126	75	80
	150	230	215	198	181	75	207	193	179	163	75	185	172	160	146	80	90
	185	265	247	229	209	75	235	219	203	185	80	212	198	183	167	90	100

注：1. 表中穿钢管"PC"表示硬塑料管（rigid PVC conduit），旧符号为"VG"。

2. 表2和表3中4～5根单芯线穿管的载流量，是指三相四线制的 TN-C 系统、TN-S 系统和 TN-C-S 系统中的相线载流量。其中性线（N）或保护中性线（PEN）中可有不平衡电流通过。如果线路供电给平衡的三相负荷，第四根导线为单纯的保护线（PE），则虽有四根导线穿管，但其载流量仍应按三根线穿管的载流量考虑，而管径则应按四根线穿管选择。

附表 11 电力变压器配用的高压熔断器规格

变压器容量/（kV·A）		100	125	160	200	250	315	400	500	630	800	1000
$I_{1N.T}$/A	6kV	9.6	12	15.4	19.2	24	30.2	38.4	48	60.5	76.8	96
	10kV	5.8	7.2	9.3	11.6	14.4	18.2	23	29	36.5	46.2	58
RN1 型熔断器 $I_{N.FU}/I_{N.FE}$	6kV	20/20		75/30		75/40	75/50	75/75		100/100	200/150	
	10kV	20/15		20/20		50/30		50/40	50/50	100/75	100/100	
RW4 型熔断器 $I_{N.FU}/I_{N.FE}$	6kV	50/20	50/30	50/40		50/50		100/75		100/100	200/150	
	10kV	50/15		50/20		50/30		50/40	50/50	100/75	100/100	

附表 12 LQJ-10 型电流互感器的主要技术数据

1. 额定二次负荷						
铁芯代号	额定二次负荷					
	0.5 级		1 级		3 级	
	Ω	V·A	Ω	V·A	Ω	V·A
0.5	0.4	10	0.6	15	—	—
3	—	—	—	—	1.2	30

2. 热稳定度和动稳定度		
额定一次电流/A	1s 热稳定倍数	动稳定倍数
5，10，15，20，30，40，50，60，75，100	90	225
160（150），200，315（300），400	75	160

注：括号内数据，仅限老产品。

附表 13　架空裸导线的最小截面积

线路类别		导线最小截面积/mm²		
		铝及铝合金线	钢芯铝线	铜绞线
35kV 及以上线路		35	35	35
3kV～10kV 线路	居民区	35	25	25
	非居民区	25	16	16
低压线路	一般	16	16	16
	与铁路交叉跨越档	35	16	16

附表 14　绝缘导线芯线的最小截面积

线　路　类　别			芯线最小截面积/mm²		
			铜芯软线	铜线	铝线
照明用灯头引下线		室内	0.5	1.0	2.5
		室外	1.0	1.0	2.5
移动式设备线路		生活用	0.75		
		生产用	1.0		
敷设在绝缘支持件上的绝缘导线（L 为支持件间距）	室内	$L\leq2m$	—	1.0[1]	2.5
	室外	$L\leq2m$	—	1.5[1]	2.5
		$2m<L\leq6m$	—	2.5	4
		$6m<L\leq15m$	—	4	6
		$15m<L\leq25m$	—	6	10
穿管敷设的绝缘导线			1.0[1]	1.0[1]	2.5
沿墙明敷的塑料护套线			—	1.0[1]	2.5
板孔穿线敷设的绝缘导线			—	1.0[1]	2.5
PE 线和 PEN 线	有机械保护时		—	1.5	2.5
	无机械保护时	多芯线	—	2.5	4
		单芯干线	—	10	16

① 国家标准《住宅设计标准》规定：住宅导线应采用铜芯线，其分支回路截面积不应小于 2.5mm²。

附表 15　LJ 型铝绞线和 LGJ 型钢芯铝绞线的允许载流量

单位：A

额定截面积/mm²			16	25	35	50	70	95	120	150	185	240
LJ 的允许载流量	环境温度	20℃	110	142	179	226	278	341	394	462	525	641
		25℃	105	135	170	215	265	325	375	440	500	610
		30℃	99	127	160	202	249	306	353	414	470	573
		35℃	92	120	151	191	236	289	334	392	445	543
		40℃	85	111	139	176	217	267	308	361	410	500

续表

额定截面积/mm²		16	25	35	50	70	95	120	150	185	240
LGJ 的允许 载流量	环境温度 20℃	111	142	179	231	289	352	399	467	541	641
	25℃	105	135	170	220	275	335	380	445	515	610
	30℃	98	127	159	207	259	315	357	418	484	574
	35℃	92	119	149	193	228	295	335	391	453	536
	40℃	85	110	137	78	222	272	307	360	416	494

注：1. 本表导线载流量值按导线工作温度为 70℃ 计算。

2. TJ 型铜绞线的载流量约为同截面 LJ 型铝绞线载流量的 1.29 倍。

附表 16 LMY 型矩形硬铝母线的允许载流量

单位：A

每相母线条数		单条		双条		三条		四条	
母线放置方式		平放	竖放	平放	竖放	平放	竖放	平放	竖放
母线尺寸 宽（mm）× 厚（mm）	40×4	480	503	—	—	—	—	—	—
	40×5	542	562	—	—	—	—	—	—
	50×4	586	613	—	—	—	—	—	—
	50×5	661	692	—	—	—	—	—	—
	63×6.3	910	952	1409	1547	1866	2111	—	—
	63×8	1038	1085	1623	1777	2113	2379	—	—
	63×10	1168	1221	1825	1994	2381	2665	—	—
	80×6.3	1128	1178	1724	1892	2211	2505	2558	3411
	80×8	1274	1330	1946	2131	2491	2809	2863	3817
	80×10	1427	1490	2175	2373	2774	3114	3167	4222
	100×6.3	1371	1430	2054	2053	2663	2985	3032	4043
	100×8	1542	1609	2298	2516	2933	3311	3359	4479
	100×10	1728	1803	2558	2796	3181	3578	3622	4829
	125×6.3	1674	1744	2446	2680	2079	3490	3525	4700
	125×8	1876	1955	2725	2982	3375	3813	3847	5129
	125×10	2089	2177	3005	3282	3725	4194	4225	5633

注：本表载流量按导体工作温度 70℃、环境温度 25℃、无风、无日照条件下计算而得（据国家标准《3～110kV 高压配电装置设计规范》）。

附表 17 10kV 常用三芯电缆的允许载流量

项　目	电缆允许载流量/A					
绝缘类型	黏性油浸纸		不滴流纸		交联聚乙烯	
钢铠护套					无	有
缆芯最高工作温度	60℃		65℃		90℃	
敷设方式	空气中	直埋	空气中	直埋	空气中	直埋

续表

项 目		电缆允许载流量/A							
缆芯 截面积 /mm²	16	42	55	47	59	—	—	—	—
	25	56	75	63	79	100	90	100	90
	35	68	90	77	95	123	110	123	105
	50	81	107	92	111	146	125	141	120
	70	106	133	118	138	178	152	173	152
	95	126	160	143	169	219	182	214	182
	120	146	182	168	196	251	205	246	205
	150	171	206	189	220	283	223	278	219
	185	195	233	218	246	324	252	320	247
	240	232	272	261	290	378	292	373	292
缆芯 截面积 /mm²	300	260	308	295	325	433	332	428	328
	400	—	—	—	—	506	378	501	374
	500	—	—	—	—	579	428	574	424
环境温度		40℃	25℃	40℃	25℃	40℃	25℃	40℃	25℃
土壤热阻系数 /(℃·m/W)		—	1.2	—	1.2	—	2.0	—	2.0

注：1. 本表系铝芯电缆数值。铜芯电缆的允许载流量可用表中数值乘以 1.29。

2. 本表根据国家标准《电力工程电缆设计标准》编制。

附表 18 GL-$^{11,15}_{21,25}$ 型电流继电器的主要技术数据及其动作特性曲线

1. 主要技术数据					
型 号	额定电 流/A	额 定 值		速断电 流倍数	返回系数
		动作电流/A	10 倍动作电流的动作时间/s		
GL-11/10，-21/10	10	4，5，6，7，8，9，10	0.5，1，2，3，4	2～8	0.85
GL-11/5，-21/5	5	2，2.5，3，3.5，4，4.5，5			
GL-15/10，-25/10	10	4，5，6，7，8，9，10	0.5，1，2，3，4		0.8
GL-15/5，-25/5	5	2，2.5，3，3.5，4，4.5，5			

2. 动作特性曲线

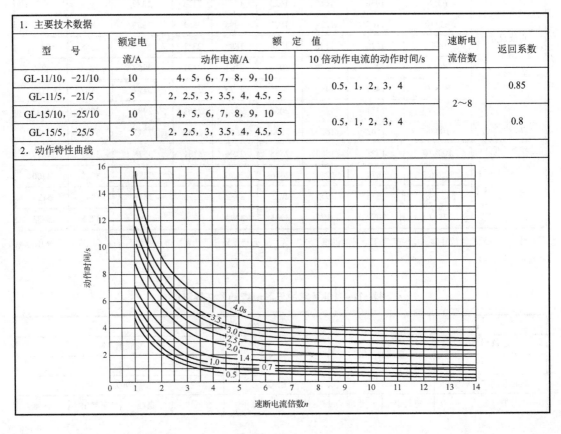

附表 19 部分电力装置要求的工作接地电阻值

序 号	电力装置名称	接地的电力装置特点		接地电阻值
1	1kV 以上大电流接地系统	仅用于该系统的接地装置		$R_E \leqslant \dfrac{2000V}{I_K^{(1)}}$ 当 $I_K^{(1)} > 4000A$ 时 $R_E \leqslant 0.5\Omega$
2	1kV 以上小电流接地系统	仅用于该系统的接地装置		$R_E \leqslant \dfrac{250V}{I_E}$ 且 $R_E \leqslant 10\Omega$
3		与 1kV 以下系统共用的接地装置		$R_E \leqslant \dfrac{120V}{I_E}$ 且 $R_E \leqslant 10\Omega$
4	1kV 以下系统	与总容量在 100kV·A 以上的发电机或变压器相连的接地装置		$R_E \leqslant 4\Omega$
5		上述（序号 4）装置的重复接地		$R_E \leqslant 10\Omega$
6		与总容量在 100kV·A 及以下的发电机或变压器相连的接地装置		$R_E \leqslant 10\Omega$
7		上述（序号 6）装置的重复接地		$R_E \leqslant 30\Omega$
8	避雷装置	独立避雷针和避雷线		$R_E \leqslant 10\Omega$
9		变配电所装设的避雷器	与序号 4 装置共用	$R_E \leqslant 4\Omega$
10			与序号 6 装置共用	$R_E \leqslant 10\Omega$
11		线路上装设的避雷器或保护间隙避雷器	与电机无电气联系	$R_E \leqslant 10\Omega$
12			与电机有电气联系	$R_E \leqslant 5\Omega$
13	防雷建筑物	第一类防雷建筑物		$R_{sh} \leqslant 10\Omega$
14		第二类防雷建筑物		$R_{sh} \leqslant 10\Omega$
15		第三类防雷建筑物		$R_{sh} \leqslant 30\Omega$

注：R_E 为工频接地电阻；R_{sh} 为冲击接地电阻；$I_k^{(1)}$ 为流经接地装置的单相短路电流；I_E 为单相接地电容电流。

附表 20 垂直管形接地体的利用系数值

1. 敷设成一排时（未计入连接扁钢的影响）

管间距离与管子长度之比 a/l	管子根数 n	利用系数 η_E	管间距离与管子长度之比 a/l	管子根数 n	利用系数 η_E
1	2	0.84～0.87	1	5	0.67～0.72
2		0.90～0.92	2		0.79～0.83
3		0.93～0.95	3		0.85～0.88
1	3	0.76～0.80	1	10	0.56～0.62
2		0.85～0.88	2		0.72～0.77
3		0.90～0.92	3		0.79～0.83

2. 敷设成环形（未计入连接扁钢的影响）

管间距离与管子长度之比 a/l	管子根数 n	利用系数 η_E	管间距离与管子长度之比 a/l	管子根数 n	利用系数 η_E
1	4	0.66～0.72	1	20	0.44～0.50
2		0.76～0.80	2		0.61～0.66
3		0.84～0.86	3		0.68～0.73
1	6	0.58～0.65	1	30	0.41～0.47
2		0.71～0.75	2		0.58～0.63
3		0.78～0.82	3		0.66～0.71
1	10	0.52～0.58	1	40	0.38～0.44
2		0.66～0.71	2		0.56～0.61
3		0.74～0.78	3		0.64～0.69